2016 年世界炼油技术新进展

——AFPM 年会译文集

蔺爱国　主编

石 油 工 业 出 版 社

内 容 提 要

本书结合2016年美国燃料与石化生产商协会(AFPM)年会发布的技术进展及其他相关研究成果,对当前世界炼油工业发展新动向、炼油技术新进展与新趋势等问题进行了深入分析与研判,对中国炼油行业的持续发展与技术进步提出了相关战略性对策建议;同时,精选编译了2016年AFPM年会发布的部分论文,内容涵盖原油供应、催化裂化、加氢处理及加氢裂化、渣油转化、清洁生产及炼厂运营等方面,同时作者又撰写了两篇特约述评,全面反映了2015—2016年世界炼油行业的最新技术进展与发展态势。

本书可供国内油气开发利用、石油炼制、石油化工等行业科研人员、技术人员、管理人员以及相关高等院校师生参考使用。

图书在版编目（CIP）数据

2016年世界炼油技术新进展：AFPM年会译文集/蔺爱国主编. —北京：石油工业出版社，2017.6

ISBN 978-7-5183-1960-2

Ⅰ.①2… Ⅱ.①蔺… Ⅲ. ①石油炼制—文集 Ⅳ.①TE62-53

中国版本图书馆CIP数据核字（2017）第124169号

出版发行：石油工业出版社
（北京安定门外安华里2区1号 100011）
网 址：www. petropub. com
编辑部：（010）64523738 图书营销中心：（010）64523633
经 销：全国新华书店
印 刷：北京中石油彩色印刷有限责任公司

2017年6月第1版 2017年6月第1次印刷
787×1092毫米 开本：1/16 印张：14
字数：340千字

定价：120.00元
（如出现印装质量问题，我社图书营销中心负责调换）

《2016年世界炼油技术新进展——AFPM年会译文集》

编 译 人 员

主　　编：蔺爱国

副 主 编：何盛宝

参加编译：于建宁　钱锦华　李雪静　王建明　黄格省　杨延翔　张兰波　朱庆云　任文坡　乔　明　王红秋　金羽豪　魏寿祥　郑丽君　曲静波　师晓玉　任　静　丁文娟　张　博　宋倩倩　王春娇　王景政　杨　英　武爱军　张子鹏　薛　鹏

前　　言

美国燃料与石化生产商协会（American Fuel & Petrochemical Manufacturers，AFPM）年会，是全球炼油行业最具影响力的专业技术交流会议之一，多年来受到全世界炼油行业普遍关注。截至2016年3月，AFPM年会已举办114届。该年会发布的论文报告集中反映了世界炼油行业各主要技术领域发展的最新动态、重点、热点和难点，对于中国炼油与石化工业的技术进步和行业发展具有较高的参考借鉴价值。

第114届AFPM年会于2016年3月12—19日在美国加利福尼亚州旧金山市召开。来自全球近40个国家的200余家石油石化公司、技术开发商、工程设计单位的1300多名代表参加了会议。本届AFPM年会的召开正处于国际石油供给宽松、需求减弱、原油价格持续低位震荡、能源结构深入调整、炼油行业竞争加剧的复杂时期，全球炼油业的宏观环境和产业发展呈现出诸多新特点、新动向。大会共分15个专题论坛，分别是战略决策、政策法规、环境保护、原油供应、汽油生产、加氢处理、催化裂化技术、渣油转化、炼厂操作、石化产品生产、装置自动化、工艺安全、提高收益、装置可靠性和发展方向研讨。

为使中国炼油行业相关技术人员、管理人员及科研人员全面掌握2016年AFPM年会重要技术信息，深入了解世界炼油技术的新进展、新趋势，学习国外先进、适用的技术和经验，促进中国炼油技术进步与行业发展，中国石油科技管理部、石油化工研究院共同组织了2016年AFPM论文的编译出版工作；同时，对本届年会的内容进行归纳提炼，撰写了《能源结构转型形势下国内外炼油工业发展方向》和《炼油技术新进展》两篇特约述评，全面总结了本届年会的重要技术进展和当前世界炼油行业的最新发展态势，并对中国炼油行业的发展提出了战略性的建议。

本书收录的15篇AFPM年会论文的译文，均获得论文原作者授权。希望本书的出版能够对中国炼油及石化行业技术人员、管理人员开展日常工作有所裨益。

由于编者水平有限，书中难免存在不足之处，欢迎批评指正。

编者

2016年12月

目　录

特约述评

原油供应

催化裂化

加氢处理及加氢裂化

渣油转化

清洁生产及炼厂运营

附　　录

特约述评

能源结构转型形势下国内外炼油工业发展方向

蔺爱国　李雪静

进入21世纪，尤其是近年来，世界能源结构正在发生显著变化，其中石油在能源结构中的比例逐渐下降，可再生能源正在崛起，能源结构向低碳、清洁化方向转变。综合多个权威机构的预测来看，在未来很长一段时间内，石油作为第一大能源的地位依然保持不变，继续提供全球90%以上的交通运输燃料和有机化工产品。在世界经济发展低迷、能源结构转型的新形势下，全球炼油行业的发展呈现出石油供应宽松，油价或长期低位运行，炼油能力增速趋缓，炼油格局持续调整，炼厂开工率上升、毛利增加，油品质量升级速度加快，技术创新驱动作用增强等新动向。在能源结构调整的大背景下，中国炼油工业也步入了一条加快化解过剩产能、增产更高品质清洁燃料、调整汽柴油产品结构、加快技术创新的行业转型升级之路。

1　世界经济形势与能源结构调整

1.1　全球经济低位运行，增长乏力

当前全球经济形势依然疲软，主要经济体的走势继续分化，经济增长不确定性依然存在。据国际货币基金组织（IMF）2016年7月19日发布的《世界经济展望》[1]中统计的国内生产总值（GDP）增长情况：2015年，世界GDP增长率为3.1%，比2014年的3.4%下降了0.3个百分点；发达经济体为1.9%，与2014年持平；新兴市场和发展中经济体经济增长全面放缓，从2014年的4.6%降低到4.0%；美国经济发展表现抢眼，增长较快，达到2.4%；欧元区经济开始反弹，从2014年的0.9%升高到1.7%，但2016年6月23日的英国脱欧正对英国和欧盟的经济产生负面影响，也增加了全球经济增长的不确定性；日本经济从零增长上升到0.5%；中国由2014年的7.3%下降到6.9%；印度由7.2%增长并保持在7.6%，增速首次超过中国；俄罗斯、巴西等石油资源国经济大幅下滑，陷入低谷，俄罗斯和巴西2014年分别为0.6%和0.1%，2015年则相应下降3.7%和3.8%。

鉴于世界经济发展持续低迷以及英国脱欧为全球经济带来进一步的不确定性和下行风险，IMF[1]认为全球经济将延续缓慢回升趋势，进入2016年已两次下调2016—2017年世界经济增长预期。预计2016年和2017年的全球GDP增长率分别为3.1%和3.4%，其中发达经济体2016年和2017年的增速均为1.8%。新兴市场和发展中经济体的增长率预计将从2015年的4.0%（2008—2009年金融危机以来的最低水平）微升到2016年的4.1%和2017年的4.6%。

中国经济目前步入新常态发展阶段，正处于转型换挡期，“十三五”期间尽管面临诸多矛盾叠加、风险隐患增多的严峻挑战，但仍处于大有作为的重要战略机遇期。根据中国政府发布的“十三五”规划纲要，中国经济在今后一段时期将保持中高速增长，到2020年GDP要比2010年翻一番，2016—2020年的经济年均增长底线要超过6.5%[2]。根据国家统计局发

布的数据，2016年前三季度，尽管面对错综复杂的国内外形势和持续较大的经济下行压力，中国GDP增长仍达到6.7%[3]，国民经济运行呈现总体平稳、稳中有进、稳中向好的发展态势，预计完全可以实现6.5%~7.0%的全年GDP增长目标。

1.2 全球能源消费增速放缓，向低碳能源转换

能源是人类社会发展的重要物质基础。当前世界经济持续低迷，政治环境错综复杂，能源格局也在加速调整。据英国石油（BP）公司发布的《2016年BP世界能源统计》[4]：2015年全球GDP比2014年增长了3.1%，而一次能源消费量仅增长了1%，约为过去10年平均增长率（1.9%）的50%；2015年世界能源消费量达到13147.3×10^6t油当量，比上年增长1%。由表1可见，能源结构仍然以石油、煤炭和天然气三大化石能源为主，总比例高达86%，其中石油继续保持第一大能源的地位，占比32.9%，天然气占比23.8%，煤炭占比29.2%；可再生能源尽管增长较快，但占比仅为2.8%。能源结构逐渐优化，石油和煤炭在能源结构中的比例逐渐下降，天然气和非化石燃料比例则在提高。2015年，能源消耗产生的二氧化碳排放量仅比2014年增长了0.1%，是近10年来的最低年增长率，这也从另一个侧面反映了世界能源结构向低碳能源转换的趋势。

表1 全球各类型一次能源消费情况

能源类型	消费量，10^6t油当量						2015年增长率,%	2015年占比,%
	2010年	2011年	2012年	2013年	2014年	2015年		
石油	4040.2	4085.1	4138.9	4185.1	4251.6	4332.3	1.9	32.9
煤炭	3469.1	3630.3	3723.7	3826.7	3911.2	3839.9	-1.8	29.2
天然气	2868.2	2914.7	2986.3	3020.4	3081.5	3135.2	1.7	23.8
水电	783.9	795.8	833.6	855.8	884.3	892.9	1.0	6.8
核电	626.2	600.7	559.9	563.2	575.5	583.1	1.3	4.5
可再生能源	168.0	204.9	240.8	279.3	316.6	364.9	15.3	2.8
合计	11955.6	12231.5	12483.2	12730.5	13020.7	13148.3	1.0	100.0

BP公司预测[5]：随着经济的继续增长，2014—2035年全球能源需求量将增长34%，年均增长率为1.4%，能源消费增速减缓（2000—2014年年均增长率为2.3%），几乎所有增长都来自非经济合作与发展组织（OECD）国家；能源结构继续转变，向更低碳的能源倾斜。化石能源仍是主导能源，占比保持在约80%（比2014年的86%略有降低）。天然气成为增速最快的化石能源，年均增长率为1.8%。石油保持稳定增长，年均增长率为0.9%，占比逐渐下降。煤炭增速急剧下跌，到2035年占比将降至历史低点，天然气将取代煤炭成为第二大能源。增长最快的能源是可再生能源（主要指用于发电的风能、太阳能等，也包括生物燃料），年均增长率为6.6%，到2035年占比将达到9%。

石油消费的增长主要来自交通运输业，约占石油增量的2/3。到2035年，石油继续在交通能源中占据主导地位，占比88%，非石油替代品的占比仅从7%增长到12%。其中，天然气燃料增长最快，年均增长率达到6.5%，估计占比能上升到6%；由于技术进步慢于预期，生物燃料的占比依然较低，约为3.5%；电的占比仍不到2%，主要应用于铁路轨道和地铁运输。

美国能源信息署（EIA）对未来交通能源结构的预测与BP公司的预测基本一致[6]。

EIA认为，2012—2040年，石油仍是主要的交通能源，但其在交通能源中的占比将从2012年的96%降至2040年的88%。其中，车用汽油仍然是用量最大的运输燃料，但其占比将从39%降至33%；柴油是第二大运输燃料，其占比将从36%降至33%；航空燃料的占比将从12%提高到14%。由于具备良好的燃料经济性，天然气用于交通燃料的比例将不断增加，其占比将从3%上升到11%。电力在整个交通运输能源中的占比仍然极低，不到2%，但其在客运铁路中的应用将会提高，到2040年，电力将占到客运铁路能源消费总量的40%，随着电动车的发展，电力在轻型汽车中的能源消费比例将增长到1%。世界能源理事会在其2016年10月12日发布的《世界能源情景2016》中对交通能源结构的预测也认为，未来很长一段时期石油仍将是最主要的交通能源[7]。在能源转型成功的情景模式下，如果建立了市场主导的能源转型体系，到2060年在交通能源消费结构中，石油占67%，生物燃料占16%，天然气占7%，电力占8%，氢能占2%；如果由政府主导的能源转型体系获得成功，则石油占60%，生物燃料占20%，天然气占7%，电力占10%，氢能占3%。

1.3 中国能源结构加快转型升级，石油在交通能源中的绝对主导地位保持不变

中国是世界上最大的能源消费国，但能源资源极其缺乏，能源结构极不合理。截至2015年底，世界石油探明储量约为2394×10^8t，可满足全球50.7年的生产需求。中国石油探明储量为25×10^8t，居世界第14位，占世界总储量的1.1%。世界煤炭探明储量约为8609×10^8t，可满足全球114年的生产需求。中国煤炭探明储量为1145×10^8t，居世界第3位，占世界总储量的12.8%。世界天然气探明储量约为$187\times10^{12}m^3$，可满足全球52.8年的生产需求。中国天然气探明储量为$3.8\times10^{12}m^3$，居世界第13位，占世界总储量的2.1%[4]。从全球范围来看，石油、天然气和煤炭储量丰富，煤炭储采比高达114，石油和天然气的储采比也分别达到50.7和52.8，并无资源“耗尽”压力。而中国的石油、天然气和煤炭的储采比分别为11.7，27.8和31，远低于世界平均水平。能源是国家经济发展的动力之源，能源安全成为国家战略的重要组成部分。

综观世界能源结构的历史演变和未来趋势，多元、低碳、高效和清洁是能源开发利用的必然趋势。中国更应顺应国际潮流，加快能源结构转变。2015年，中国能源消费总量达到43.0×10^8t标准煤，比2014年增长0.9%，是自1998年以来的最低增长率。但能源利用效率显著提高，全国万元GDP能耗比2014年下降5.6%。能源消费增长放缓主要是由于消费结构逐渐优化，煤炭比重明显下降，石油消费增长放缓和清洁能源比重提高。从中国能源结构来看，随着中国经济的转型，煤炭在能源结构中的主导地位明显下降，2015年煤炭消费量比2014年下降3.7%，占比64%，创历史新低；作为第二大能源的石油，其消费量增长5.6%，占比17.9%。天然气消费量增长3.3%，占比达到5.8%，水电、风电、核电、天然气等清洁能源消费量占能源消费总量的17.9%[8]。

为推动能源生产和消费革命，保障国家能源安全，中国政府发布了《能源发展战略行动计划（2014—2020年）》[9]，对中国能源结构升级进行了规划，提出了坚持“节约、清洁、安全”的战略方针，重点实施“节能优先、绿色低碳、立足国内、创新驱动”四大战略，加快构建低碳、高效、可持续的现代能源体系。到2020年，一次能源消费总量控制在48×10^8t标准煤左右，煤炭消费总量控制在42×10^8t左右，要基本形成比较完善的能源安全保障体系。国内一次能源生产总量达到42×10^8t标准煤，能源自给率保持在85%左右，石

油储采比提高到 14～15，能源储备应急体系基本建成。着力优化能源结构，把发展清洁低碳能源作为调整能源结构的主攻方向。坚持发展非化石能源与化石能源，高效清洁利用并举，逐步降低煤炭消费比重，提高天然气消费比重，大幅增加风电、太阳能、地热能等可再生能源和核电消费比重，大幅减少能源消费排放，促进生态文明建设。到 2020 年，非化石能源占一次能源消费总量比重达到 15%，天然气比重达到 10% 以上，煤炭消费比重控制在 62% 以内。加强能源科技创新体系建设，依托重大工程推进科技自主创新，建设能源科技强国，能源科技总体接近世界先进水平。到 2020 年，基本形成统一开放、竞争有序的现代能源市场体系。预计从 2014 年到 2035 年，中国能源需求增长 48%。能源消费结构持续优化，煤炭份额下降到 47%；天然气份额接近翻番，达到 11%；石油份额基本保持不变，约为 19%。交通行业对能源需求增长 93%，石油在交通能源需求中仍占绝对主导地位，份额从 91% 略降至 86%[5]。

2 世界炼油工业发展动向

2.1 石油供需基本面持续宽松，原油价格或长期低位运行

伴随着世界经济的缓慢复苏，石油需求增长放缓，世界石油市场供需基本面进一步宽松。据国际能源机构（IEA）2016 年 6 月 14 日发布的数据统计[10]：2015 年全球石油需求量为 9480×10^4bbl/d，比 2014 年增长 2.2%。其中，非 OECD 国家需求量达到 4860×10^4bbl/d，比 2014 年增长 3.2%；OECD 国家需求量为 4620×10^4bbl/d，比 2014 年增长 1.1%。2016 年，全球石油需求量达到 9600×10^4bbl/d，比 2015 年增长 1.27%，其中亚太国家消费量为 3300×10^4bbl/d，年增速为 1.22%（表 2）。中国 2015 年的石油消费量达到 1140×10^4bbl/d，比 2014 年增长 6.54%；2016 年，石油需求量达到 1170×10^4bbl/d，年增速为 2.63%，中国石油需求增速大大超过全球石油需求的平均增速，仍是世界石油需求增长的主要贡献者。

表 2 IEA 世界石油需求统计和预测（2013—2017 年）

地　区		石油需求量，10^6bbl/d				
		2013 年	2014 年	2015 年	2016 年	2017 年（预计值）
OECD 国家	北美	24.1	24.1	24.4	24.5	24.6
	欧洲	13.6	13.5	13.7	13.7	13.7
	亚太	8.3	8.1	8.1	8.1	8.1
	小计	46.0	45.7	46.2	46.3	46.4
非 OECD 国家	原苏联	4.7	4.9	4.9	5.0	5.0
	欧洲	0.7	0.7	0.7	0.7	0.7
	中国	10.4	10.7	11.4	11.7	12.0
	亚洲其他	11.7	12.0	12.5	13.1	13.7
	拉丁美洲	6.6	6.8	6.8	6.7	6.7
	中东	7.9	8.0	8.2	8.2	8.4
	非洲	3.9	4.0	4.1	4.3	4.4
	小计	45.9	47.1	48.6	49.7	50.9
总　计		91.9	92.8	94.8	96.0	97.3

从原油供应情况来看，全球原油供应过剩量继续增长。2015 年石油供应量达到 9640 × 10^4bbl/d，较 2014 年增加 270 × 10^4bbl/d，增长 2.88%，供应过剩进一步扩大到 170 × 10^4bbl/d（2014 年供应过剩 90 × 10^4bbl/d）（表 3）。进入 2016 年，由于美国页岩油减产，原油供应宽松局面有一定缓解。IEA 统计，截至 2016 年 6 月底，原油供应过剩量已减少到 80 × 10^4bbl/d。考虑到石油输出国组织（OPEC）发起的减产和冻结产量行动、全球石油需求量有所上升等因素的影响，IEA 认为 2016 年下半年国际石油市场供应宽松局面会继续缓解，缓慢走向供需平衡。但长期来看，未来 5 年世界经济仍处于复苏期，石油需求难以有大幅反弹，2020 年前全球石油供大于需的态势仍将继续。

表 3　IEA 世界石油供应统计和预测（2013—2017 年）

地　　区		石油供应量，10^6bbl/d				2017（预计值）
		2013 年	2014 年	2015 年	2016 年	
非 OPEC 国家						
OECD 国家	北美	17.2	19.1	19.9	19.4	19.5
	欧洲	3.3	3.3	3.5	3.4	3.3
	亚太	0.5	0.5	0.5	0.4	0.4
	小计	21.0	22.9	23.9	23.2	23.3
非 OECD 国家	原苏联	13.9	13.9	14.0	14.0	14.0
	欧洲	0.1	0.1	0.1	0.1	0.1
	中国	4.2	4.2	4.3	4.1	4.0
	亚洲其他	2.6	2.6	2.7	2.7	2.7
	拉丁美洲	4.2	4.4	4.6	4.5	4.7
	中东	1.4	1.4	1.3	1.2	1.2
	非洲	2.2	2.2	2.2	2.2	2.3
	小计	28.6	28.8	29.2	28.8	29.0
其　　他		4.2	4.4	4.5	4.7	4.8
非 OPEC 国家合计		53.8	56.3	57.6	56.8	57.0
OPEC 国家合计		37.5	37.4	38.8		
共　　计		91.3	93.7	96.4		

石油需求增长趋缓和石油供需面的宽松也直接导致了原油价格的下跌。2015 年，国际原油市场进入了低迷时期，WTI 和 Brent 原油的年均价分别为 48.76 美元/bbl 和 53.60 美元/bbl，同比分别下降 48% 和 46%，全年一直徘徊在 40 ~ 50 美元/bbl 之间，到年底受美联储加息、OPEC 不减产以及伊朗重回原油市场、美国解除原油出口禁令等因素影响，国际油价开始断崖式下跌。WTI 和 Brent 油价一度分别跌至 34.73 美元/bbl 和 36.11 美元/bbl。进入 2016 年，原油价格更是大幅暴跌，1 月 20 日，WTI 和 Brent 油价分别跌至 26.55 美元/bbl 和 27.88 美元/bbl，创近 13 年来新低。随后虽然油价出现反弹，但基本在 50 美元/bbl 以下徘徊。相关机构普遍认为，2016 年国际油价大概率呈现继续震荡行情，总体趋势是前低后高（图 1）。如 EIA 预计，2016 年 Brent 全年平均油价为 43 美元/bbl，2017 年有望上升到 51 美元/bbl。2016 年和 2017 年 WTI 原油价格的预测值分别比 Brent 原油低 1 美元/bbl。高盛表示，油价需跌至 20 美元/bbl 才能真正迫使原油产量出现显著下降，从而推动市场重归均衡；

2016 年的油价保持在 45 ~ 50 美元/bbl 之间。摩根大通预计，在 2016—2017 年 Brent 原油价格将处于 45 ~ 55 美元/bbl 之间。瑞信当时预测，2016 年 Brent 油价将由 38 美元/bbl 上调至 44 美元/bbl，2017 年升至 56 美元/bbl，长期则维持在 70 美元/bbl。

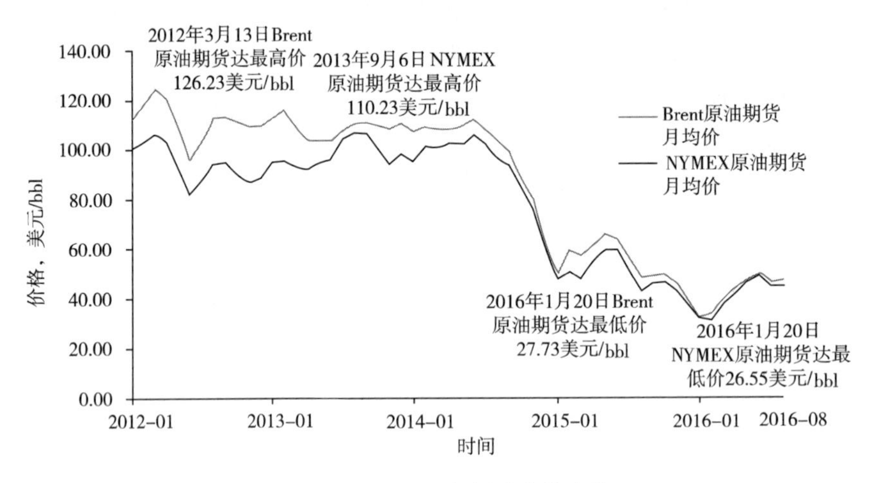

图 1　2012—2016 年原油价格走势

2.2　炼油格局继续调整，产业集中度进一步提高

经济增长的长期低迷和石油需求的增速放缓直接导致全球炼油能力的增速趋于停滞。由图 2 可见，在经历了 2012 年的峰值后炼油能力增长已明显放缓，2015 年达到 44.74×10^8t/a，比 2014 年略增 1.73%。炼油格局仍在加速调整，北美、欧洲和亚太地区呈现差异化发展态势[11]。近年来，新增炼油能力绝大部分位于亚洲和中东，美国炼油能力出现明显增长态势，亚太地区发达国家的炼油能力正在下降，新兴经济体的炼油能力增长。分地区来看，亚太地区仍为全球炼油能力最大的地区，产能达到 13.17×10^8t/a，较 2014 年增长近 2600×10^4t/a，世界总产能占比达到 29.4%；北美地区炼油能力达 10.82×10^8t/a，较 2014 年增长 300×10^4t/a，占比 24.2%；西欧地区炼油能力为 6.75×10^8t/a，较 2014 年增长 900×10^4t/a，占比 15.1%。预计未来世界炼油工业的发展重心将加速向具有市场优势和资源优势的地区转移。2015—2020 年底还将有 3.55×10^8t/a 的新增炼油能力投产，将主要集中在中东、中国和其他亚太地区。全球炼油能力已出现过剩，尤其随着中东、亚洲一些大型炼油项目的投产，亚洲地区将面临更加激烈的市场竞争，炼油能力将会严重过剩。但由于低油价的影响，许多项目投资计划并不能如期实现，存在取消和延期的可能性很大。

另外，世界炼油工业继续向规模化发展，产业集中度进一步提高。表 4 列出了世界主要国家和地区的炼油能力与装置构成（表中数据截至 2016 年 1 月 1 日）[11]。全球共有炼厂 634 座，同比减少 9 座，炼厂平均规模达 705×10^4t/a。与 2006 年相比，炼厂数量减少 4.1%，但平均规模提高了 9.5%。炼油企业、生产装置继续向大型化发展。规模在 2000×10^4t/a 以上的炼厂达到了 30 座，其中有 20 座位于亚洲和中东。印度信诚工业公司贾姆纳格尔炼油中心总炼油能力达到 6200×10^4t/a，是世界最大的炼油基地。中国石化的镇海炼化、茂名石化和中国石油大连石化的炼油能力均已超过 2000×10^4t/a。

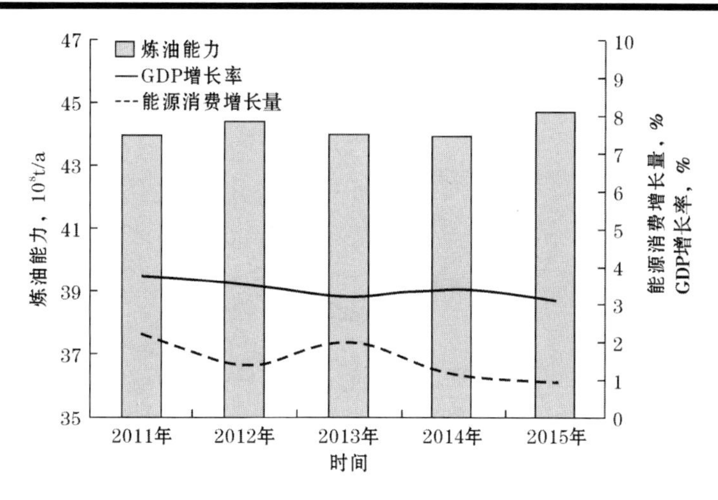

图 2　全球炼油能力及 GDP 和能源消费变化情况

表 4　世界主要国家和地区的炼油能力与主要装置构成

炼油能力世界排名	国家名称	炼厂数量座	炼油能力，10^4t/a						
			常压蒸馏	焦化	热加工	催化裂化	催化重整	加氢裂化	加氢处理
1	美国	121	90485	14815	27734	14386	10896	74407	1155
2	中国①	49	41478	2297	5154	1987	2749	6155	95
3	俄罗斯	39	27259	2214	1827	3326	518	10966	419
4	印度	23	23757	1332	2542	222	828	957	44
5	日本	23	19584	528	3866	2579	354	16649	106
6	韩国	5	14795	105	1835	1694	1695	7240	368
7	沙特阿拉伯	9	14535	1051	518	1034	675	2319	0
8	德国	15	10939	1989	1749	1727	959	8957	75
9	意大利	13	10587	1284	1210	1455	1874	5678	127
10	伊朗	14	10195	853	175	581	533	847	49
世界合计		634	447353	44366	72385	48511	32139	214489	4072

①表中统计数据偏小，实际炼油能力约为 7.1×10^8t/a。

2.3　全球炼厂开工率上升，炼油利润回升

受益于油品需求上升，炼厂开工率出现明显上升。由图 3 可见，2015 年炼厂平均开工率达到 82.1%，比 2014 年上升了 1 个百分点，是近 5 年来上升最快的一年，在 2005 年炼油业黄金期最高达 86%[4]。近几年，美国炼厂开工率一直表现优异，接近 89%；亚太地区炼厂开工率自 2014 年降至近 10 年来的谷底后开始反弹，2015 年上升至 82%；2015 年欧盟地区的炼厂开工率也开始上升，达到 83%；2015 年中国炼厂开工率为 75.4%，明显低于全球平均水平（82.1%），结构性过剩比较严重[12]。进入 2016 年以来，由于油价继续在低位运行，开工率仍有小幅上升，与 2015 年相比，全球炼厂停工检修期缩短了 40%。

原油价格的大跌也直接导致炼油毛利的上升（图 4）。2015 年，美国墨西哥湾加工中质含硫原油的焦化型炼厂利润接近近 10 年来的峰值，达到 12.6 美元/bbl；欧洲典型炼厂利润达到近 10 年来的最高值，为 7.2 美元/bbl；亚太地区典型炼厂的利润相比前两个地区低一些，但 2015 年也开始回升，平均为 4.5 美元/bbl[10]。进入 2016 年以后，炼油利润仍保持在较高水平，

如2016年8月美国中部加工WTI原油的裂化型炼厂炼油毛利高达14.26美元/bbl。

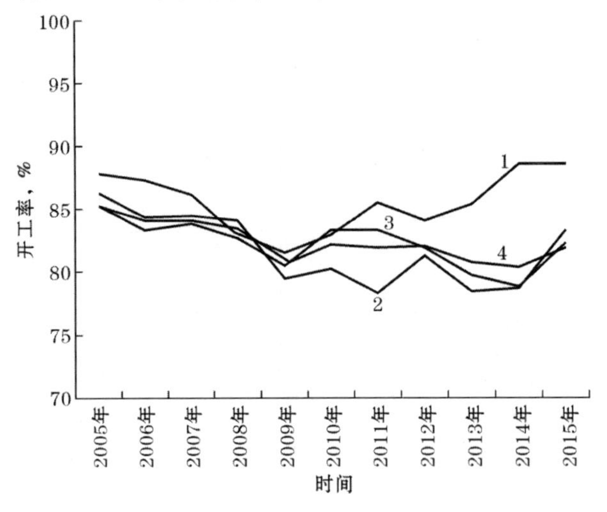

图3 2005—2015年全球炼厂开工率

1—美国；2—欧盟；3—亚太；4—世界平均

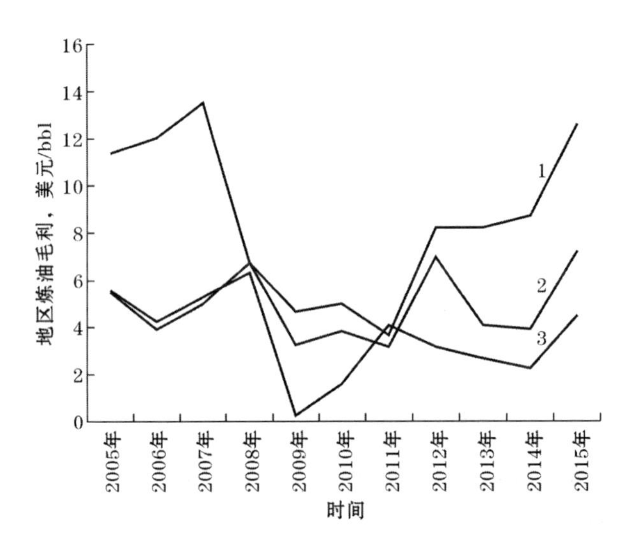

图4 2005—2015年世界主要地区炼油毛利

1—美国墨西哥湾加工中质含硫原油的焦化型炼厂；2—西北欧加工轻质低硫原油的裂化型炼厂；

3—新加坡加工中质含硫原油的加氢裂化型炼厂

影响炼油利润的因素比较复杂，包括所加工原油的价格、原油类型、装置结构、地理位置等。业界认为，虽然短期内的低油价可以使炼油行业提高开工率，利润增加，但从中长期来看，由于全球经济复苏疲弱，油品需求增速放缓，炼油能力过剩加剧，在世界多数地区，炼厂不可能持续出现2005年炼油业黄金时期的86%开工率和超过10美元/bbl的高额利润。特别是美国以外的其他地区炼厂，短期受益于低油价，但中长期前景并不明朗。可以确定的是，未来3~5年油价仍将维持在低水平，这对炼厂而言是利好因素。但随着中国经济增速放缓，中东和中国柴油出口增加，中东和亚洲炼厂加工能力提升，石油市场上的原油过剩将转变为油品过剩，将使炼油毛利承压，只有具有低成本和运营灵活优势的炼厂才能得以生存和发展。

Stratas Advisors 能源咨询公司预测，2016 年全球大部分地区炼油利润还会继续上升，2017 年开始地区性的分化会加剧，部分地区之间的利润差距加大；至 2020 年，亚洲、欧洲、中东、北美地区炼油利润将下降；到 2035 年，除欧洲地区外，其他地区炼厂均可实现不同程度的利润增长。分地区来看炼厂利润（图 5）：当前亚洲为 6 美元/bbl，2025 年或将减少至 4 美元/bbl，2035 年会回升至 10 美元/bbl；2017 年欧洲将保持在 6 ~ 7 美元/bbl 之间，2035 年降至 3 美元/bbl；当前中东为 8 美元/bbl，2020 年将减少至 3 美元/bbl 以下，2035 年将增至 8 美元/bbl；2017 年北美将降至 9 美元/bbl，2025 年将提高到12.66 美元/bbl，2035 年将提高至 13.35 美元/bbl。

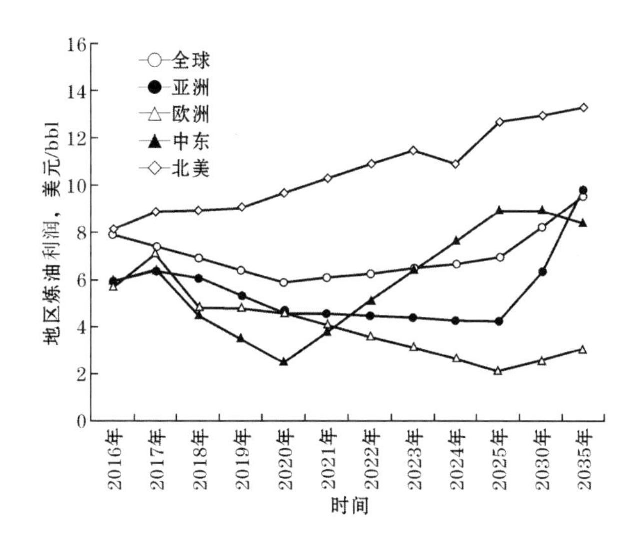

图 5　世界主要地区炼油利润长期展望

2.4　清洁燃料标准加速升级，趋于更清洁、更环保

近几年，一些主要国家的油品标准升级速度都在加快。美国环保局 2014 年 3 月宣布，从 2017 年起，美国清洁汽油的硫含量标准将从目前的 30μg/g 降低到 10μg/g。欧洲委员会也要求欧盟成员国生产硫含量接近零的汽油。日本目前限制汽油硫含量不高于 10μg/g，亚洲等发展中国家的清洁燃料标准也在追赶世界领先标准，印度提出自 2017 年 4 月起执行相当于欧Ⅳ的 BS4 清洁燃料标准（硫含量不大于 50μg/g），到 2020 年要跳过相当于欧Ⅴ的 BS5 标准，直接执行相当于欧Ⅵ的 BS6 标准（硫含量不大于 10μg/g），计划投入 45 亿美元用于炼厂油品质量升级。

从全球先进地区实施的汽柴油标准可发现，汽柴油硫含量降至 10μg/g 以下基本是国际趋势。硫含量降至 10μg/g 以下已经达到极限，从欧Ⅴ到欧Ⅵ，汽柴油硫含量未发生变化。欧Ⅵ汽油标准与欧Ⅴ汽油标准相比：增加了 E10 的相关内容，其余主要的技术指标限值没有变化；对氧含量及乙醇添加量做了不同规定。欧Ⅵ柴油标准与欧Ⅴ柴油标准相比，除最大密度稍有降低（目的是进一步降低颗粒物的排放）外，其余标准限值均未变化。

目前，中国的油品质量标准已领先于多数发展中国家，部分省市地区已达到发达国家水平。中国当前已在全国范围执行国Ⅳ汽柴油标准。2016 年 1 月 1 日起执行国Ⅴ车用汽柴油标准的地区涵盖了整个东部地区的 11 个省市。2017 年 1 月 1 日起在全国范围执行国Ⅴ标准[13]，2019 年 1 月 1 日起执行国Ⅵ车用汽油和车用柴油标准[14]。北京市已于 2016 年 11 月正式发布京Ⅵ车用汽油和车用柴油标准，自 2017 年 1 月 1 日起开始实施京Ⅵ标准[15]。该标准的技术指标参照了目前国际上最严格的车用燃料标准，硫含量维持不变，进一步加严汽油中的烯烃、芳烃、苯、蒸气压等主要环保指标。国Ⅴ（国Ⅵ）标准升级的总体趋势是汽油硫含量降至 10μg/g，烯烃、芳烃、苯体积分数继续下降至 18%（15%），35% 和 0.8%；柴油硫含量降至 10μg/g，多环芳烃体积分数继续下降至 7%。预计至 2019 年，中国国Ⅵ油品质量标准实施后，在主要技术指标上将达到欧Ⅵ标准质量要求，其中汽油烯烃含量和柴油多环芳烃含量指标甚至优于欧Ⅵ标准，届时中国油品标准将整体达到世界先进水平（表 5 和表 6）。

表 5　中国与欧盟车用汽油标准主要指标对比

项目	国Ⅳ	国Ⅴ	国Ⅵ（征求意见）	京Ⅵ	欧Ⅴ EN 228—2008	欧Ⅵ EN228—2012
RON	90/93/97	89/92/95	89/92/95	89/92/95	95	95
硫含量，μg/g	≤50	≤10	≤10	≤10	≤10	≤10
苯含量，%（体积分数）	≤1.0	≤1.0	≤0.8	≤0.8	≤1.0	≤1.0
芳烃含量，%（体积分数）	≤40	≤40	≤35	≤35	≤35	≤35
烯烃含量，%（体积分数）	≤28	≤24	≤18（VIA）/15（VIB）	≤15	≤18	≤18
氧含量，%（体积分数）	≤2.7	≤2.7	≤2.7	≤2.7	≤2.7	≤2.7/3.7
T_{50}，℃	≤120	≤120	≤110	≤110	（E100）≤46～72/46～71①	（E100）≤46～72/46～71
T_{90}，℃	≤190	≤190	≤190	≤190	（E150）≤75	（E150）≤75
蒸气压，kPa	42～85（冬）；40～68（夏）	45～85（冬）；40～65（夏）	45～85（冬）；40～65（夏）	45～70（3 月 16 日—5 月 14 日）；42～62（5 月 15 日—8 月 31 日）；45～70（9 月 1 日—11 月 14 日）；47～80（11 月 15 日—3 月 15 日）	分地区 45～100	分地区 45～100

注：T_{50} 和 T_{90} 分别表示 50% 和 90% 蒸发温度。

①两个不同氧含量汽油产品在 100% 下的蒸发率。

表 6 中国与欧盟车用柴油标准主要指标对比

项 目	国Ⅳ	国Ⅴ	国Ⅵ（征求意见）	京Ⅵ	欧Ⅴ	欧Ⅵ
硫含量，μg/g	≤50	≤10	≤10	≤10	≤10	≤10
十六烷值	≤49/46/45①	≤51/49/47	≤51/49/47	≤51/49/47	≤51	≤51
十六烷指数	≤46/46/43	≤46/46/43	≤46/46/43	≤46		≤46
密度（15℃），kg/m^3	810～850；790～840	810～850；790～840	820～845；800～840	820～845；800～840	845	820～845
多环芳烃含量，%（体积分数）	≤11	≤11	≤7	≤7	≤11	≤8
T_{95}，℃	≤365	≤365	≤365	≤365	≤360	≤360

①3 个不同牌号柴油产品各自的十六烷值。

除了进一步降低车用汽柴油中的硫含量指标外，降低船用燃料油的硫含量也正在成为一些国家和国际组织推进的油品质量标准升级的新内容。国际海事组织（IMO）加强了对海上船舶排放的强制性限制规定：要求自 2015 年 1 月起在排放控制区（ECAs，目前指波罗的海、北海、北美和美国加勒比海4 个排放控制区）行驶的船舶的船用燃料油硫含量降至 1000μg/g；要求到 2020 年 1 月（或 2025 年），在世界范围内，船用燃料油硫含量上限降至 5000μg/g，欧盟已承诺将从 2020 年起在欧盟水域执行这一标准，彻底消除高硫船用油市场。中国自 2016 年 1 月 1 日起实施的《中华人民共和国大气污染防治法》规定了内河区域船舶用燃料油要使用普通柴油。提出自 2016 年 1 月 1 日起在珠江三角洲、长江三角洲、环渤海（京津冀）水域船舶排放控制区内，有条件的港口船舶靠岸停泊期间可实施使用硫含量不超过 5000μg/g 的燃油等高于现行排放控制要求的措施，到 2019 年 1 月 1 日所有进入排放控制区的船舶应使用硫含量不超过 5000μg/g 的燃料油[16]。2015 年 12 月 31 日发布了 GB17411—2015《船用燃料油》强制性国家标准[17]，2016 年 7 月 1 日起实施。该标准适用于海（洋）船用柴油机及其锅炉用燃料油，规定了用于船舶的 4 种馏分燃料油和 6 种残渣燃料油。馏分燃料油，按照硫含量划分，DMX，DMA 和 DMZ 分为不大于 1%，0.5% 和 0.1% 3 个等级；DMB 分为不大于 1.5%，0.5% 和 0.1% 3 个等级；残渣燃料油，按照硫含量划分，RMA10 和 RMB30 分为不大于 3.5%，0.5% 和 0.1% 3 个等级，其他牌号分为不大于 3.5% 和 0.5% 2 个等级。可以看出，船用燃料油新标准的硫含量指标明显降低，其中最严的硫含量限值不大于 0.1%。在世界大部分地区，降低船用燃料油的硫含量也是大势所趋。

2.5 技术创新推动企业提质增效，支撑炼油工业可持续发展

炼油工业作为技术密集型工业，技术创新在提高企业经济效益、降低生产成本、提升产品质量等方面发挥着重要作用。美国燃料与石化生产商协会（AFPM，原称 NPRA）年会是世界最重要的炼油专业会议，主要的石油公司和炼油商、技术开发商都派代表参加，是炼油技术风向标，基本反映了全球炼油技术的发展趋势。通过对会议论文进行梳理分析，可以对当前世界炼油行业的发展态势和技术新进展有一个准确客观的了解，更好地跟踪把握炼油技术的未来发展方向[18]。

2016 年，AFPM 会议共分 15 个专题论坛，包括战略决策、政策法规、环境保护、原油供应、汽油生产、加氢处理、催化裂化技术、渣油转化、炼厂操作、石化产品生产、装置自动化、工艺安全、提高收益、装置可靠性和发展方向研讨。论文涉及的领域主要有催化裂

化、加氢裂化/加氢处理、催化重整、烷基化、重油改质与加工、原油供应及需求、装置优化和安全生产、节能减排等。与前几年相比，除了催化裂化、加氢处理/加氢裂化、重油改质与加工等传统炼油主体技术外，高辛烷值汽油组分生产、节能减排也成为当前炼油行业关注的热点。

催化裂化领域的论文共有6篇，技术新进展主要体现在催化剂、工艺、装置运行等方面。BASF公司介绍了新开发的用于处理渣油的硼基技术平台（BBT）[19]，与常规的金属钝化技术相比，该技术研发的催化剂具有优良的金属耐受性和催化性能，可最大限度减少镍、钒等杂质金属的负面影响，达到降低氢气产率、提高石脑油和轻循环油（LCO）收率、降低焦炭产率的效果。实验室ACE评价结果表明，与基准情况相比，氢气产率降低27%，石脑油和LCO收率提高0.75%，焦炭产率下降22%，已有2家美国炼厂应用了基于该平台技术开发的第一代催化剂BoroCat，多家炼厂正在试用，取得了较好的效果。

加氢领域的论文共有7篇，技术新进展主要体现在催化剂、工艺、装置优化和改造、解决方案等方面。Albemarle公司介绍了用于加氢处理催化剂研发的STAX专有动力学模型和催化剂体系设计优化技术[20]。STAX技术可用于超低硫柴油中高压/高压加氢处理装置装填催化剂，把不同催化剂分3层在反应器中级配装填；用于低压/中压加氢处理装置，则把不同催化剂分2层级配装填。通过该技术支持，开发出首批镍钼催化剂KF 870和KF 880，分别用于加氢裂化预处理和中高压/高压中间馏分油加氢处理。

清洁汽油生产领域的论文共有6篇，技术新进展主要体现在烷基化、高辛烷值汽油组分生产、汽油调和等方面。山东汇丰石化采用AlkyClean固体酸烷基化技术的全球首套装置于2015年8月开工投产[21]，烷基化油生产能力为10×10^4t/a，目前该套装置已连续运转1年多，表现出良好的可靠性和稳定性。AlkyClean技术由CB&I，Albemarle和NesteOil共同开发，该装置采用固体酸催化剂，以铂金作为活性载体，在催化剂载体上形成酸性中心来完成碳四烷基化反应，催化剂失活后可在线再生。烯烃在反应器中完全转化，生产的烷基化油研究法辛烷值（RON）达到95~98，雷德蒸气压（RVP）小于44.82 Pa，硫含量小于1μg/g，是优质的国V清洁汽油调和组分。该工艺主要由原料预处理、反应、催化剂再生及产品分离4部分组成。反应器操作为液相操作，温度为50~90℃，反应压力约为290psi，异丁烷与烯烃的进料比例为（8~12）:1。该技术不存在健康、安全和环境问题；催化剂原料适应性强，活性稳定性高，无酸溶油和其他液体废物产生；无须采用昂贵的合金材料设备，装置投资比常规硫酸烷基化装置少15%，与氢氟酸烷基化装置相当。操作温度和压力缓和，无需特殊的工艺设备。由于AlkyClean技术不使用有毒且有腐蚀性的氢氟酸或硫酸，降低了工厂操作人员的健康和安全风险，避免了液体酸再生或后处理需要耗费的额外能量以及产生的废物及污染，该技术获得2016年“美国总统绿色化学挑战奖”中的“绿色合成路线奖”。该技术是对传统烷基化技术的颠覆性突破，随着该技术的不断改进和推广应用，有望成为主流的清洁汽油生产技术。

渣油转化领域的论文共有4篇，悬浮床加氢裂化技术是用于加工劣质重质原料的高温、高压、临氢热裂化技术，可加工重质劣质常规原油、非常规原油及高中低温煤焦油等原料。渣油悬浮床加氢裂化技术主要有ENI公司EST技术、Intevep公司HDHPlus/SHP技术、UOP公司UniflexSHC技术、BP公司VCC技术、Chevron公司VRSH技术和中国石油悬浮床加氢裂化技术。由于技术开发难度极大，悬浮床技术在世界范围内尚未规模应用。目前，全球只投产了两套渣油悬浮床加氢裂化工业示范装置，一套是意大利ENI公司Sannazzaro炼厂的135×10^4t/a EST渣油悬浮床加氢裂化装置，2013年10月投产，工业运行表明，原料转化率达到95%～96%，没有焦炭生成。产品质量达到设计要求，其中欧V柴油收率超过40%（质量分数）。ENI公司已宣称可对外许可该技术。ENI公司正在进行第二代纳米催化剂的研发，主要是增加催化剂的裂化性能，以及研究未转化塔底油中的催化剂回收技术。但2016年12月1日该装置发生大火，据媒体报道火势凶猛，火光和黑色浓烟在数十千米外都清晰可见，历经十余小时大火才被彻底扑灭，目前该装置已严重损毁，火灾原因正在调查中。这次火灾虽未造成人员伤亡，但对EST悬浮床加氢技术的推广乃至悬浮床加氢技术的发展无疑蒙上了一层阴影。另一套是采用BP公司VCC技术的延长石油集团45×10^4t/a煤油共炼（煤、油设计比例为1∶1）示范装置，2015年1月在陕西榆林靖边建成投产，以中低阶煤和催化油浆为原料，煤转化率达到86.0%，催化裂化油浆转化率为94.0%，液体收率达70.7%，能源转换效率为70.1%，目前处于优化、操作完善阶段。还有多套装置在建或计划建设中。例如，俄罗斯Mendeleev集团公司采用VCC技术建设350×10^4t/a工业装置，预计2018年投产；委内瑞拉PuertoLaCruz炼厂正在采用HDHPlus/SHP技术建设275×10^4t/a装置；中国石化茂名石化在其规划的260×10^4t/a渣油加氢装置中计划采用ENI公司的EST悬浮床技术。三聚环保与华石能源联合开发了超级悬浮床技术（Mixed Cracking Treatment，MCT），并建成15.8×10^4t/a工业示范装置，于2016年2月开工投料，以煤焦油为原料，生产的汽柴油达到国V标准，悬浮床单元总转化率为96%～99%，轻油收率为92%～95%。目前，正在开发百万吨级成套工艺包技术。

节能减排技术共有10篇论文，技术新进展涉及节能节水、废水预测和管理、废水处理技术、炼厂尾气处理等方面。美国一座大型炼厂对加工原油的种类与废水水质的关联关系进行了研究[22]，结果表明，原油API度越低、芳烃含量越高、饱和烃含量越低、沥青质含量越高，废水浑浊度越高；残炭、钒、氮、单环芳香族化合物、镍和硫与废水水质的相关性较小。炼油和化工生产过程中，水处理成本逐年增加，节水策略是炼油化工装置设计和运行的一个重要因素。通过减少冷却水用量需求、提高冷却水处理效率、改善冷却塔设计等手段可以优化冷却水系统。CH2M公司开发了用于分析水资源系统的Voyage™工具[23]，该工具包括评价与时间相关的投资改造和运营，分析供水、使用和排放系统，并提出多种替代方案满足既定目标。

3 关于中国炼油工业发展方向的思考

中国炼油工业经过近30年的快速发展，已成为仅次于美国的世界第二大炼油国家，原油一次加工能力从2000年的2.77×10^8t/a增至2015年的7.1×10^8t/a，稳居世界第2位。2015年，全国原油加工量达到5.22×10^8t，比2014年增长4.4%；成品油产量为3.4×10^8t，增幅5.25%。拥有25座千万吨级炼厂，其中大连石化、镇海石化和茂名石化炼油能力超过了2000×10^4t/a，进入世界最大炼厂行列，形成了以中国石化、中国石油为主，中国海油、中国化工、中化、中国兵器等其他国有企业加快发展，山东地方炼厂迅速扩张的多元化市场主体，产能规模和技术水平都有了长足进步，有力地保障了国家能源安全。

在行业竞争加剧、资源环境约束加大、内外部环境发生重大变化的新形势下，中国炼油工业也必须与经济增长新常态相适应，行业的发展速度、发展方式以及发展动力都要有新的变革。按照安全环保优先、科学合理规划、提高产业效益、保障能源安全四大原则，中国对今后一个时期的石化产业规划布局进行了部署，2014 年 9 月国家发展和改革委员会（以下简称国家发改委）下发了《石化产业规划布局方案》[24]，对炼油、乙烯、芳烃进行重点规划布局。方案规划到 2020 年全国炼油能力达到 7.9×10^8t/a，2025 年达到 8.5×10^8t/a，同时推动产业集聚发展，重点建设上海漕泾、浙江宁波、广东惠州、福建古雷、大连长兴岛、河北曹妃甸、江苏连云港七大基地，预计到 2020 年，七大基地的炼油能力、乙烯和芳烃产能分别占全国的 40%，50% 和 60%。为推动石化和化学工业由大变强，指导行业持续科学健康发展，2016 年 10 月 18 日，工业和信息化部（以下简称工信部）又出台了《石化和化学工业发展规划（2016—2020 年）》[25]（以下简称《规划》）。《规划》提出，"十三五"期间中国石化和化学工业增加值年均增长 8%，较"十二五"降低 1.4 个百分点，行业销售利润率从 2015 年的 4.6% 提高到 2020 年的 4.9%。《规划》突出了以提质增效为中心的发展方式，针对中国石化和化学工业存在的部分传统化工行业产能过剩、结构性短缺矛盾突出、工程化创新能力不足、产业布局集约化水平不高、安全环保节能水平有待提升五大突出问题，提出了产品结构高端化、原料路线多元化、科技创新集成化、产业布局集约化、安全环保生态化的"五化"发展原则。

综合判断，"十三五"时期，中国炼油工业仍处于重要发展机遇期，也面临着诸多矛盾叠加的严峻挑战。市场需求放缓、节能减排趋严、产能结构性过剩、产品质量标准升级、替代交通能源加快发展、市场竞争更加激烈等因素，决定中国炼油进入了经济增速换挡、产业结构调整、发展方式转型的关键时期。必须要走出一条以结构调整为主攻方向、以创新驱动为新动力、以绿色循环低碳为重要途径的新型发展道路，加快中国由炼油大国向强国的转变步伐。

3.1 化解炼油能力结构性过剩，实现产业健康有序发展

经过多年的快速发展，炼油产能不足，产品短缺已不再是中国炼油工业的主要矛盾，炼油产业出现了产能过剩、开工率不足的问题。2015 年，得益于原油价格的大幅下跌，炼油毛利提高，全球原油加工量出现明显上升，全球炼厂平均开工率上升了 1%，达到 82.1%，是近 5 年来上升最快的一年。近几年，美国炼厂开工率一直表现优异，接近 89%；亚太地区炼厂开工率反弹至 82%；欧盟地区炼厂开工率也上升到 83%。相比世界平均水平，中国 2015 年的炼厂开工率却表现不佳，只有 75%。按炼油产业 83% 的合理开工率估算，中国目前过剩能力约为 1×10^8t/a。根据目前在建、拟建及规划的炼油项目，预计到 2020 年中国炼油能力将达到 8.6×10^8t/a，而为了保障国家能源安全，控制原油对外依存度过快上升，原油加工量要求控制在 6×10^8t/a，届时炼厂开工率继续下降到 70%，产能过剩态势将更为严峻。中国炼油能力的过剩本质上仍是一种结构性过剩。主要表现为落后产能的过剩。近年来，地炼企业的炼油能力增长很快，2015 年已达到约 2×10^8t/a，占全国份额的 28%，虽然部分炼厂为获得进口原油使用权资质进行了升级改造和淘汰落后产能，但仍有很大一部分炼厂存在规模小、技术落后、油品质量不达标等问题，落后产能仍集中在地炼企业。中国石化、中国石油等国有公司的 2015 年炼厂开工率达到了 86%，并不存在过剩，而地炼在 2015 年原油进口权和进口原油使用权"两权放开"的情况下炼厂开工率虽有所上升，仍只有 32% 左右。2016 年上半年，山东地炼开工率平均上升到 50% 以上。其次，表现为区域布局

的不平衡，中国炼油能力主要集中在华北、东北和华南地区，分别占全国能力的34%，16%和16%。中国东北地区、西北地区炼能过剩、产品需求过剩，而西南、东部等地炼能不足。中国成品油流向格局仍呈现“西油东进、北油南运及东油向西南推进”的格局。最后，还表现为炼厂二次加工能力配置不合理，加氢装置能力比例低，烷基化、催化重整等高辛烷值汽油组分生产能力不足。美国加氢处理能力占炼油能力的比例高达83%；中国加氢能力只占50%左右，与世界先进水平差距较大。

炼油产能过剩的化解需要从调整规划布局和优化炼厂操作运营两个层次来实施。规划布局的调整优化需要政府方面科学规划、严格监管，严控目前规划以外炼油项目的建设，进一步抑制增量，强化环保、安全、节能等指标约束，切实关停淘汰部分地炼企业的落后产能，组织企业间兼并重组，压缩过剩产能，促进转型转产。2016年7月23日，国务院办公厅印发了《关于石化产业调结构促转型增效益的指导意见》[26]，部署石化产业结构调整和转型升级工作。要求通过努力化解过剩产能、统筹优化产业布局、改造提升传统产业、促进安全绿色发展、健全完善创新体系、推动企业兼并重组、加强国际产能合作七大任务，实现产能结构逐步优化、产业布局趋于合理等目标。根据指导意见，未纳入《石化产业规划布局方案》的新建炼化项目一律不得建设，对符合政策要求的先进工艺改造提升项目应实行等量或减量置换。综合考虑资源供给、环境容量、安全保障、产业基础等因素，完善石化产业布局，有序推进沿海七大石化产业基地建设，炼油、乙烯、芳烃新建项目有序进入石化产业基地，原则上不再新增布点。利用清洁生产、智能控制等先进技术改造提升现有生产装置，提高产品质量，降低消耗，减少排放，提高综合竞争能力。要求新设立的石化产业基地应布局在地域空间相对独立、安全防护纵深广阔的孤岛、半岛、废弃盐田等区域，按照产业园区化、炼化一体化、装置大型化、生产清洁化、产品高端化的要求，统筹规划，有序建设，产业链设置科学合理，原油加工能力可达到4000×10^4t/a以上，规划面积不小于40 km^2。要求新建炼油项目要按照炼化一体化、装置大型化的要求建设。单系列常减压装置原油加工能力达到1500×10^4t/a及以上，一次、二次加工设施配套齐全，油品质量达到国Ⅴ标准。鼓励建设加氢裂化、连续重整、异构化和烷基化等清洁油品装置，及时升级油品质量。加快炼油和乙烯装置技术改造，适时调整柴汽比，优化原料结构。推进石化产业基地及重大项目建设，增强烯烃、芳烃等基础产品保障能力，提高炼化一体化水平。拓展传统化工产品应用领域，支持化肥、润滑脂等优势产能“走出去”。充分发挥中国传统石化产业比较优势，结合“一带一路”战略，积极开拓国际市场，转移国内过剩产能，可根据沿线各国炼油产业基础和市场特点，针对性地采取成品油出口、建设海外石化产业园区、在国外独资或合资兴建炼厂、转让出口炼油技术和催化剂产品、工程承包和建设、炼厂运营维护、装备设备出口、金融投资等多种灵活方式，与沿线国家实现互利共赢。积极推动炼油、烯烃等优势产业开展国际产能合作，鼓励外资参与国内企业兼并重组，支持中国大型石化企业开展跨国经营，提前做好风险应对预案。

3.2 应对国Ⅴ/国Ⅵ汽柴油标准挑战，加快油品质量升级步伐

近年来，随着国家对环保要求的不断提高，中国油品标准向国际先进水平靠拢的步伐明显加快，油品质量升级不断提速。目前，中国的油品质量标准已高于多数发展中国家，部分省市地区已达到发达国家水平。中国已从2014年起全面执行国Ⅳ汽油标准，从2015年起全

面执行国Ⅳ柴油标准。自2016年1月1日起供应国Ⅴ标准车用汽柴油的区域扩大至整个东部地区11个省市（北京、天津、河北、辽宁、上海、江苏、浙江、福建、山东、广东和海南）全境。自2017年1月1日起，在全国范围实施车用汽柴油（含E10乙醇汽油、B5生物柴油）国Ⅴ标准。此外，还提高了普通柴油的质量标准，分别从2017年7月1日和2018年1月1日起，在全国全面供应国Ⅳ、国Ⅴ标准普通柴油。为进一步加快油品质量升级步伐，国家能源局于2016年6月23日发布了国Ⅵ车用汽油和车用柴油标准的征求意见稿，预计自2019年1月1日起在全国范围内执行国Ⅵ标准。北京市已发布了京Ⅵ标准，自2017年1月1日起开始实施，经两个月的置换期后，自2017年3月1日起，北京市将严禁生产、进口、销售不符合新标准要求的车用燃油。国Ⅴ/国Ⅵ标准升级的总体趋势是汽油硫含量降至10μg/g，汽油烯烃含量、芳烃含量、苯含量继续下降至18%/15%（体积分数）、35%（体积分数）和0.8%（体积分数）。柴油硫含量降至10μg/g，柴油多环芳烃含量继续下降至7%（体积分数）。到2019年，中国国Ⅵ油品质量标准实施后，在主要技术指标上将达到欧Ⅵ标准质量要求，在汽油烯烃含量和柴油多环芳烃含量指标上甚至优于欧Ⅵ标准，届时中国油品标准将整体达到世界先进水平。

清洁燃料标准的趋严对炼油企业提出了巨大的挑战。据国家能源局估算，2014—2017年，中国主要炼油企业将共投入近2000亿元进行油品质量升级改造，包括装置改造、技术和装备改进等。对汽油生产来说，必须脱硫、降烯烃、降苯、降芳烃、增加高辛烷值汽油组分比例，提高辛烷值。必须依靠加氢处理、烷基化、异构化和催化重整技术。对柴油生产来说，必须脱硫、降芳烃和提高十六烷值。可以看出，加氢处理装置是实现清洁油品生产的核心装置，未来全氢型炼厂成为发展趋势。中国加氢装置与欧美等国家相比，比例低、能力小，首先需要进一步提高加氢装置能力。炼厂氢气需求将有较大的增长空间。可通过提高现有蒸汽转化制氢装置的运行效率，将传统石脑油、干气等炼厂制氢原料拓宽至煤炭、石油焦等低值原料，加强炼厂氢气生产和利用的优化管理来实现。在清洁燃料生产新技术应用方面，在中国以催化裂化装置为主生产汽油的情况下，采用催化汽油加氢脱硫工艺来降低汽油硫含量，加工高硫原油的炼厂还可适度发展催化裂化汽油原料加氢预处理。大力发展催化重整和烷基化技术，增加高辛烷值汽油组分。进一步提高深度脱硫脱芳柴油加氢装置的能力，发展加氢裂化，生产清洁柴油。还可采用高活性、高选择性的汽柴油加氢催化剂和性能更加优异的反应器内构件来提升产品质量。

3.3 调整石油产品结构，降低柴汽比，满足市场需求变化

随着中国经济发展进入新常态，石油产品消费结构发生了变化。分品种来看，近年来工业尤其是重化工业增速下滑、大宗物资需求低迷以及公路货运周转量增速下降，柴油消费增长基本处于停滞状态；而随着汽车保有量的快速增长和航空业的迅速发展，汽油、煤油消费呈现了较快增长的态势。2015年，中国汽油、柴油和煤油的表观消费量分别达到11531×10^4t，17335×10^4t和2770×10^4t，近5年的年均增长率分别达到12%，1%和11%，消费柴汽比由2005年的最高点2.26下降到2015年的1.5，生产柴汽比从2.1下降到1.49。柴汽比已进入下行通道，2016年1—5月消费柴汽比已降至1.46。随着中国经济结构的调整和经济增速的放缓，柴油消费增速低于汽油消费增速将成为常态，消费柴汽比还将下降，预计到2020年消费柴汽比将降低到1.0左右。未来的炼油产品结构将继续向着提高汽油和煤油比

例、降低柴油比例的方向发展。

降低生产柴汽比是炼油企业适应市场需求变化、提高经济效益的主要任务，必须从降低柴油产量和提高汽油产量着手。要充分发挥催化裂化装置的固有功能，通过调整操作、调整催化剂多产汽油、加工更重的劣质渣油和更多的直馏重柴油来增产汽油，减少劣质催化柴油产量。提高加氢裂化装置操作灵活性，提高单程转化率或尾油循环，降低柴油收率，掺炼加工催化裂化劣质柴油，更换灵活型加氢裂化催化剂，灵活生产石脑油、航空煤油、乙烯原料和柴油。增加烷基化、异构化、轻汽油醚化、甲基叔丁基醚等高辛烷值汽油组分生产能力。采用催化裂化与焦化、渣油加氢与催化裂化、加氢裂化与催化裂化等组合工艺优化生产方案。对于炼化一体化企业，减少直馏石脑油进乙烯，适当增加直馏柴油作乙烯原料。还可考虑扩大柴油出口释放柴油过剩产能的措施。据报道，中国石化茂名石化通过采取有效措施、调整产品结构，使柴汽比大幅降低。2015 年，该公司全年柴汽比达到 1.08，同比下降 0.26。2016 年 1—6 月，实现累计柴汽比 1.02，同比降低 0.12，创历史新低。其中，2015 年 9 月降至 0.89，创单月最好成绩。总结茂名石化的成功经验，主要在于优化原料、优化操作和优化配方，做大汽油总量，减少直馏柴油。在增产汽油方面，该公司将原本不用于作汽油组分的油都用作汽油组分，一是优化催化原料和操作，提高汽油收率。在保证 2 号加氢裂化尾油质量合格条件下，优化渣油加氢原料，改善催化常渣原料的质量，提高催化装置负荷，做大汽油总量。优化催化、1 号加氢裂化、重整和苯抽提等装置操作，提高 3 套催化装置配渣比，提高汽油收率，做大汽油总量。二是做大汽油调和组分。增加外来汽油调和组分，外购 MTBE，优先利用化工甲苯、二甲苯调和 93 号汽油。增加自产汽油组分，将重整拔头油、苯抽提碳五及非芳、2 号加氢裂化轻石脑油等全部收储用来调和汽油。三是优化流程，提高汽油辛烷值。优化 S－Zorb 装置原料，减少汽油辛烷值损失，为增产高标号汽油创造条件。2016 年上半年，在 2 号、3 号催化停工检修的情况下，累计生产汽油 201.91×10^4t。在减产柴油方面，该公司通过减产直馏柴油、焦化柴油来减少柴油组分。提高 1 号加氢裂化反应深度，增大煤油回炼，提高汽油转化率。同时，采取 2 号加氢裂化、蜡油加氢装置适时掺炼催化柴油等措施，优化催化柴油流向减产柴油。同时，大力提高车用柴油比例。2016 年上半年，累计生产车用柴油 156.33×10^4t，车用柴油比例达到 76.25%，同比提高 0.88 个百分点[27]。

3.4 深入推进信息化与工业化两化融合，加强智能化、数字化炼厂建设

当前新一代信息技术与制造业深度融合，正在形成新的生产方式、产业形态、商业模式和经济增长点。将先进的制造模式与网络技术、大数据、云计算等数据处理技术相融合的信息化管控技术在炼厂生产经营管理中的应用越来越广泛，智能化、数字化炼厂将是炼油行业发展的必然趋势。智能炼厂主要解决的问题包括优化炼油装置的生产运行，发挥装置的最大潜能；尽快提出降低能耗、提升经济效益的方案；提高预测预警能力；为装置扩能改造升级等提供决策支持。据统计，中国目前超过 90% 的规模以上石化企业应用了过程控制系统（PCS），生产过程基本实现了自动化控制。生产优化系统（APC）、生产制造执行系统（MES）、企业资源计划管理系统（ERP）也已在企业中大范围应用，生产效率进一步提高。中国石化在智能炼厂的建设方面走在了石油公司的前列，2012 年即在燕山石化、镇海炼化、茂名石化和九江石化 4 家企业试点智能工厂建设。目前，4 家试点企业的先进控制投用率、

生产数据自动数采率分别提升了10%和20%，均达到了90%以上，外排污染源自动监控率达到100%，生产优化从局部优化、离线优化逐步提升为一体化优化、在线优化，劳动生产率提高10%以上，提质增效作用明显，促进了集约型内涵式发展。九江石化、镇海炼化分别于2015年、2016年入选国家工信部“智能制造试点示范项目”。

九江石化智能炼厂整体上分为3个层次：一是管理层。以ERP为主，包括实验室信息管理系统（LIMS）、原油评价系统、计量管理系统、环境监测系统等，主要是对生产中的人力、物力、数据进行管理。二是生产层。包括MES、生产计划与调度系统、流程模拟系统，并生成企业运行数据库，管理层的原油评价数据、分析数据，以及各项目标在这一层转换成具体操作指令。三是操作层。包括产品生命周期（PLM）、装置流程模拟（RSIM）、ORION软件，根据周、日的排产计划，监测生产设备负荷、仪器仪表运行、采集实时数据等。通过构建智能化联动系统，实现管理、生产、操作协同；建立炼化环节生产管控中心，实现连续性生产智能化；搭建内外协同联动系统，实现数据连续性精准传输；应用智能仓储系统，实现大宗物料、发货无人化；构建协同一体化管控模式，实现各流程环节高效管理。九江石化智能工厂建设，提升了油品炼化质量和生产、管理效率，在保障安全生产等方面成效显著，加工吨油边际效益在沿江5家炼厂企业排名由2011年垫底提升到2014年首位，2015年账面利润、吨油利润均位居沿江炼油企业首位[28]。

镇海炼化建设了以供应链、产业链、价值链协同优化驱动的炼化一体化生产智能制造示范工程，主要建设内容包括：一是大数据驱动的企业运营智慧决策与管理。建立经营管理辅助决策系统和跨专业、纵向集成的管控一体化管理平台，以及融合知识、模型的企业管控体系。二是分子管理驱动的炼化一体化智能生产管控。实现从原油选择与调和、加工、成品油调和生产链的智能优化管控。三是实现废弃物、污染物和高危化学品的全生命周期足迹跟踪、溯源与调控。四是面向高端制造的工艺流程创新与质量控制。通过装备的高端化改造和工艺流程的优化，研发高端产品，提高具有竞争力的生产能力，并对产品质量进行全生命周期管理，实现向价值链高端跃升。五是面向开放共享的上下游产业链协同优化。镇海炼化智能工厂与宁波化工园区、宁波智慧城市建设相结合形成“三位一体”，进一步拓展和整合供应链、产业链和价值链，促进上下游产业与宁波市临港工业的协同发展。镇海炼化通过在生产运行、生产操作、产品物流等方面实施智能工厂建设，应用XPIMS和ORION等优化软件建立了涵盖61套炼油装置、33套化工装置的计划调度一体化模型，包含90个子模型、110多种原油及16种精细化加工方案，21项全流程优化方案和116项单装置优化方案，2015年生产优化综合增效3.5亿元以上。在主要生产装置实现了智能巡检，自动采集数据，数据输入计算机后可分析归类和保存，应用APC，RTO及OTS等装置在线优化技术，实现生产装置最优运行，节省了大量人力。镇海炼化“智能工厂”整体技术已达到国际先进水平，部分达到世界领先水平，装备与技术的国产化率达到80%以上，主要能耗、排放与产品质量指标、单位加工费用达到国际同类企业领先或先进水平，生产现场作业的劳动生产率提高20%，盈利能力继续保持国内领先[29]。

2016年8月，国务院办公厅发布《关于石化产业调结构促转型增效益的指导意见》，提出“扩大石化产业智能制造试点范围，鼓励炼化、轮胎、化肥、氯碱等行业开展智能工厂、数字化车间试点，建设能源管理信息系统，提升企业精细化管理能力”。在《石化和化学工业发展规划（2016—2020年）》中进一步提出要推动新一代信息技术与石化和化学工业深度融合，推进以数字化、网络化、智能化为标志的智能制造。企业两化融合水平大幅提升，实现信息化综合集成的企业比例达到35%。建立石化和化学工业智能车间、智能工厂以及智慧化工园区标准应用体系，加快智能工厂和智慧化工园区试点示范。推动工业互联网、电子商务和智慧物流应用，实现石化和化学工业研发设计、物流采购、生产控制、经营管理、市场营销等全链条的智能化，大力推动企业向服务型和智能型转变[25]。

"十三五"期间，中国石化业将按照"中国制造2025"和"互联网+"行动计划，加快推进两化深度融合，力争完成8~10家炼化企业智能工厂示范建设，进一步提升企业数字化、自动化、智能化水平，促进企业生产方式、管理方式和商业模式的创新，促进传统制造业转型升级，实现提高劳动生产率、降低运营成本的目标，为炼化企业持续健康发展注入新动力。

3.5 强化节能减排，推动行业绿色低碳发展

炼油行业是能源资源消耗和污染物排放的主要行业，是耗能和排放大户。从能耗看，中国石化和中国石油炼油综合能耗平均为57.20kg（标油）/t和64.02kg（标油）/t，而地方炼油企业高达90kg（标油）/t。在污染物排放方面，2014年石化和化学工业万元产值化学需氧量（COD）、氨氮和二氧化硫的排放强度分别为0.43kg/万元，0.07kg/万元和1.79kg/万元，均位居工业部门前列。2015年，中国炼油企业二氧化碳排放量约为1.73×10^8t。同时，随着中国经济社会的高速发展，人民生活水平显著提高，环境健康意识不断增强，炼化行业由于自身高能耗、高排放、污染大的特点而备受社会关注，如近年来部分公众对以PX产业为代表的炼化项目的抵制，对广州石化、大连石化等城市型炼厂提出搬迁要求，这些新问题的出现都使得炼油工业的可持续发展面临新的挑战，节能减排始终是炼油行业需要解决的重要任务。

2016年11月4日，应对气候变化的《巴黎协议》正式生效。中国政府承诺"二氧化碳排放到2030年左右达到峰值并争取尽早达峰，单位GDP二氧化碳排放比2005年下降60%~65%"。国家"十三五"规划纲要提出"单位GDP能源消耗年均累计下降15%，单位GDP二氧化碳排放年均累计下降18%"的目标。为配合实现减排目标，近年来新出台和修订了一系列法规政策，如《中华人民共和国环境保护法》《中华人民共和国大气污染防治法》《能源行业大气污染治理方案》《石油和化工行业节能减排指导意见》《"十三五"生态环境保护规划》等，对炼油化工行业的能源消耗和污染物排放要求更严，标准更高，监管更严厉，责任追究和惩罚力度加大。同时，为加快推进二氧化碳减排目标的实现，政府决定于2017年启动全国碳排放交易市场，制订覆盖石化、化工、建材、钢铁等8个工业行业中年能耗1×10^4t标准煤以上企业的碳排放权总量设定与配额分配方案，实施碳排放配额管控制度，届时将有175家石化企业和2214家化工企业总共2389家企业纳入其中，占纳入企业总数的1/3，这些企业二氧化碳排放量占行业二氧化碳排放总量的65%~70%，力争使部分重化工业在2020年左右率先实现二氧化碳排放达峰。此外，2017年7月1日开始执行的GB 31570—2015《石油炼制工业污染物排放标准》中，COD和氨氮排放量分别由150.2mg/L和15.4mg/L降至60mg/L和8mg/L。石化行业规划更是明确提出到"十三五"末行业万元GDP用水量下降23%，万元GDP能源消耗、二氧化碳排放降低18%，COD、氨氮排放总量减少10%，二氧化硫、氮氧化物排放总量减少15%，重点行业挥发性有机物排放量削减30%以上的减排目标。炼化行业降低能耗、减少污染物和二氧化碳排放已成大势所趋。

为了应对日趋严苛的节能减排要求，贯彻落实党的十八大关于加强生态文明建设的战略部署，促进炼油行业与生态环境协调发展，炼油企业必须进一步提高能源资源利用效率，降低污染物产生和排放强度，促进绿色循环低碳发展，积极推行清洁生产，努力建设资源节约型、环境友好型企业。在节能方面，可采取包括建立联合装置及集成设计、合理利用蒸汽和低温热能、应用新型节能技术以及实施能量系统优化等措施。采用燃气轮机技术可有效提高热电综合效率，目前，炼化企业对燃气轮机的应用方式主要采用燃气轮机—蒸汽联合循环、燃气轮机—加热炉联合循环，以提高热电综合效率。合理利用蒸汽和低温热能，包括提高蒸汽转换效率，降低供汽能耗；实现分级供热，蒸汽逐级利用；改善用汽状况，减少蒸汽消耗等。其他的新型节能技术还包括机泵变频调速技术、精馏装置节能技术、热泵技术等，加快推广超重力场传质技术、超临界萃取技术等，同时推广稀土永磁无铁芯电动机、电动机用铸铜转子、高能效等级的中小型三相异步电动机、锅炉水汽系统平衡及热回收工艺设备、高效换热器、低温余热发电用螺杆膨胀机、乏汽与凝结水闭式回收设备等节能装备。实施能量系统优化，包括热回收换热网络子系统及蒸汽、动力、冷却等公用工程；加强资源利用，包括合理利用炼厂气（含轻烃和氢），回收利用“三废”，提高油品品质，加快油品质量升级。

在减少污染物排放方面，首先做好源头控制，通过燃料结构的优化以及节能的深化来降低碳排放；通过全厂用水系统的优化，增加回用水的利用，实施用水管理制度来节约新鲜水量；通过改善催化裂化原料，采用整体煤气化联合循环发电（IGCC）技术等措施减少源头的氮氧化物排放；通过采用清洁的炼油工艺、先进的设备和材料，精细化管理，泄漏监测与维修（LDAR）程序等控制挥发性有机污染物的排放。在污水处理方面，采用清污分流、污污分流的原则，最大限度回收利用；在氮氧化物减排方面，加大对动力锅炉烟气、催化裂化再生烟气的治理；在削减挥发性有机物方面，针对汽油、石脑油、航空煤油等轻质油品储存和装卸过程中逸散烃类，采用低温馏分油吸收技术、吸附+吸收技术、冷凝+吸附技术、吸收+膜技术等回收；在二氧化碳减排方面，积极探索资源化利用途径，如开展二氧化碳捕获——提高油田采收率，探索以二氧化碳为原料直接合成高附加值化学品（如甲醇、二甲醚、乙烯、丙烯等）的利用，实现二氧化碳捕获与利用相结合。

3.6 密切关注交通燃料替代进程，利用自身行业优势适时介入相关产业链

近年来，中国为控制石油对外依存度增长过快以保障国家能源安全，同时顺应能源结构向低碳能源转变的世界趋势，以车船用天然气燃料、电动车、生物燃料等交通替代燃料和非石油基燃料动力形式在国家政策的大力扶持下得到了较快发展，对传统的石油基燃料产生了一定的影响。目前，中国交通替代燃料量替代常规石油的规模约为 2000×10^4t/a，占全国目前汽柴油年消费量的6.5%左右。按照政府规划，到2020年中国将形成交通替代能源对石油替代能力 4000×10^4t/a 以上，估计占当年石油基燃料（4×10^8t）的10%。另根据BP公司对中国的预测，到2035年，石油在中国交通能源中的份额仍占86%，余下的14%份额属于电、天然气、煤炭和生物燃料。

为加快能源结构转变、保障国家能源安全，国务院办公厅于2014年11月下发了《能源发展战略行动计划（2014—2020年）》，强调要积极发展交通燃油替代。要加强先进生物质能技术攻关和示范，重点发展新一代非粮燃料乙醇和生物柴油，超前部署微藻制油技术研发和示范。加快发展纯电动汽车、混合动力汽车和船舶、天然气汽车和船舶，扩大交通燃油替

代规模。2012 年 7 月，国务院印发的《节能与新能源汽车产业发展规划（2012—2020 年）》提出，到 2020 年新能源汽车生产能力达到 200 万辆，电动汽车产销量要达到 500 万辆，燃料电池汽车、车用氢能源产业与国际同步发展。

在交通燃料替代中，需要重点关注的是电动汽车、天然气汽车和生物燃料。在一系列密集出台的国家政策的鼓励和推进下，中国电动汽车自 2014 年以来进入"井喷"发展时代，2015 年新能源汽车产量达到 38.7 万辆，同比增加 318%。其中，纯电动汽车占比达到了 77.3%，插电式混合动力占比 22.7%，2016 年 1—11 月，新能源汽车产量达到 40 万辆，同比增长 65%，估计全年产销量有望突破 50 万辆，占全球的 40%。截至 2015 年底，中国电动汽车保有量约 46.2 万辆，约占中国汽车保有量（约 1.7 亿辆）的 0.27%，2016 年达到 109 万辆。按照中国规划，到 2020 年电动汽车产销量要达到 500 万辆。在天然气汽车发展方面，中国已成为全世界天然气汽车保有量的第一大国。2010—2015 年，中国天然气汽车保有量从 110 万辆迅速上升至约 500 万辆，年均增长率超过 40%。从天然气汽车类型看，既能以汽油又能以天然气提供动力的双燃料车型占绝大多数，其中以小型乘用车为主。纯天然气汽车则以 LNG 客车和 LNG 卡车等营运类车辆为主。由于天然气燃料的低碳低排放，中国规划天然气在能源消费结构中的比例将由 2015 年的 5.8% 提高到 2020 年的 10%，天然气燃料还将有大的发展，尤其是随着船用燃料清洁化标准的提高，天然气的应用范围今后还将向船用燃料拓展。生物燃料在中国也经历了快速发展阶段，2010—2015 年，中国生物燃料年产量从 60×10^4t 迅速上升至约 248×10^4t，年均增长率超过 28%。根据规划，力争到 2020 年，生物燃料乙醇规模达到 500×10^4t，生物柴油达到 200×10^4t。

综合各种机构的预测和交通燃料的替代前景来看，石油在交通能源中的绝对主导地位在未来很长一段时期不会改变，交通替代燃料仅能作为石油燃料的补充形式存在。而且需要注意的是，交通替代燃料的发展在持续低油价的背景下，其发展速度还将受到进一步抑制。替代燃料的发展对传统的炼油业会产生一定的冲击，但在中短期内影响程度较小。替代燃料的发展为炼油业带来新的发展机遇和产业变革的推动力。炼油行业必须未雨绸缪，充分利用自身技术发展成熟、装置设施完善、加工手段齐全、加油站网络遍布全国的优势，推动产业链优化和延伸，促进能源多元化、清洁化、高效化，保障国家能源安全。具体措施包括建设天然气加气站、电动车充电站和充电/加油一体站，开展新型储能材料的研制，开发汽车轻型化材料，继续推进先进生物燃料的研究，以与相关机构或产业合资合作或金融投资等方式运营介入替代燃料业务。

在正视交通替代燃料冲击的同时，还要充分认识到提高车辆燃料经济性标准带来的节油潜力。近年来，中国"节约优先"的能源战略取得显著成效，能源利用效率明显提高，尤其是节油成效显著。据统计，2005—2015 年，中国累计节能 15.7×10^8t 标准煤，根据石油消费在中国能源结构中约 17% 的比例推算出 10 年共节约石油约 1.87×10^8t，估计年均节油约 1800×10^4t。鉴于中国石油消费的 70% 用于交通燃料的生产，可见，交通运输业通过提高车用燃料经济性标准降低油耗对中国节油作用极为重要，节油潜力也非常可观。近年来，中国努力提高车用燃料经济性标准，以进一步降低油耗，汽车燃料经济性指标已经大幅提升。中国从 2005 年 7 月开始实施乘用车燃料经济性标准，从最开始的单车燃料消耗量限值升级到现行的车型限值和企业平均燃料消耗量（CAFC）实际值与目标值比值双重管理，2014 年发布《乘用车燃料消耗量限值》和《乘用车燃料消耗量评价方法及指标》标准，于 2016 年

1月1日起正式实施，逐年设定目标值，到2020年使中国乘用车新车平均燃料消耗量（以100km计）下降到5L。《节能与新能源汽车产业发展规划（2012—2020年）》要求到2015年和2020年中国乘用车新车平均燃料消耗量（以100km计）达到6.9L和5.0L。“中国制造2025”规划已明确将“节能与新能源汽车”作为重点发展领域，提出到2025年中国乘用车（含新能源乘用车）新车整体油耗（以100km计）降至4L左右。提高汽车燃油经济性的主要途径包括整车与控制、发动机、变速器与传动系统、附件技术、混合动力和电池动力技术以及改善燃料类型，提高油品品质。炼油行业也可与汽车行业开展合作，开发轻型先进车用材料、高燃油效率的内燃机和燃烧系统、低成本车用替代车用燃料等，降低油耗，提高燃油效率，降低排放。

3.7 强化原始创新和跨学科技术融合，引领产业可持续发展

放眼世界，新一轮科技革命蓄势待发，其中能源技术创新进入高度密集活跃期，新兴能源技术正以前所未有的速度加快迭代，对世界能源格局和经济发展将产生重大而深远的影响。绿色低碳成为能源技术创新的主要方向，集中在传统化石能源清洁高效利用、新能源大规模开发利用、核能安全利用、能源互联网和大规模储能以及先进能源装备及关键材料等重点领域。世界主要国家均把能源技术视为新一轮科技革命和产业革命的突破口，制定各种政策措施抢占发展制高点，增强国家竞争力和保持领先地位。

当前中国正在加快创新型国家建设，科技创新正步入以跟踪为主转向跟踪和并跑、领跑并存的新阶段。中国“十三五”规划提出要实施创新驱动发展战略，强化科技创新引领作用。发挥科技创新在全面创新中的引领作用，加强基础研究，强化原始创新、集成创新和引进消化吸收再创新，着力增强自主创新能力，为经济社会发展提供持久动力。政府也高度重视能源技术的创新，在2016年6月1日发布了《能源技术革命创新行动计划（2016—2030年）》，明确了中国能源技术革命的总体目标：到2020年，能源自主创新能力大幅提升，一批关键技术取得重大突破，能源技术装备、关键部件及材料对外依存度显著降低，中国能源产业国际竞争力明显提升，能源技术创新体系初步形成；到2030年，建成与国情相适应的完善的能源技术创新体系，能源自主创新能力全面提升，能源技术水平整体达到国际先进水平，支撑中国能源产业与生态环境协调可持续发展，进入世界能源技术强国行列。行动计划还部署了非常规油气和深层、深海油气开发技术创新、煤炭清洁高效利用技术创新等15项重点任务。其中与炼油、石化和交通燃料替代相关的包括非常规油气开发技术创新、二氧化碳捕集利用与封存技术创新、氢能与燃料电池技术创新、生物质能利用技术创新、节能与能效提升技术创新、能源互联网技术创新6项任务。

中国炼化行业要保持可持续发展，必须瞄准世界前沿，聚焦国家战略和经济社会重大需求，着力提高自主创新能力，才能实现“炼油强国梦”。能源行业的创新驱动发展，将不再只是对传统技术的升级换代，而更多的是跨行业、跨领域的技术集成与交叉融合。综合世界炼油技术前沿和国家能源技术发展方向，中国炼油行业在继续做好催化裂化、加氢裂化、加氢精制等传统主流工艺技术的升级换代基础上，更要着力开展创新性技术的研发。催化剂和催化材料是炼油技术发展的核心和源泉，建议研发新结构分子筛、等级孔氧化铝、纳米金属硫化物、金属有机骨架材料等的合成技术，为炼油技术的新跨越奠定催化剂基础。积极介入对各种能源利用形式的开发利用研究，如生物质能、天然气、电能、氢能、太阳能等。继续

做好生物航空煤油和纤维素乙醇技术研究；密切关注电动汽车的发展，适时在运输工具的储能/储电技术、氢燃料电池、锂离子电池、薄膜电池等方面开展技术调研和基础研究；在太阳能热化学制备清洁燃料和提高太阳能转化效率的新型材料方面，也可以开展技术调研和基础研究，如钴氧化物和钛氧化物纳米结构、光催化剂等领域；研究基于可再生能源的制氢技术、新一代煤催化气化制氢和甲烷重整/部分氧化制氢技术、开发氢气储运的关键材料及设备，以及加氢站现场储氢、制氢技术。积极探索研究高储能密度低保温成本储能技术、新概念储能技术（液体电池、镁基电池等）、基于超导磁和电化学的多功能全新混合储能技术。密切关注中国页岩油气开发进展和美国页岩油气出口动向，适时开展页岩油气加工处理技术的研发，为能源接替和长远发展提供技术保障。此外，从战略角度研究能适应能源结构调整的未来炼厂模式，如油煤混炼、油煤气混炼、油煤气生物质混炼以生产燃料、发电、制氢等各种能源技术的耦合集成的多种未来炼厂模式，探索研究构建常规和非常规、化石和非化石、能源和化工以及多种能源形式相互转化的多元化能源技术体系。通过技术创新，坚持战略和前沿导向，集中支持事关发展全局的基础研究和共性关键技术研究，更加重视原始创新和颠覆性技术创新。引领和推进炼油行业可持续发展，最终为中国经济社会发展、应对气候变化、确保能源安全提供技术支撑和持续动力。

4 结束语

在世界经济持续低迷、能源结构发生转变、国际油价大幅下跌、石油需求增速放缓的复杂时期，全球炼油行业的发展出现了产业格局持续调整、产业集中度进一步提高、油品质量标准趋严等动向，在技术进展方面除了对传统的催化裂化、加氢处理等主流技术继续进行催化剂和工艺操作方面的改进外，与其他能源技术、网络技术相融合的多元化、跨学科能源集成技术的研究成为新的热点。

中国正处于从炼油大国向炼油强国转变的关键时期，必须紧跟国际发展趋势，借鉴国际先进经验，加快发展步伐，推进产业转型升级，保持行业可持续发展。

参考文献

[1] IMF. World Economic Outlook Update. 2016 - 07 - 19. http：//www. imf. org/external/pubs/ft/weo/2016/update/02/pdf/0716. pdf.

[2] 新华网．“十三五”规划纲要（全文）. 2016 - 03 - 18. http：//sh. xinhuanet. com/2016 - 03/18/c_ 135200400. htm.

[3] 国家统计局．2016 年 3 季度我国 GDP 初步核算结果．2016 - 10 - 20. http：//www. stats. gov. cn/tjsj/zxfb/201610/t20161020_ 1411742. html.

[4] BP Corporation. BP Statistical review of world energy June 2016. 2016 - 06. http：//www. bp. com/content/dam/bp/pdf/energy - economics/statistical - review - 2016/bp - statistical - review - of - world - energy - 2016 - full - report. pdf.

[5] BP Corporation. BP energy outlook to 2035：2016 edition. 2016 - 01. http：//www. bp. com/content/dam/bp/pdf/energy - economics/energy - outlook - 2016/bp - energy - outlook - 2016. pdf.

[6] EIA. International energy outlook 2016 with projections to 2040. 2016 - 06. http：//www. eia. gov/forecasts/ieo.

[7] World Energy Council. World energy scenarios 2016：the grand transition. 2016 - 10 . http：//www. worldenergy. org/wp - content/uploads/2016/10/World - Energy - Scenarios - 2016_ Full - Report. pdf.

[8] 国家统计局．2015 年国民经济和社会发展统计公报．2016 - 02 - 29 . http：//www. stats. gov. cn/tjsj/zxfb/201602/t20160229_ 1323991. html.

[9] 国务院. 国务院办公厅关于印发能源发展战略行动计划（2014—2020年）的通知. 2014 - 11 - 19. http：//www. gov. cn/zhengce/content/2014 - 11/19/content_ 9222. htm.

[10] IEA. Oilmarket report. 2016 - 06 - 14. https：//www. iea. org/media/omrreports/fullissues/2016 - 06 - 14. pdf.

[11] Robert B. Global refiners move to maximize efficiency, capacities of existing operations. Oil & Gas Journal, 2015, 113（12）：22 - 26.

[12] 孙贤胜，钱兴坤，姜学峰. 2015年国内外油气行业发展报告. 北京：石油工业出版社，2016：168 - 171.

[13] 国家发改委. 关于印发《加快成品油质量升级工作方案》的通知. 2015 - 05 - 05. http：//www. sdpc. gov. cn/gzdt/201505/t20150507_ 691028. html.

[14] 国家能源局. 关于征求第六阶段《车用汽油》和《车用柴油》国家强制性标准（征求意见稿）意见的通知. 2016 - 06 - 22. http：//www. nea. gov. cn/2016 - 06/23/c_ 135459819. htm.

[15] 北京市环境保护局. 本市发布实施北京市第六阶段《车用汽油》《车用柴油》地方标准. 2016 - 10 - 31. http：//www. bjepb. gov. cn/bjepb/413526/331443/331937/333896/4397167/index. html.

[16] 交通运输部. 交通运输部关于印发珠三角、长三角、环渤海（京津冀）水域船舶排放控制区实施方案的通知. 2015 - 12 - 04. http：//www. moc. gov. cn/zfxxgk/bzsdw/bhsj/201512/t20151204_ 1942434. html.

[17] 国家标委会. 船用燃料油（GB 17411—2015）. 2015 - 12 - 31. http：//gb123. sac. gov. cn/GBCenter/gb/gbInfo?id = 160130.

[18] 蔺爱国. 2015年世界炼油技术新进展. 北京：石油工业出版社，2016：12 - 15.

[19] Shaun Pan, Bilge Yilmaz, Alexis Shackleford, et al. BoroCat™—an innovative solution from boron - based technology platform for FCC unit performance improvement. AM - 16 - 17, 2016.

[20] Robert Bliss, Andrea Battiston, Bob Leliveld. Kinetic insights drive improved hydrotreaterperformance. AM - 16 - 06, 2016.

[21] Jackeline Medina, Zhao Chuanhua, Emanuel Van Broekhoven. Successfulstart up of the first solid catalyst alkylation unit.. AM - 16 - 22, 2016.

[22] Mikel E Goldblatt. When Processing opportunity crude oils, don' t forget the wastewater!. AM - 16 - 73, 2016.

[23] Eberhard Lucke Andrew Sloley. Squeezing the most from your refinery' s cooling water.. AM - 16 - 72, 2016.

[24] 国家发改委. 关于做好《石化产业规划布局方案》贯彻落实工作的通知. 2015 - 05 - 18. http：//www. sdpc. gov. cn/zcfb/zcfbtz/201505/t20150529_ 694532. html.

[25] 工业和信息化部. 工业和信息化部关于印发石化和化学工业发展规划（2016—2020年）的通知. 2016 - 10 - 14. http：//www. miit. gov. cn/n1146295/n1652858/n1652930/n3757017/c5285161/content. html.

[26] 国家发改委.《关于石化产业调结构促转型增效益的指导意见》. 2016 - 08 - 03. http：//www. sdpc. gov. cn/fzgggz/gyfz/gyfz/201608/t20160804_ 814050. html.

[27] 中国石化新闻网. 茂名石化：柴汽比创历史新低. 2016 - 07 - 21. http：//www. sinopecnews. com. cn/b2b/content/2016 - 07/21/content_ 1631736. shtml.

[28] 王海龙. 九江石化：流程型智能制造样本. 中国工业评论，2016（6）：72 - 77.

[29] 智能制造门户网. 镇海炼化打造石化智能工厂"样板间". 2016 - 11 - 29. http：//www. imchina. net. cn/casestudy/2016/2016111285. html.

炼油技术新进展

朱庆云　任文坡　乔　明

炼油业发展已进入微利时代，原油成本在整个炼油行业中占比越来越大。一方面是不断严格的油品质量标准，另一方面是清洁替代能源的冲击。提高资源利用率，满足不断变化的油品市场需求，降低综合能耗，以低成本实现油品的质量升级，提高高值油品比例，灵活生产满足不断变化的油品市场结构需求已成为近年来炼油业发展的主要目标之一。经过多年的发展，炼油技术已经非常成熟，但只有应用更先进、更具竞争力的炼油技术才是降低油品质量升级成本、提高炼厂效益的根本。目前，炼油技术发展的主要方向为炼油催化剂的更新换代以及主要炼油设备（如反应器等关键装备）的不断创新，尤其是炼油催化剂的研发及应用成为全球主要炼油技术开发的主攻方向，炼油催化剂的发展主要集中在加工轻致密油、提高轻质油收率和渣油转化率、多产化工原料等领域。

低成本、长寿命、耐高温高压等是炼油催化剂发展的主要方向，催化剂技术的不断推陈出新将使全球催化剂的需求保持持续增长。2015 年，催化裂化、加氢、烷基化、重整和其他催化剂的全球炼油催化剂市场需求达到 40 亿美元，其中北美、亚太、西欧、中东/非洲分别占 39.7%，29.5%，13.8% 和 7.0%[1]。预计 2020 年，全球炼油催化剂市场需求将增至 47 亿美元，年均增长率达到 3.6%。未来各类催化剂需求增长稳定，但催化裂化催化剂的需求增长最快，并且仍将保持最高市场份额。汽油消费量和油品产量下降将抑制发达国家的催化剂需求增长，全球原油性质不断变化，尤其是美国低硫致密油供应量增长，将会抑制加氢催化剂消费的增长。发展中国家由于人均收入和汽车保有量的增长使汽车燃料需求大幅增长，制造业及相应货运量的增长也将支撑车用燃料需求的增长，未来发展中国家炼油催化剂需求将整体上涨，尤其是在亚太、非洲和中东地区。

在炼油业微利时代，降低炼油企业运行成本，提高盈利水平，是炼油业发展的主要目标，炼油企业及炼油装置的规模化也是降低炼油企业运行成本的主要举措之一。全球炼油业的第一大国——美国在炼厂规模化方面走在世界前列。截至 2016 年，美国拥有炼油能力 9.16×10^8t/a，占全球总炼油能力(48.32×10^8t/a) 18.9%。目前，美国有 141 家炼厂运行，炼厂平均规模为 650×10^4t/a，规模在 3000×10^4t/a 以上的炼厂 1 家，2500×10^4t/a 以上 4 家，2000×10^4t/a 以上 8 家，1000×10^4t/a 以上 36 家（占全美总炼油能力的 60%）。在全球十大炼油厂排名中，美国占据 2 家。作为炼油能力位居全球第 2 的中国，目前炼厂平均规模约为 330×10^4t/a，为美国炼厂平均规模的 50%，2000×10^4t/a 以上炼厂仅有3 家。在规模化方面，中国与美国尚存较大差距，与世界炼油强国相比仍有较大差距，从炼油大国向炼油强国的转变仍需时日。

1　重油加工技术

2015 年，全球近 2/3 的原油产量是轻质原油、超轻质原油和凝析油，中质原油产量接近1/4，重质原油仅占总产量的13%，但全球重质原油储量占预计可采石油储量的38%[2]。轻质和超轻质原油产区遍布全球，重质原油一般集中在西半球。尽管西半球仅占全球原油总产量的28%，但该区域集中了全球将近80%的重质原油产量，主要来自加拿大、委内瑞拉、哥伦比亚和墨西哥。重油资源地区分布不均衡的结果是，北美加工重质原油的炼厂比例明显高于其他地区的炼厂，延迟焦化等重油加工技术在北美地区的应用也比较普遍。未来10年，全球原油产量将向超轻和超重原油集中。到2025年，新增的1020×10^4bbl/d的原油中，轻质原油和重质原油的比重小于45%，而超轻质原油和超重质原油则超过55%。原油供应结构的变化将给炼厂带来新的挑战。对超重原油产量增长的预期，也促使东半球的炼厂开始为加工重质原油做准备。

1.1 催化裂化

催化裂化是炼厂重油高效转化的主要技术手段，在汽油、柴油等轻质油品生产中占有极其重要的地位。2015年，全球催化裂化加工能力约为7.24×10^8t/a，占原油一次加工能力的16.1%。催化裂化在化工方面的主要贡献是生产丙烯。2015年，催化裂化生产的丙烯产量超过2780×10^4t/a，约占全球丙烯产量的30%。

1.1.1 BASF公司硼基钝化技术（BBT）和BoroCat催化剂

渣油原料通常含有镍、钒、铁等金属污染物，会对催化裂化催化剂产生毒害作用。镍主要引发脱氢反应，随着催化裂化催化剂上镍的沉积，将显著增加氢气和焦炭收率。BASF公司开发了一种新型催化剂钝化技术——硼基钝化技术（BBT），并基于该平台技术开发出第一代催化剂——BoroCat催化剂[3]。BBT技术的关键是将硼负载到特殊的无机载体上，利用硼对镍的选择性捕获提高催化剂对镍的耐受性。BoroCat催化剂是将硼负载的无机载体与催化剂孔道结构相结合，渣油分子的扩散限制最小。与采用特殊氧化铝的镍捕获催化剂——Flex－Tec™催化剂相比，BoroCat催化剂不仅增加了抗金属性能，而且提高了催化性能。

利用BBT平台技术，可以根据渣油进料中金属污染物的类型和含量实现催化剂的定制生产。目前，BoroCat催化剂已在全球多家炼厂工业应用。某催化裂化装置，以API度为20～22°API、康氏残炭12%的常压渣油为原料，操作条件保持恒定。试验表明，与先前采用的Flex－Tec催化剂相比，BoroCat催化剂能够显著降低氢气和焦炭产率，同时提升汽油和液化石油气收率（表1）。

表1 Flex－Tec催化剂和BoroCat催化剂反应效果对比

项　目	Flex－Tec催化剂	BoroCat催化剂	差　值
焦炭差,%（质量分数）	0.71	0.64	－0.07
转化率,%（质量分数）	69.0	69.4	0.4
氢气,%（质量分数）	0.15	0.10	－0.05
液化石油气,%（体积分数）	27.8	28.7	0.9
汽油,%（体积分数）	52.5	53.0	0.5
轻循环油,%（体积分数）	12.1	12.0	－0.1
塔底油,%（体积分数）	7.7	7.4	－0.3

1.1.2 Albemarle 公司催化剂三维成像表征法

比表面积、孔容以及其他结构性能的变化通常用以判断催化裂化催化剂的性能。常规的氮气吸附法、扫描电镜法以及 Albemarle 公司开发的可接近性指数（AAI）测试法[4]（定量分析催化剂的扩散能力）均不能定量测定孔分布网络尺寸或催化剂表面孔的数量，也无法测定网络数量以及网络内孔道的连通性。因而，常规方法不能揭露是哪种金属污染物对孔道网络造成影响以及达到何种程度。

Albemarle 公司、SLAC 国家加速器实验室和乌得勒支大学合作开发了一种利用 X 射线断层摄影仪创建催化裂化催化剂大孔结构完整三维图的方法[5]，仪器示意图和催化剂成像如图 1 所示。该方法是利用先进的软件，通过收集同步辐射全视场透射 X 射线显微镜拍摄的二维图像，构建催化剂的三维图像，并提供大孔网络连通性、金属堵塞以及金属渗透深度相关的定量数据。Albemarle 公司期望这种强大的分析方法能够促进高性能催化裂化催化剂的开发。

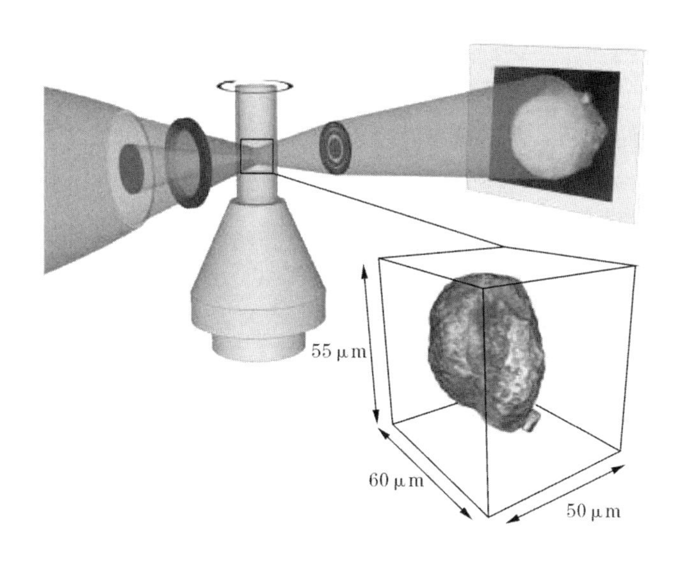

图 1 X 射线断层摄影仪及某炼厂平衡剂的成像

1.1.3 中国石化降低柴汽比的 LTAG 技术

近年来，中国表观消费柴汽比持续下降，由 2005 年的 2.27 降至 2015 年的 1.51[6]。未来中国表观消费柴汽比还将进一步下降，预计 2030 年将降至 1.1 左右[7]。在柴油需求逐年放缓的背景下，中国炼油企业面临着“增汽减柴”的生产压力。中国石化开发了催化裂化轻循环油选择性加氢饱和—选择性催化裂化组合生产高辛烷值汽油或轻质芳烃技术（LTAG）[8]，可实现催化裂化轻循环油高值利用，进一步降低柴汽比以及增产高辛烷值汽油，具有装置改造简单、投资少、操作灵活等特点。该技术的核心是将轻循环油中的多环芳烃高选择性地加氢饱和成环烷基单环芳烃，使其在催化裂化条件下发生环烷环的开环裂化反应，最大限度生产高辛烷值汽油和轻质的芳烃产品。

目前，LTAG 技术已在石家庄炼化、青岛石化、长岭石化等中国石化的多家炼厂工业应用。石家庄炼化工业试验表明，在采用新鲜进料与加氢轻循环油共炼模式时，轻循环油收率降低 15% ~20%，其中约 80% 转化为高辛烷值汽油，汽油收率增加 13% ~16%，辛烷值增加 0.6 个单位。

1.2 渣油加氢裂化

长远来看，原油重劣质化的发展趋势不可避免，能够实现清洁高效转化的渣油加氢裂化技术是应对这一挑战的关键。沸腾床加氢裂化技术已经非常成熟，催化剂的推陈出新是其提升裂化性能的主要任务。渣油悬浮床加氢裂化技术推广应用前景看好，处于大规模工业化应用的前夜。

1.2.1 沸腾床加氢裂化

国际市场供应的沸腾床加氢裂化催化剂主要有 Albemarle 公司的 KF 系列（KF1300，KF1315，KF1312，KF1316 和 KF1317 等），Criterion 公司 RN 系列（RN－680，RN－681）、TEX 系列（TEX2910，TEX2720，TEX2731 和 TEX2740）和 HDS－1495，ART 公司的 GR 系列、LS 系列、ULS 系列以及 HSLS 和 HCRC 等。TEX2910 是 Criterion 公司开发的最新一代沸腾床催化剂，具有优异的沉积物控制和渣油转化性能（图 2），适用于两段反应器。ART 公司最新开发的 HCRC 催化剂能够降低反应苛刻度、减少热反应发生，从而大幅减少沉积物/焦炭生成，并提高渣油转化率。在常规反应条件下，采用 HCRC 催化剂，渣油转化率增加 4%，脱硫率和脱氮率分别提高 4% 和 3%，微残炭脱除率提高 6%，馏分油和减压蜡油中的氮含量也有所下降。同时，ART 公司探索了在沸腾床装置中采用 HCRC/HSLS 双催化剂体系的反应效果，即在反应器 1 中采用 HSLS 催化剂，在反应器 2 和反应器 3 中采用 HCRC 催化剂。中试结果表明，相比单独采用 HCRC 催化剂，采用 HCRC/HSLS 双催化剂体系提高了装置操作灵活性（图 3），通过优化催化剂性能、调整催化剂装填比例和改变反应条件来调整产品收率和选择性，以及控制杂质（硫、氮、金属）脱除率。

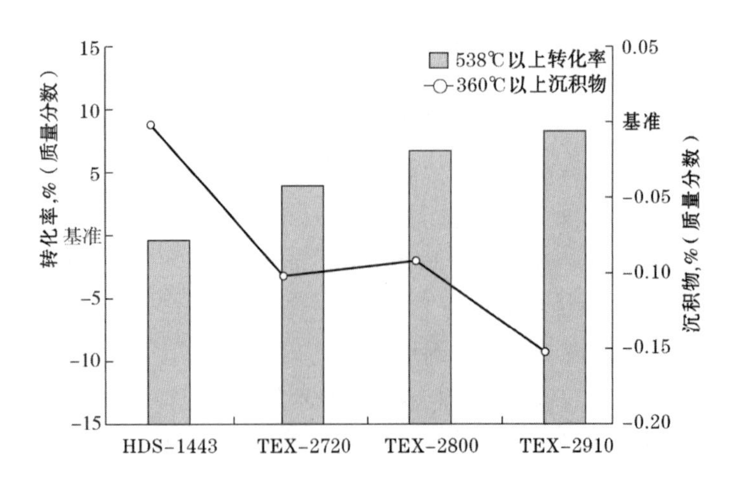

图 2　不同沸腾床催化剂反应性能的比较

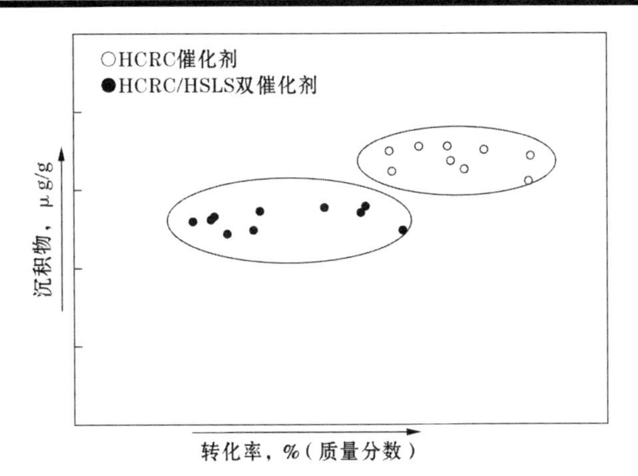

图3 HCRC/HSLS 双催化剂与 HCRC 催化剂反应效果的对比

1.2.2 悬浮床加氢裂化

目前，全球投产的两套渣油悬浮床加氢裂化装置，合计产能为 180×10^4t/a。ENI 公司的 EST 技术于 2013 年 10 月在意大利 Sannazzaro 炼厂投产一套 135×10^4t/a 渣油悬浮床加氢裂化工业装置。ENI 公司已对外许可该技术，2015 年 7 月与道达尔公司签署了第 1 份技术转让协议。BP 公司的 VCC 技术于 2015 年 1 月在延长石油集团建成投产全球首套 45×10^4t/a 煤油共炼装置，煤、油投料比为 1:1。

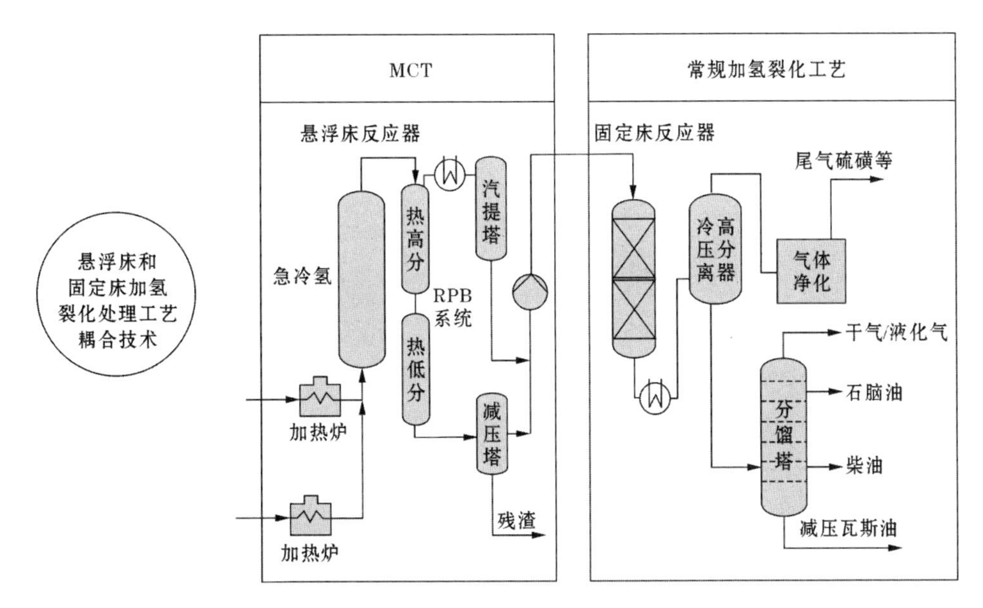

图4 MCT 和常规加氢裂化工艺耦合技术示意图

CLG 公司 2015 年开始对外许可 VRSH 技术，采用十分成熟的 LC－Fining 渣油沸腾床加氢裂化技术平台及其类似的反应条件，同时开发了可循环回收的高活性催化剂——ISOSLURRY™。ISOSLURRY™催化剂具有独特和易调控的中孔结构，有利于利用活性金属中心，内表面积大也为有效吸附渣油中污染物提供了理想载体。ISOSLURRY™催化剂可直接合成到稳定的油基悬浮配方中，具有很好的贮存寿命，便于注入并有效分散到渣油原料。瑞典炼油商Preem公司计划在其Lysekil炼厂建设VRSH工业装置，处于可研阶段。

三聚环保与华石能源联合开发了超级悬浮床技术（MCT），并建成15.8×10^4t/a工业示范装置，以煤焦油为原料。目前，正在合作开发百万吨级成套工艺包技术。图4为MCT和常规加氢裂化工艺耦合技术示意图。

1.3 延迟焦化技术

1.3.1 焦化原料优化

在2015年的AFPM年会上已有公司开始关注并研究炼厂焦化装置原料的优化方案，主要是在美国炼厂加工轻质原油的数量增长、焦化装置得不到充分利用的背景下，研究焦化重质原料的来源和加工特点，包括减压渣油、减黏裂化渣油、催化裂化油浆、加氢裂化尾油等，提出进口焦化原料的可能性。目前，在美国轻质原油产量继续维持高位背景下，原料结构变化仍然是加工重油并拥有焦化装置的炼厂关心的问题。

Foster Wheeler公司研究了将不同比例的轻质原油调入重质原油后对炼厂生产的影响[9]。美国国内生产的致密油中石脑油、柴油和蜡油组分较高，渣油组分少。用轻质致密油替代部分重质原油，在保证焦化装置进料流量和产品收率方面需要做出平衡。以一座加工100%加拿大西部精选（WCS）原油的炼厂为例，该厂延迟焦化装置加工能力为5×10^4bbl/d，原料是100% WCS原油的减压渣油，切割点在1000℉，有4个焦化塔。案例分析显示，在轻质原油替代WCS原油的数量最多达到10%（体积分数）的情况下，通过调节常减压装置操作保持焦化装置满负荷运行或者低于设计能力运行，对总液体产品收率的影响不是很大，但产品分布有变化，主要是焦化蜡油产量会下降。减少焦化装置的进料量或者让焦化装置满负荷运行取决于液体产品的价值和下游加氢装置的加工成本。

1.3.2 焦化装置的环保和安全生产

1.3.2.1 焦炭塔放空前降压

全球对于工业生产装置的环保要求越来越严格。2015年12月，美国环保署（EPA）发布了修订后的炼厂排放法规，2016年1月起生效。该法规要求焦炭塔放空的压力限制从5psi降至2psi以下。为满足新法规的要求，炼厂必须首先了解目前焦炭塔的放空压力，以及延迟焦化装置的操作条件、吹扫尾气回收系统、火炬气回收、生焦周期等。这些因素都会影响焦炭塔放空前压力能达到的最低值。为了满足EPA的新法规，现有的焦炭塔需要在塔盖打开前泄压到2psi以下；新建的延迟焦化装置焦炭塔排空最高限已设定为2psi。大多数情况下，炼厂为了满足新的泄压法规，安装放空气体排放系统是最经济的解决方案。放空气体排放系统可以安装在焦炭塔顶管线上，就在焦化吹扫塔的上游[10]（图5）。

如果2个焦炭塔同时使用共同的放空排放器吹扫系统，需要考虑为每对焦炭塔准备独立的放空气体排放器。

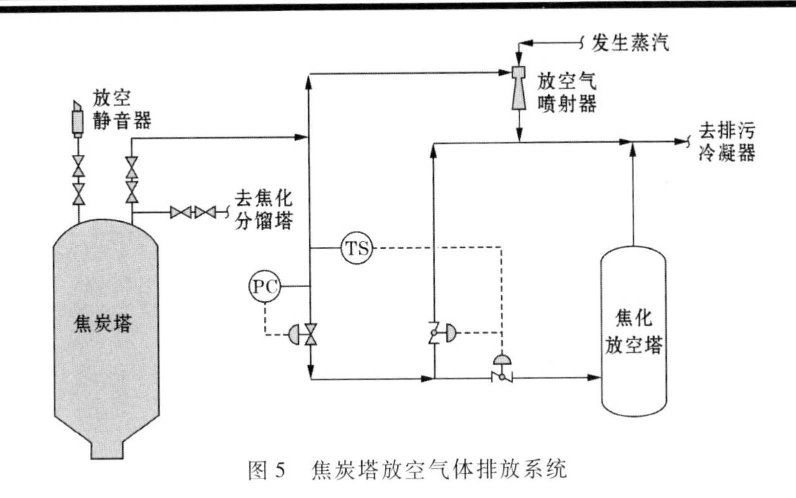

图 5　焦炭塔放空气体排放系统

1.3.2.2　焦炭塔放空前的气体处理

Bechtel Hydrocarbon Technology Solutions 公司提出一种新的减排方案[10]（图 6，已有的流程为细线，新方案为粗线）。从焦炭塔顶隔离阀到急冷塔有 1 条排污总管线。焦炭塔液位高时，水从塔顶管线溢出到溢流塔，并关闭该阀切断到冷却塔的管线。溢流塔处理大量的油气和蒸汽，经过放空冷凝器、沉降器和喷射器，最终压力减少到 1～2psi。塔内的水依靠重力作用流到冷焦水罐，通过 1 个蒸汽喷射控制实现零表压。在溢流和焦炭塔排水操作之前解决油、水和焦炭的处理问题。切焦水需要从这个水罐进入焦炭塔，对于 2 个焦炭塔，切焦水必须具有较好的质量。对于 4 个或 6 个焦炭塔，可能需要有 1 个单独的水罐，确保水中细粉含量最少。蒸汽从溢流喷射返回到排污冷凝器，油或油/水混合物经过冷却水箱脱油，返回沉降罐。焦粉通过定期排水进入焦池，是许多焦化装置常见流程。

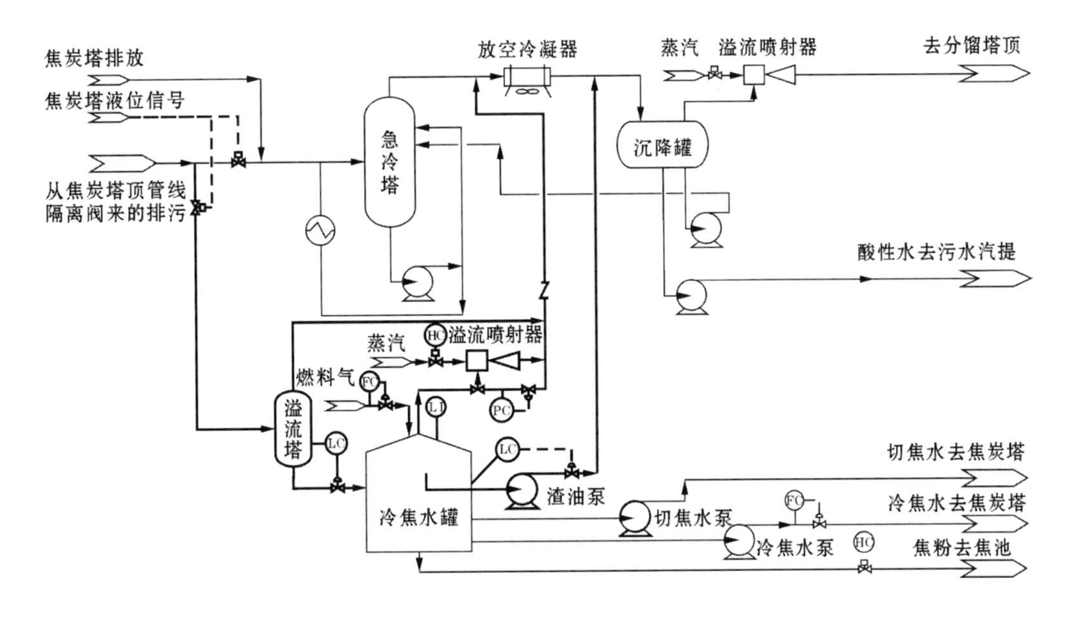

图 6　新型放空系统流程

新方案不仅可满足降低焦炭塔压力的要求，还能最大限度地冷却焦炭；可用于产生弹丸焦以及海绵焦的焦化装置；减少排放；焦炭塔溢流排放到大气之前，可以实现零表压放空。

1.3.2.3 焦炭塔安全改造

对装置进行升级改造有助于实现安全平稳运行，还可以实现优化生产。当焦化原料变轻时，焦化分馏塔需要改造的项目包括清洗段喷嘴、全轻焦化蜡油抽出塔盘、粉末再循环系统内构件等。

在2015年的AFPM会议上，Adams Project公司对焦炭塔的进料选择方案进行了研究[11]，提出采用双进料喷嘴能实现进料/热量分布均匀，减少焦炭塔变形、损坏，使焦炭塔在很短的生焦周期（低至9h周期）内操作，解决热点和爆裂问题。2016年，Foster Wheeler公司提出中心进料的方案，即加热炉物料从焦炭塔底部中心进入（图7），结果显示物流分布更均匀，焦炭床层均匀冷却，同时阻止隔热和孤立的热点形成。

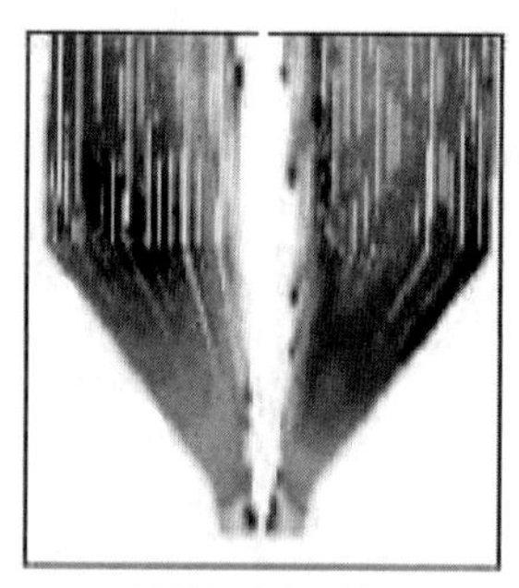
传统的底部进料

侧进料

中心进料

图7 焦炭塔原料分布

1.4 重油氧化脱硫技术

劣质原油处理等离不开脱硫技术的广泛应用，目前炼油业脱硫技术主要分为加氢脱硫和非加氢脱硫两大类。氧化脱硫技术因其具有操作条件比较温和、选择性高、操作成本低等特点，成为十几年来研究较多、发展较快、很有吸引力的非加氢脱硫技术。一家专注于研发原油及馏分油的精制和改质的催化剂及工艺技术的Auterra公司，开发了重油氧化脱硫成套技术FlexUP™，现已具备工业化条件，工艺流程如图8所示[12]。该技术的核心是FlexOX™系列催化剂和FlexDS™工艺包，其最大的突破是发现了一种基于新材料组分的催化剂解决了氧化催化剂面临的动力学与选择性挑战，以及利用空气生产氧化剂解决了氧化脱硫成本过高等技术经济性重大难题。油砂沥青经该技术处理前后的研究结果见表2[13]。

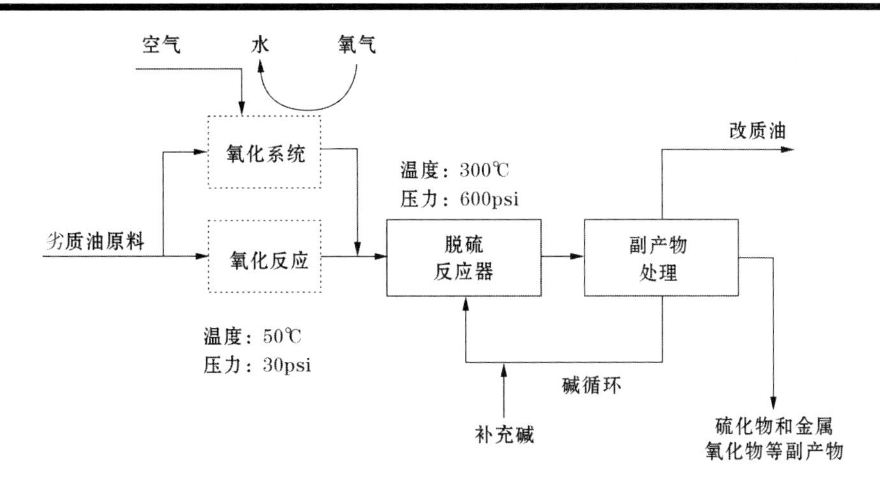

图8　可工业化的简化流程及反应条件

表2　FlexUP™ 改质技术效果

项　　目	油砂沥青处理前	油砂沥青处理后
API 度，°API	8.7	20.1
密度，g/cm^3	1.01	0.932
酸值，mg/kg	0.8	0
硫含量，%	4.8	1.1
氮含量，μg/g	320	190
金属含量	基准	降低 20% ~60%
液收	基准	提高 4% ~5%

该技术用于原油改质的优势在于：提高 API 度；脱除原油中的硫、氮化合物，降低金属含量以及总酸值；将原油价值提高 5% ~20%；特别适于处理重质含硫原油、沥青、煤净化产品；投资成本低。用于炼厂渣油等改质的优势在于：降低加氢处理装置的投资及操作成本；减少炼厂总氢耗和成本；脱除硫、氮化合物及金属含量；降低炼厂处理原料的碳排放量，包括瓦斯油、柴油及原油；高效满足目前及将来环保法规。该工艺为炼厂带来的预期效益包括原油质量的提升以及对后续二次加工装置带来的间接效益：（1）因为催化氧化脱硫工艺脱除杂原子比加氢处理的成本效率高很多，所以加工重质原油的炼厂会从中受益。（2）加工油砂沥青或其他原油的炼厂，由于油砂沥青或其他原油经过氧化脱硫后硫、氮和金属含量的降低，延长了后续二次加工装置的催化剂寿命，并减少了催化剂消耗。原料油含硫量降低 80% ~90%，因氢耗减少降低了二次加工装置的操作成本，同时提高了装置处理量。（3）重油改质降低了高沸点馏分的质量比例，减少了催化裂化和焦化装置生焦量，因而提高了加工能力。油砂沥青中沥青质含量减少约 7%；其他原料也有不同程度改善，取决于化学性质。利用催化氧化脱硫作为改质原油的策略，可使炼厂加工以前不能加工的原油。

2 清洁油品生产技术

油品质量升级不仅与炼厂的装置结构息息相关，而且与清洁油品生产装置的技术水平关系重大。美国是全球清洁油品需求最大的国家，从美国近10年的装置结构变化历程不难发现，催化裂化能力的降低以及作为提升清洁油品质量的关键装置——加氢能力的提升及占比的提高（表3）。

表3 美国炼厂装置结构变化

装置结构	2005年		2015年	
	能力，10^4bbl/d	占比，%	能力，10^4bbl/d	占比，%
常减压蒸馏	1712.5		1831.7	
催化裂化	623.8	36.4	608.0	33.2
焦化	246.3	14.4	294.8	16.1
催化重整	383.6	22.4	374.0	20.4
加氢裂化	162.4	9.5	230.5	12.6
加氢处理	1408.7	82.3	1732.4	94.6

美国清洁油品标准实施最为严格的加利福尼亚州所在的PADD Ⅴ区炼厂装置结构的变化可以充分说明，加氢装置以及高辛烷值汽油组分生产装置能力的提高在油品升级中的重要作用（表4）。从美国加利福尼亚州与美国炼油装置结构的对比可以看到，美国加利福尼亚州的加氢裂化占比约是全美平均水平的2倍；生产高辛烷值汽油组分的美国加利福尼亚州的催化重整占比以及烷基化占比均要高于全美平均水平，尤其是烷基化占比要高出全美平均水平3.1个百分点。

表4 美国PADD Ⅴ区炼厂（加利福尼亚州所在区）与美国炼厂装置结构简单对比

装置结构	美国加利福尼亚州		美国	
	能力，10^4t/a	占比，%	能力，10^4t/a	占比，%
常减压蒸馏	9911		91585	
催化裂化	3647	36.8	30639	33.5
催化重整	2112	21.3	18715	20.4
加氢裂化	2442	24.6	11588	12.7
加氢处理	10832	109.3	87414	95.4
烷基化	1008	10.2	6430	7.1

2.1 加氢技术

2.1.1 汽油加氢处理技术

丹麦Haldor Topsoe公司开发的催化汽油后处理HyOctane™新系列催化剂问世[14]，用以生产超低硫汽油。这种新催化剂适于催化汽油脱硫，辛烷值损失很少，同时能长周期运转，产品收率高于99.9%（质量分数）。HyOctane系列新催化剂能脱硫生产超低硫汽油，辛烷值损失很少。其中，TK－710 HyOctane™催化剂是一种钴钼型催化剂，具有脱硫、脱金属以及辛烷值损失极少等性能特点；TK－703 HyOctane™催化剂具有脱硫和脱氮性能，应用该剂可以实现在第1个反应器中只饱和双烯烃，汽油辛烷值损失极少的目的，同时该剂的适用范围非常广泛（从轻质馏分到重质馏分）。

2.1.2 柴油加氢处理技术

Haldor Topsoe公司推出的采用第二代HyBRIM催化剂技术生产的第二代催化剂TK－611，脱硫和脱氮活性均比已广泛应用的第一代深度加氢处理催化剂TK－609提高25%左右，用于超低硫柴油生产装置或加氢裂化原料油加氢预处理装置。TK－609 HyBRIM问世于2013年，现已发展到应用于不同中压/高压装置使用的多个品种，全球应用数量已有100多套。处理含硫0.6%（质量分数）、含氮700μg/g、密度为0.864g/cm^3（API度为32.3°API）柴油原料的柴油加氢处理装置，用TK－611催化剂生产的柴油硫含量小于10μg/g，用TK－609催化剂处理后的柴油硫含量则为32μg/g。处理含硫1.9%（质量分数）、含氮1400μg/g、密度为0.92g/cm^3（API度为22.3°API）减压瓦斯油原料的加氢裂化原料预处理装置，经过TK－611催化剂处理后的加氢裂化原料硫含量小于193μg/g，氮含量为26μg/g；用TK－609催化剂处理后的原料硫含量为322μg/g，氮含量为62μg/g。TK－611催化剂还是一种体积增大很好的催化剂，使用TK－611催化剂比使用TK－609催化剂体积增大20%。

2.1.3 加氢裂化技术

加氢裂化装置早期的设计和操作都非常简单，只选用一种加氢处理催化剂和一种加氢裂化催化剂。现在，加氢处理和加氢裂化催化剂都进行定制，以使全系统的性能实现最优化。每台反应器都有多个催化剂床层，保护和强化下一个床层的功能。Chevron公司双功能催化剂（ICR1000系列剂）将典型加氢裂化装置装填传统型氧化铝基加氢处理催化剂的有限体积用以装填本公司催化剂（由Chevron公司与Grace公司合资成立的子公司ART负责提供），即可实现加氢处理和加氢裂化双重目的。采用共胶合成法得到的ICR1000系列催化剂，克服了氧化铝基加氢处理催化剂可负载的金属量有限，从而影响催化剂性能的局限，具有加氢精制和裂化双重功能，在提高中间馏分油收率和生产超低硫柴油过程中具有高活性和高芳烃饱和的性能。与传统氧化铝基催化剂相比，活性提高2倍以上。

该剂现已应用于超低硫柴油生产装置，要求催化剂在苛刻条件下使用并能满足产品芳烃含量达标要求。ART公司研究了两种催化剂系统：一个只使用最新的Ⅱ类镍/钼催化剂，另一个使用上述催化剂和ICR1000。两种催化剂系统进料物的API度均为28.8°API、硫含量为2.0159%（质量分数）、芳烃总量为23.7%（质量分数）。图9表示两种催化剂系统的产品硫含量随温度变化的情况。在典型超低硫柴油生产条件下，装填ICR1000催化剂的系统活性比未装填的催化剂系统高15℉以上；在较高产品硫含量生产工况下活性相差40℉。装填该剂的催化系统既可满足超低硫柴油硫含量要求，又可在较低起始温度下比传统催化剂更易提高 API 度，这些优势使得 ICR1000 催化剂应用于超低硫柴油生产装置。加氢裂化装置通过催化剂级配引入该剂后，航空煤油产量较参比剂体系提高 100bbl/d。在得到相同的产品硫含量条件下，该剂的活性较参比剂提高 15 ℉以上。

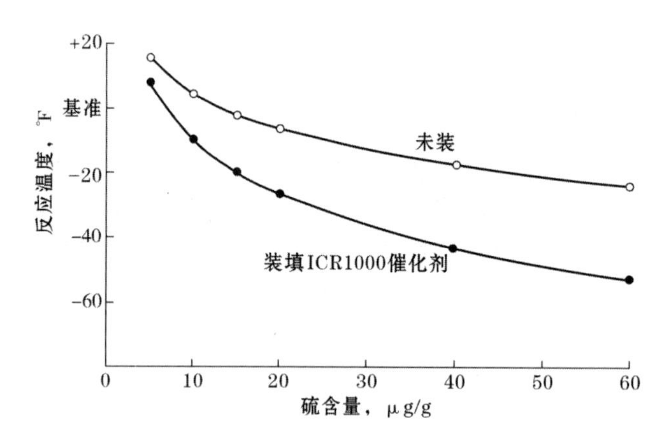

图 9　不同催化剂体系产品硫含量随反应温度的变化[15]

2.2　烷基化技术

随着全球清洁油品质量升级进程的加快及清洁燃料标准实施范围的不断拓宽，高辛烷值或优质汽油组分的需求不断增加，作为优质汽油调和组分的烷基化油需求必会不断增加。全球烷基化能力分布极为不均。汽油需求最多的美国，烷基化能力全球第一（2014 年 5007×10^4t/a），烷基化能力占炼油总能力 6.47%，全球第一[16]。2014 年，全球 204 套烷基化装置中氢氟酸烷基化能力稍高于硫酸烷基化。氢氟酸烷基化装置 109 套，能力为 4260×10^4t/a，占总烷基化能力 48%，单套装置平均规模39×10^4t/a；硫酸烷基化装置 83 套，能力为 3535×10^4t/a，占总烷基化能力 40%，单套装置平均规模为 42×10^4t/a；另有 12 套装置为非传统意义上的烷基化装置。目前，全球主要烷基化技术开发现状见表 5。

表 5　全球主要烷基化工艺

序号	专利商	工艺名称	工艺类型	应用现状
1	杜邦	STRATCO 工艺	硫酸法	广泛应用
2	鲁姆斯	CDAlky 工艺	硫酸法	已工业化
3	UOP	HF 工艺	氢氟酸法	广泛应用
4	菲利普斯	HF 工艺	氢氟酸法	广泛应用
5	康菲	增强型烷基化工艺（ReVAP）	氢氟酸法	已工业化
6	鲁姆斯	AlkyClean 工艺	固体酸法	已工业化
7	KBR	K-SAAT 工艺	固体酸法	即将工业化
8	UOP	Alkylene 工艺	固体酸法	未工业化
9	托普索	FBA 工艺	固体酸法	未工业化
10	中国石油大学（北京）	复合离子液烷基化新技术（CILA）	离子液法	已工业化
11	UOP/雪佛龙	ISOALKY	离子液法	即将工业化

2.2.1 AlkyClean 固体酸烷基化技术

经过多年发展，固体酸烷基化技术取得重大突破，已有工业化装置。随着工业化应用，固体酸烷基化技术的改进也会逐渐增多。由 Albemarle 公司、CB&I 公司和 Neste 石油公司共同开发的 AlkyClean 固体酸烷基化工艺，其原理与液体酸烷基化工艺基本类似，不同的是其固定床反应器及特殊的以铂作为活性载体，并在催化剂载体上形成酸性中心的 AlkyStar™ 固体酸催化剂[17]。该工艺主要由原料预处理、反应、催化剂再生及产品分离 4 部分组成，原料预处理部分采用固定床分子筛去除杂质，高温再生使用电加热器。如有必要需对烯烃原料进行预处理，与循环异丁烷一起进入反应器。反应器操作为液相操作，温度为 50~90℃，多级反应器保证了烷基化反应的持续进行。该工艺与液体酸烷基化工艺性质比较见表 6[18]。

表 6 固体酸 AlkyClean 工艺与硫酸、氢氟酸烷基化工艺性质比较

项目	硫酸烷基化	氢氟酸烷基化	AlkyClean 工艺
反应温度,℃	4~10	32~38	50~90
原料烷烯比（体积比）	(8~10):1	(12~15):1	(8~15):1
产品 RON	95	95	95
产品 MON	91.5	92.5	92.5
烷基化油收率	基准	基准	≥基准
界区内建设总费用	基准	0.85×基准	0.85×基准
界区外建设总费用（再生、废物处理和/或安全装置）	基准	0.7×基准	0.5×基准
预处理	基准	>基准	基准
后处理	是	是	否
酸溶性油收率,%	≤2		无
废催化剂产量	基准	100 倍	1000 倍
维护要求	高	高	低
腐蚀	高	高	无
可靠性	中	中	高
安全性	装置特殊，需运输预防措施	特殊的现场范围内的预防措施	与其他工艺相比无特殊要求
环境影响			对空气、水或土壤无排放

全球第 1 套采用 Alky Clean 固体酸烷基化技术的工业装置（10×10^4t/a）于 2015 年 8 月在山东汇丰石化公司投产运行，表现出良好的可靠性和稳定性，每一个再生周期后催化剂活性都得到了完全恢复，生产的烷基化油研究法辛烷值（RON）在 95~96 之间，硫含量小于 1μg/g，雷德蒸气压低于 6.5psi[19]。

2.2.2 K-SAAT 固体酸烷基化技术

KBR 公司开发的 K-SAAT 固体酸烷基化工艺，采用 Exelus 公司 ExSact-E 的固体酸催化剂。该催化剂是为解决大多数固体酸催化剂快速失活的问题专门开发的沸石催化剂，这种催化剂可使异丁烷与各种轻烯烃（包括与液体酸催化剂不能进行烷基化反应的乙烯）在不同的条件下易于反应，比传统液体酸催化剂更安全可靠和环境友好，投资较低，烷基化油产量较高（表7）。该催化剂比常规的沸石催化剂稳定性好，可以在简单的固定床反应器中使用，具有优化的活性中心和创新的孔结构，可使因结焦造成的催化剂失活减至最少，运行周期远高于其他固体酸烷基化催化剂，同时不产生酸溶油，催化剂可使用氢气再生。K-SAAT固体酸烷基化工艺具有以下特点：投资成本低于硫酸法工艺；收率高于液体酸催化剂工艺；对原料的适应性强；对污染物的容忍度相对较高；可以用于现有液体酸烷基化装置的改造[20,21]。

表7　K-SAAT与硫酸法烷基化工艺比较

<table>
<tr><th colspan="2">项　目</th><th>硫酸法</th><th>K-SAAT固体酸工艺</th></tr>
<tr><td colspan="2">投资成本</td><td>基准</td><td>60%×基准</td></tr>
<tr><td colspan="2">烷基化油产量</td><td>基准</td><td>1.02×基准</td></tr>
<tr><td colspan="2">异丁烷消耗</td><td>基准</td><td>1.05×基准</td></tr>
<tr><td rowspan="5">公用工程
（以每吨烷基化油计）</td><td>蒸汽，t</td><td>0.89</td><td>0.97</td></tr>
<tr><td>电，kW·h</td><td>160</td><td>53</td></tr>
<tr><td>冷却水，m^3</td><td>830</td><td>83</td></tr>
<tr><td>碱，kg</td><td>0.2</td><td></td></tr>
<tr><td>氢气，kg</td><td></td><td>0.09</td></tr>
</table>

KBR公司将其K-SAAT固体酸烷基化技术首次对外转让，许可中国东营海科瑞林化学公司在东营港经济开发区建设10×10^4t/a固体酸烷基化工业装置，计划于2017年初投产。如果建成，这将是中国建设的第2套固体酸烷基化装置。

2.2.3　雪佛龙公司离子液烷基化技术

由雪佛龙公司开发的离子液烷基化技术ISOALKY，采用离子液催化剂，在100℃下将催化裂化装置来的典型原料转化为高辛烷值的烷基化油，大幅降低了烷基化过程中对环境的污染。该离子液催化剂可现场再生，而且也不会出现催化剂挥发现象[22]。

与现用液体酸烷基化技术相比，在达到同样烷基化油液收及辛烷值的情况下离子液烷基化技术的经济性更好，催化剂用量也较少。该技术已在雪佛龙公司美国盐湖城炼厂的小型示范装置运行5年，可以替代目前广泛应用的硫酸或氢氟酸烷基化技术，可用于新建炼厂或对现有液体酸烷基化装置改造。雪佛龙公司计划将其盐湖城炼厂的氢氟酸烷基化装置22×10^4t/a改造为ISOALKY离子液烷基化装置，计划于2017年开工建设，2020年投入运行。

3　看法及建议

（1）催化裂化工艺将在降烯烃和降柴汽比方面发挥重大作用。

原油重劣质化的趋势将使得催化裂化装置原料密度和金属含量愈来愈高，催化裂化将继续在提高掺渣比、开发抗重金属污染等系列催化剂方面进行完善和升级。随着全球尤其是中国更为严格汽油标准的实施，汽油中烯烃含量将受到严格限制，催化裂化在降低汽油烯烃含量的同时多产丙烯是一条切实可行的路径。此外，随着中国消费柴汽比的逐渐下降，催化裂化在降低柴汽比方面将发挥越加重要的作用。

（2）渣油加氢裂化技术仍需在催化剂和工艺方面继续攻关。

沸腾床加氢裂化技术虽已实现了大规模应用，但该技术仍存在较大的改进空间。未来研发重点将集中在进一步提高原料适应性、转化深度和催化剂寿命，以及降低催化剂消耗和沉积物生成等方面；同时需要进一步开发和应用沸腾床和其他技术的集成工艺以及未转化尾油的处理工艺。悬浮床加氢裂化技术具有较好的推广应用前景，但需开发高活性、高分散的催化剂以及着重解决装置结焦问题。如何妥善处理和利用未转化塔底油，是悬浮床加氢裂化技术进行工业化和避免环境污染的另一项技术难题和研究方向。

（3）延迟焦化工艺发展重点仍是原料优化和环保安全生产。

继续发挥延迟焦化工艺优势，避免能力闲置，同时保证装置满足环保和安全运行要求是低油价环境下焦化发展的重点。全球计划新建的焦化装置数量和能力与前几年相比均有明显下降，已建成投产的焦化装置主要集中在美国和亚太地区，未来重质原料也会继续流向这些地区，保证焦化装置的生产需求。焦化原料的结构可以根据炼厂产品结构和产品价值来决定，但要考虑相关设备、操作参数的调整或改造，避免对下游加工装置的运行产生较大影响。日益严格的环保和安全生产法规是近年来焦化装置升级改造的主要推动力，涉及焦炭塔放空前降压、污染物处理以及装置设计优化等方面。

（4）加氢催化剂的更新换代依然是加氢技术主攻的方向。

针对不同炼厂需求开发不同系列的加氢处理及加氢裂化催化剂仍是加氢技术领域发展的主要方向，催化剂技术的更新换代是为了更好地适应不同装置的需求，不断降低炼油企业的运营成本，以最低成本实现油品的质量升级。中国汽柴油质量升级进程在不断加速，汽柴油加氢技术的需求和要求都会不断提高，因此，及早开发出低成本、适应性强的加氢系列催化剂，应是中国炼油技术研发机构需要重点开展的工作。

（5）新型烷基化技术的不断突破将为汽油质量升级注入新的活力。

随着汽油质量升级进程的不断加快，高辛烷值汽油组分的需求定会增加。烷基化油作为汽油调和的优质组分，新技术的研发及应用未曾停止，相信随着越来越多国家清洁燃料实施范围的不断扩大，烷基化技术的需求会随之提高。目前，固体酸烷基化及离子液烷基化技术已取得重大突破，未来该领域新型技术的开发及应用水平必会提高。中国作为全球第二大汽油消费国，更应在现有研发基础上加大该领域技术的创新及突破，为降低中国汽油升级的成本提供技术支撑。

参考文献

[1] Freedonia Group: Global demand for refining catalysts to reach $4.7 B in 2020. 2016-9-2. http://www.hydrocarbonprocessing.com/news/2016/09/freedonia-group-global-demand-for-refining-catalysts-to-reach-47-b-in-2020.

[2] John Mayes. The Balance Between Global Crude Production and Refining Demand by Grades. AM-16-67, 2016.

[3] Shaun S Pan, Robert McGuire Jr, Gary M Smith, et al. BoroCat™ - An Innovative Solution from Boron-based Technology Platform for FCC Unit Performance Improvement. AM-16-17, 2016.

[4] Jonker R J, O'Connor P, Hendrikus N J, et al. Method and Apparatus for Measuring the Accessibility of Porous Materials with Regard to Large Compounds. USA Patent 6828153. 2014-12-07.

[5] Ryan Nickell, Gerbrand Mesu, Yijin Liu, et al. Breakthrough Characterization Methods for Evaluation of Metals Poisoning in FCC Catalyst. AM-16-18, 2016.

[6] 金云，朱和. 调整结构 化解过剩 提质增效任重道远——2015年中国炼油行业回顾与“十三五”展望. 国际石油经济，2016，24（5）：37-43.

[7] 李振宇，卢红，任文坡，等. 我国未来石油消费发展趋势分析. 化工进展，2016，35（6）：1739-1747.

[8] 侯明铉. LTAG技术解炼化增效燃眉之急. 中国石化新闻中心，2015-11-27. http://www.sinopecgroup.com/group/xwzx/gsyw/20151127/news_20151127_347868017212.shtml.

[9] Richard Conticello, Srini Srivatsan. What's Next for United States-based Delayed Coking Units?. AM-16-28, 2016.

[10] John Ward, Richard Heniford, Scott Alexander. Environmental Solutions to Coke Drum Venting. AM-16-30, 2016.

[11] Jack Adams, Gary Hughes. Coke Drum Feed Entry Design Considerations-Single versus Dual Entry. AM-15-76, 2015.

[12] Burnett E, Litz K, Schmelzer G. Catalytic advances make chemical upgrading a reality for heavy sour feeds. Hydrocarbon Processing, 2016 (7).

[13] Eric Burnett. Upgrading Oil Sands Bitumen Using FlexDS: Pilot Plant Performance and Economics. AM-13-34, 2013.

[14] Haldor Topsoe introduces new gasoline catalysts. 2016-8-22. http://www.digitalrefining.com/news/1004169.

[15] Alex Yoon, Brian Watkins, Meredith Lansdown. Managing the Refiner's Need for Increasing Middle Distillate Yields with Improved Catalyst Technologies. AM-16-04, 2016.

[16] Hydrotreating, and Alkylation plus Latest Refining Technology Developments & Licensing. Hydrocarbon Publishing Company. Third Quarter 2014: 510.

[17] Jackeline Medina, Zhao Chuanhua, Emanuel van Broekhoven. Successful Start Up of the First Solid Catalyst Alkylation Unit. AM-16-22, 2016.

[18] John C, Gieseman H, Nousiainen, et al. The alkyClean® alkylation process: new technology eliminates liquid acids. AM-06-41, 2006.

[19] 程薇. 世界首套固体酸烷基化工业装置在山东淄博投产. 石油炼制与化工，2016，47（3）：81.

[20] Mitrajit M, James N. Exsact - a step-out solid acid alkylation technology. AM-07-29, 2007.

[21] KBR signs first license for new solid-acid alkylation technology. 2016-2-19. http://www.digitalrefining.com/news/1003932.

[22] Honeywell UOP introduces ionic liquids alkylation technology. http://www.hydrocarbonprocessing.com/news/2016/09/honeywell-uop-introduces-ionic-liquids-alkylation-technology.

原油供应

AM-16-70

原油硫化氢脱除剂对炼油过程操作的影响

Jamie McDaniels, John Jacobson (Athlon Solutions LLC, USA)
张 博 朱庆云 译校

摘 要 原油中存在的含硫化合物在炼油过程中会引起诸多问题。随着炼油过程中硫化氢(H_2S)从液相转移至气相，将给操作人员、环境和设备带来极大风险。H_2S 对金属有腐蚀性，在高浓度和高温条件下更加严重。H_2S 含量为 0.01~1.5μg/g 时有臭鸡蛋的气味，含量超过 100μg/g 时会威胁人的生命。当前炼厂比以往更加需要安全、经济、高效和无副作用的方法以解决 H_2S 问题。

原油中的 H_2S 是在自然演变过程中形成的，不同国家、行业及公司对原油中 H_2S 含量的标准限制各不相同。工业领域常用三嗪化合物等含氮化合物和乙二醛等不含氮化合物清除 H_2S。三嗪化合物价格更低且清除 H_2S 效果更强，但其同时会增加腐蚀和结垢风险；乙二醛价格昂贵、消耗量大且需要在酸性条件下工作，会腐蚀设备。

Athlon Solutions 公司开发了两个系列无氮、无乙二醛的用于石油行业的 H_2S 脱除剂。两个系列脱除剂各具特色，新型脱除剂具有安全、廉价、高效、操作限制小等优点，且不会像三嗪化合物一样产生腐蚀、结垢和污水处理问题。另外，由于 H_2S 具有高毒性，在脱除剂添加过程中需要及时检测并提供必要的防护措施。

1 硫化氢(H_2S)概述

经过亿万年的生物化学变化，动植物残骸内的硫元素逐渐进入石油并部分转化为 H_2S，石油在开采后，压力的降低使 H_2S 由液相转为气相，并积聚于储存容器顶部。当 H_2S 含量为 0.01~1.5μg/g 时有臭鸡蛋气味，含量达 100μg/g 时将立即危及生命和健康(IDLH)；在上述两个含量之间时，H_2S 的刺激会对人体产生短期影响。根据美国职业安全与健康管理局 2015 年[1]的规定，人在 H_2S 含量为 10μg/g 的空间中工作的时间最多为 8h，但是在原油储运过程中不同行业和公司对 H_2S 含量的相关规定各不相同。

H_2S 具有腐蚀性，尤其在高温和高浓度条件下。据美国环境保护署(EPA)统计，H_2S 腐蚀所造成的管道、设备更换和维修费用是腐蚀防护和 H_2S 脱除费用的数倍。1991 年，EPA 发布报告[2]显示，美国因 H_2S 腐蚀所造成的损失达到数十亿美元。H_2S 在有水存在的情况下会转化为硫酸，其对管道的腐蚀是灾难性的。H_2S 还会直接与铜、铁和银等元素反应，因此 H_2S 的存在将使产品无法通过铜片和银片腐蚀测试，使产品等级下降。

2 原油中的 H_2S 及硫化物

过去几年，美国炼厂加工原油的硫含量逐渐增加，如图 1 所示[3]。

原油中部分含硫化合物以 H_2S 形式存在，其他含硫化合物也可分解转化为 H_2S。随着原油中硫含量逐渐增加，考虑到安全因素，炼油行业开始更加关注控制原油中 H_2S 的含量。

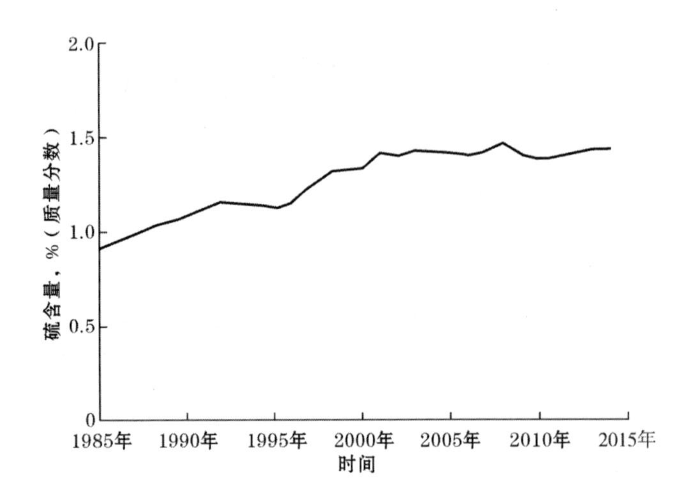

图 1　美国炼厂原油中硫含量变化（2016 年 EIA 统计）

3　三嗪化合物

在工业领域，人们通常使用廉价的含氮化学脱除剂控制 H_2S 含量，如三嗪化合物［1，3，5－三（2－羟乙基）－六氢均三嗪］。1mol 三嗪化合物可以与 2mol H_2S 反应，理论上还可以与 3mol 的 H_2S 反应，但是实际反应中无法检测到[4]。三嗪化合物的腐蚀和结垢作用主要是由于含氯化合物的产生，研究显示在 225℉下，5% 盐酸乙二胺溶液对碳钢腐蚀速率为 0.414in/a，对哈氏合金 C276 的腐蚀速率为 4.9×10^{-3}in/a；研究同时发现三嗪化合物和 H_2S 的副产物二噻嗪会发生聚合反应，这将导致在管路中发生结垢[4]。鉴于此，很多炼厂不愿使用三嗪化合物清除 H_2S。

4　乙二醛

由于无氮脱除剂需求的增加，工业上开始使用乙二醛（最简单的二醛类化合物）作为 H_2S 脱除剂。使用乙二醛可避免三嗪化合物引起的腐蚀和结垢，但是乙二醛与 H_2S 反应速率慢，且在高温高压下不稳定。常用的 40% 乙二醛水溶液在 7℉下会发生固化，使处理更加困难。由于乙二醛 pH 值为 2.0～3.5，因此在使用时应格外小心[5]。除此以外，由于使用量巨大，乙二醛的性价比也很低[6]。乙二醛与三嗪化合物的对比如图 2 所示，原料中 H_2S 含量为 4500μg/g，分别加入相同剂量的三嗪化合物和乙二醛，结果发现，乙二醛的清除效果远逊于三嗪化合物，且无法达到可接受的安全水平。

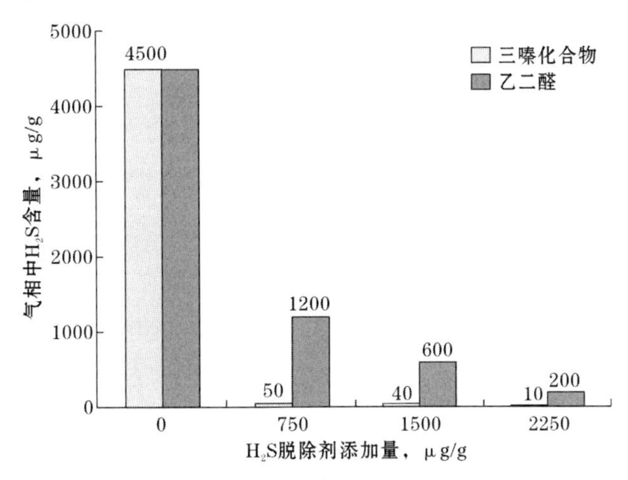

图 2　乙二醛与三嗪化合物 H_2S 脱除能力对比

5　锌基化合物

锌基 H_2S 脱除剂非常高效，具有选择性高、反应迅速、不可逆等优点，现已应用在钻井等上游领域[6]。锌基化合物通过添加锌润滑剂的再生润滑油进入原油。尽管该剂高效，但是工业试验研究表明，锌基化合物可能导致脱盐困难和乳化（油水分离）问题[7]，而且锌基化合物还会引起预热系统结垢及催化剂中毒。

6　替代方案

通过排除法，我们认为原油 H_2S 脱除剂应当是高效、无氮、无有害金属的有机化合物。Athlon Solutions 公司已经开发了两个系列的 H_2S 脱除剂，并完全满足上述标准。

6.1　产品 A

产品 A 是一种水溶性的混合羟基化合物溶液，H_2S 清除效率极高，图 3 显示产品 A 的 H_2S 清除效率是三嗪化合物的 5 倍，并且在反应初期其清除效果比三嗪化合物要高 15% 。

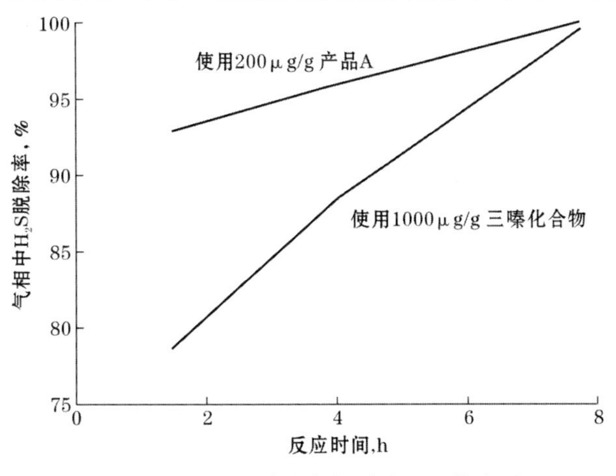

图 3　产品 A 与三嗪化合物脱除 H_2S 能力对比

作为一种优秀的原油 H_2S 脱除剂，产品 A 具备以下特性：

(1) 将 H_2S 转化为稳定且无害的硫酸盐。

(2) 与 H_2S 接触后瞬间发生反应。

(3) 同时能够脱除液相中较轻的硫醇化合物。

(4) 其密度大于原油及其他烃类化合物密度。

(5) 使用专有的催化剂来提高反应速率。

产品 A 除了可以高效清除 H_2S 外，还可避免使用氨基脱除剂出现问题。由于产品 A 的密度大于原油，未反应的脱除剂和水溶性反应物会沉降在罐底，可迅速从原油中分离。如果没有足够的时间在罐区进行分离，也可以通过脱盐系统进行分离。在最坏的情况下，即使产品 A 未与原油进行分离就进入原油处理装置，也不会产生结垢和腐蚀等副作用。

评价时应考虑的另外一个因素是产品对污水处理装置的影响，研究表明，产品 A 对生态系统无毒无害。

6.2 产品 B

我们同时开发了第 2 个系列的 H_2S 脱除剂，即产品 B。产品 B 是一种非金属、非乙二醛、非胺水溶性的有机 H_2S 脱除剂。产品 B 也是一种水性多元醚化合物，与产品 A 类似，其可以有效脱除 H_2S 并无任何副作用。根据原油的性质和温度，与产品 A 相比，产品 B 需要更长的反应和沉降时间，虽然这使原油中的水含量增加，但是水可以通过脱盐系统脱除，即使脱盐系统不能完全清除产品 B，产品 B 也不会产生腐蚀和结垢现象。然而，由于产品 B 添加量较少，应适当控制水含量。与乙二醛相比，产品 B 具有低成本、高效的优点，且酸碱度适中，pH 值约为 6。产品 B 脱除 H_2S 的简要机理如下：

$$\text{产品 B} + H_2S \longrightarrow \text{循环硫和硫化物}$$

7 应用案例 1：产品 A

一家美国炼厂准备出售原油，该原油含有大量 H_2S，需要将 H_2S 含量降至 100μg/g 以下，以满足运输要求。原油处理过程为：原油在装运至驳船前先保存在储罐中，在储罐中用产品 A 将原油 H_2S 含量降至规定值，然后将原油装运至驳船中，清空后的储罐再装填新的原油，水和反应后的脱除剂继续留在储罐中。经处理后驳船中装载的原油 H_2S 含量满足海事运输规范（气相 H_2S 浓度低于 100μg/g）。在整个储运过程中，操作人员不应暴露于 H_2S 气体中。图 4 显示了 5 次原油处理过程中 H_2S 含量的变化，可以看出，处理后的原油中气相 H_2S 浓度为 0～60μg/g，低于 100μg/g，满足海事运输规范。未经处理的原油 H_2S 含量平均为 5000μg/g，个别高达 18000μg/g。

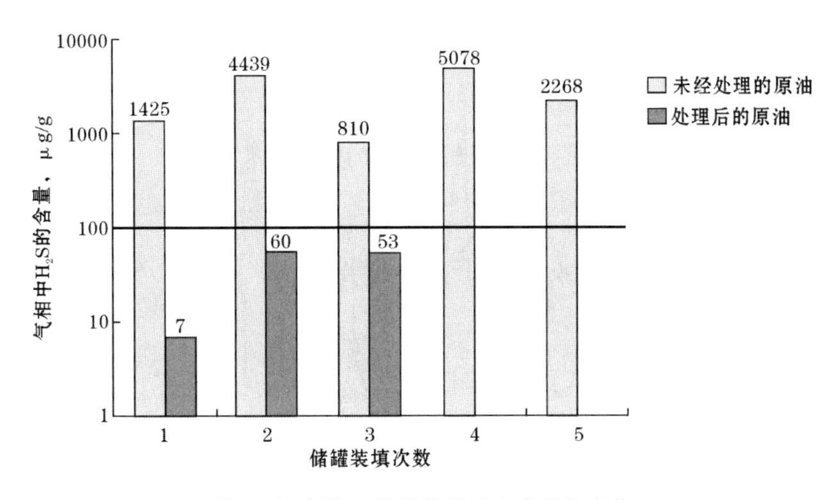

图 4　经产品 A 处理前后 H_2S 含量的变化

整个过程共处理了 80×10^4bbl 原油，为炼厂带来了数百万美元的利润，这批原油在后续炼制过程中未出现问题和事故。

8　应用案例 2：产品 B

与应用案例 1 相似，一家美国炼厂需要存储及运输 H_2S 含量很高的原油，储运过程中该原油中 H_2S 含量需降至 100μg/g 以下。Athlon Solutions 公司推荐使用产品 B，该产品具有很高的性价比。

原油在经过管道运输至储罐和驳船的过程中直接使用产品 B 进行脱 H_2S 处理，如图 5 所示，在进行采样的 30d 中，产品 B 持续对 H_2S 进行清除。气相中 H_2S 浓度每降低 1μg/g，产品 B 的使用量为 0.27μg/g，低于达到同等效果的三嗪化合物的使用量，并且不产生腐蚀和结垢问题。

9　使用中需要考虑的因素

Athlon Solutions 公司研制的非乙二醛、非胺类 H_2S 脱除剂具有良好的应用效果，但是在使用过程中脱除剂的加入和监测至关重要。更长的保留时间及更有效的混合可以减少脱除剂用量，并增强清除效果。

脱除剂需要与 H_2S 充分接触才能达到效果。脱除剂与 H_2S 接触的流体系统不太可能是层流，通过雷诺数可以确定管道内是层流、过渡流还是湍流，雷诺数高则代表湍流。雷诺数受到流体速率、管道直径和流体运动黏度的影响，其中流体运动黏度受流体密度和温度的影响，是一个重要参数。

一般而言，原油的密度、温度及管道直径是无法改变的。最理想的状况是，脱除剂在管道中油温最高、管径最小（最易产生湍流）和管道的最上游（距末端距离最远，延长反应时间）加入。如果不能满足最佳条件，应当增加脱除剂用量、改造管线或者增加静态混合器。表 1 为在不同流速下 3 种原油的雷诺数（在所有流速下，原油 A 均为湍流，原油 C 均为层流，而原油B随着流速的增加逐渐由层流转变为过渡流。根据上述结果，可以帮助预测脱除剂的使用量）。

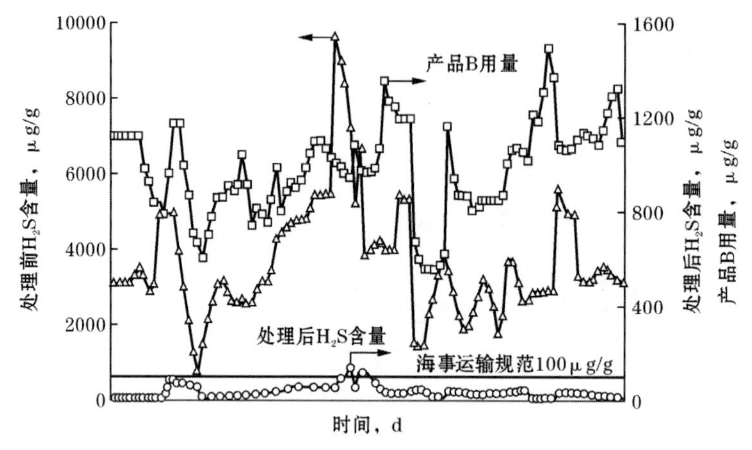

图5 经产品B处理前后H_2S含量的变化

表1 在相同管线中3种原油不同流速下的雷诺数

流量及管道参数			原油A（41°API，8.788cSt）	原油B（20°API，408.1cSt）	原油C（19°API，957.3cSt）
流量，bbl/h	管径，in	流速，ft/s			
3500	16	3.91	55133	1187	506
4000	16	4.47	63010	1357	578
4500	16	5.03	70886	1526	651
5000	16	5.58	78762	1696	723
5500	16	6.14	86638	1866	795
6000	16	6.70	94514	2035	868
6500	16	7.26	102391	2205	940
7000	16	7.82	110267	2374	1012
7500	16	8.38	118143	2544	1085
8000	16	8.94	126019	2714	1157
8500	16	9.49	133895	2883	1229
9000	16	10.05	141771	3053	1301

注：▒代表湍流，▒代表过渡流，▒代表层流。

从表1数据来看，随着原油密度的变化，原油的流动状态发生显著变化。由于高密度原油黏度更高，更难混合，其处理难度更大。

特殊设计的分散系统有利于脱除剂与原油的混合。由于脱除剂用量很少，可使用水（如消防用水等）作为分散载体，利用小液滴在流动原油中的分散帮助脱除剂与原油混合。如前所述，水将保留在原油中并帮助将未反应的脱除剂和反应产物从原油中清除，因此在任何情况下，用水作为分散载体都没有问题。

另外，脱除剂喷射系统的设计非常重要，建议在原油处理之前提前对喷射系统进行设计以消除可能存在的问题。脱除剂添加的停止或者间歇会对容器中 H_2S 的含量产生显著影响。罐式混合器不太可靠，不能保证混合效果，不建议使用。因此，建议设置两个样品采集点，分别监测处理前后原油。另外，在进入储罐前应当检测 H_2S 的含量及清除效果，还应当设置流量计以保证添加适当剂量的脱除剂。

10 现场操作及安全事项

由于待处理原油中 H_2S 含量很可能会超过 IDLH 剂量（10～100μg/g），因此，在脱除剂处理过程中最为重要的是确保安全。最佳的操作方法是使用供给式空气呼吸装置和 DOPAK 采样系统[8]，其中 DOPAK 采样系统需要装备正压式呼吸器以保证零泄漏和过程完全封闭。在开始操作前，必须对危险因素进行分析。

另外，操作现场应当一人操作，另外一人监测，操作人员负责采样和对泵进行调节，监测人员负责泵开启时和原油在管道中运输时持续进行监测。由于 H_2S 含量突然上升而未对泵进行相应调节将使 H_2S 清除效果大打折扣，因此上述工作需要每 0.5h 进行 1 次。如现场出现任何事故，监测人员要立即呼叫救援。可能的安全问题主要发生在夜间及偏远地区。当操作人员处于危险环境中且无法呼叫救援时，另外一人应装备全套个人保护装置并准备救援。

11 H_2S 含量测试方式

ASTM D 5705 为当前默认的测量原油中 H_2S 含量的方法，但是这种方法只适用于渣油及类似燃料，而且其 H_2S 含量测试范围限制在 5～4000μg/g 之间。该测试在 140℉条件下进行，此时液相与气相中 H_2S 的含量相等，通过测量检测管中气体的体积可以计算出液相中 H_2S 的含量[9]。

但是 2011 年加拿大原油质量技术协会发布的“原油中 H_2S 测量报告”陈述了以下几个重要观点[10]：

（1）ASTM D 5705 不适用于原油。

（2）不同检测方法得到的原油中，H_2S 含量差异巨大（原油气相 H_2S 含量受到原油密度、温度和液相中 H_2S 含量影响）。

（3）UOP 163 方法的标准偏差最低，推荐使用该方法测试船只及储罐中 H_2S 的含量。

然而 UOP 163 是一种液相测量方法，无法测量由液相转移至气相的 H_2S 含量。Stanhope Seta 2014 年发表了名为《原油中 H_2S 含量测试方法》的文章，提出了改进 ASTM D 5705 的方法，其将 ASTM D 5705 中原油的检测温度降至 77℉，发现气相中 H_2S 含量达到液相中的 66 倍。然而，该方法只适用于特定温度下的特定原油[11]。

图 6 显示了原油气相中 H_2S 含量随温度的变化。在重油比例为 85% 的样品中，气相中 H_2S 含量随温度的上升而线性增长；相反，在重油比例为 90% 的样品中，气相中 H_2S 含量则随着温度的上升而下降。因此，气相中 H_2S 含量同时受到原油密度和温度的影响。

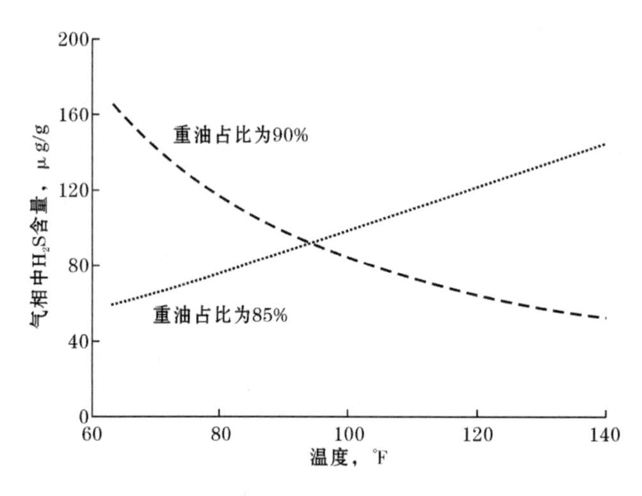

图 6　原油中气相 H_2S 含量与温度的关系

由于 H_2S 的挥发特性受到诸多因素的影响，建议使用改进的 ASTM D 5705 对储罐和运输过程中原油 H_2S 含量进行测量，这需要考虑温度和搅拌因素。此外，如果原油组成相对恒定，不论是在高温还是低温情况下都应当确定原油的状态，并进行相应的测试和处理。了解检测方法对于原油的安全和合理使用脱除剂至关重要。

12　结　论

现有原油 H_2S 脱除剂中，三嗪化合物脱除剂价廉且高效，但是会产生腐蚀和结垢问题；乙二醛脱除剂效率相对低下；锌基脱除剂会产生污染和脱盐问题。Athlon Solutions 公司开发了两个系列的无氮、无胺原油 H_2S 脱除剂，测试和应用结果表明，两个系列的脱除剂具备高效、经济、安全、无腐蚀和低污染等特点。对炼厂来说，应当综合考虑选择适当的脱除剂和技术。

【致谢】　特别感谢 Derick Krutsinger，Rusty Strong，Jeff Gonder，Larry Broussard，Troy Davis 和 Andrea Clark 对本文提供的支持和帮助。

参考文献

[1] Occupational Safety & Health Administration. Retrieved fromSafety and Health Topics, 2015, December 17. https://www.osha.gov/SLTC/hydrogensulfide/hazards.html.

[2] United States Environmental Protection Agency. EPA. Retrievedfrom National Service Center for Environmental Publications (NSCEP), 1991, September. http://nepis.epa.gov/Exe/ZyNET.exe/200048ZZ.txt? ZyActionD = ZyDocument&Client = EPA&Index = 1991%20Thru%201994&Docs = &Query = &Time = &EndTime = &SearchMethod = 1&TocRestrict = n&Toc = &TocEntry = &QField = &QFieldYear = &QFieldMonth = &QFieldDay = &UseQField = &IntQFieldOp = 0&ExtQField.

[3] U.S. Energy Information Administration. Retrieved from Petroleum & OtherLiquids, 2016. http://www.eia.gov/dnav/pet/hist/LeafHandler.ashx? n = PET&s = MCRS1US2&f = M.

[4] Contreras, J. , Green, J. , Patel, A. , &Wodarcyk, J. Physical Fouling Inside aCrude Unit Overhead from a Reaction Byproduct of Hexahydro - 1, 3, 5 - tris (2 - hydroxyethyl) - s - triazine Hydrogen Sulfide Scavenger. Paper No. 6054, NaceInternational, 2015.

[5] BASF. Intermediates. Retrieved from Glyoxal, 2008. http: //www. standortludwigshafen. basf. de/group/corporate/site - ludwigshafen/en/literaturedocument: /Brand + Glyoxal + 40 - Brochure——Glyoxal + the + sustainable + solution + for + many + applications - English. pdf.

[6] Amonsa, M. K. , Mohammed, I. A. , &Yaro, S. A. (n. d.) . Sulphide Scavengers in Oil andGas Industry - A Review. Retrieved from hrcak. srce. hr/file/75684.

[7] Crude Oil Quality Group. Crude Oil Contaminants and Adverse ChemicalComponents and Their Effects on Refinery Operations. Houston, 2004.

[8] DOPAK Sampling Systems. Retrieved December 2015, from Designs, 2014. http: //www. dopak. com/about/designs. html.

[9] Standard Test Method for Measurement of Hydrogen Sulfide in the Vapor Phase AboveResidual Fuel Oils. D 5705. Conshohocken, PA, United States: TheAmerican Society for Testing and Materials, 2000.

[10] Lywood, W. G. , & Murray, D. H_2S in Crude Measurement Report. CanadianCrude Quality Technical Association, 2011.

[11] Mylrea, I. Measurement of Hydrogen Sulfide in Crude Oil. Chertsey: StanhopeSeta, 2014.

北美的原油生产和炼油能力之间仍在寻求平衡

Blake Eskew（IHS Inc.，USA）
曲静波　王春娇　译校

摘　要　本文利用大量的数据详细地介绍了北美地区原油硫含量和平均 API 度的变化，原油生产情况，原油价格变化及原因，原油生产和供应之间的关系，原油生产成本，轻致密油的生产和供应情况，油砂的生产和供应情况，轻油和重油之间将如何平衡以及低油价环境对轻致密油和油砂当前和未来的影响等问题，并分析了北美原油生产和炼油能力之间不断寻求平衡的关系。　　（译者）

页岩革命改变了美国上游产业和全球石油市场格局，美国原油生产的扩张也成为导致 2014 年全球原油价格崩盘的条件之一。到目前为止，虽然低油价的影响仍在，但不得不承认页岩工业确实展现出了惊人的活力。页岩油（或轻致密油）的繁荣给炼油商同时带来了机遇和挑战。几十年老厂的投资策略不断受到质疑，美国原油生产市场严格的准入限制条件又为炼油商提供了利好。虽然美国原油出口已经开始不受限制，但当下石油市场环境的不确定性很大，因此对生产商和炼油商的影响仍是未知。

这种巨大的变化并没有限制美国上游板块。加拿大油砂生产商面对着同样的市场，却面临着非常不同的油品质量和物流障碍，管道开发的延迟会增加物流成本，并降低供应的灵活性，但油砂开发不会因此停止。

1　快速回顾

多年来，美国墨西哥湾沿岸的炼油投资一直追求“重起来”的策略。如图 1 所示，1990—2002 年，PADD 3 地区的原油平均 API 度从 33°API 稳步下降到 30°API；同期，硫含量从 1.1% 增加到 1.6%；2002—2004 年，稳定的趋势放缓；2008 年情况发生逆转；到 2014 年，原油平均 API 度又接近 32°API，与 1996 年的水平一样。

原油平均 API 度稳步下降趋势与“重起来”战略实施情况，以及 PADD 3 地区延迟焦化领域的主要炼油投资战略关系如图 2 所示。可见，2005 年左右基本平行的关系消失，焦化产能继续增加，但原油平均 API 度停滞一阶段后上升。

这种转变的原因众所周知，因为 2004 年西半球的重质原油供应量开始大幅减少。墨西哥玛雅公司的重质原油产量在 2004 年达到高峰，此后一直下降。委内瑞拉重质原油产量自 2003 年低谷期开始显现出零星的恢复迹象，但一直没有重回到 2000 年的生产水平。加拿大的重质原油增长在 2004 年停止，直到 2010 年才出现缓慢增长。2008 年的金融危机使原油生产放缓，随后的价格暴跌减缓了对油砂的投资。但值得一提的是，2010 年轻致密油的产量开始上升。目前，石油工业的各个部门都在试图了解低价格环境将对美国轻致密油造成什么样的影响。

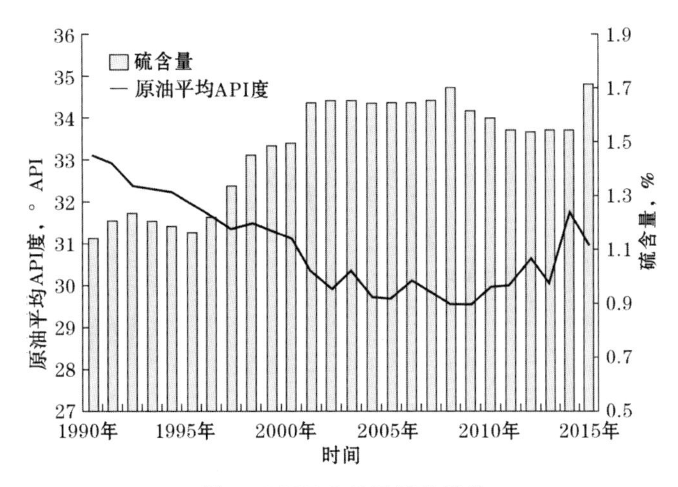

图1　PADD 3 地区原油质量

来源：IHS

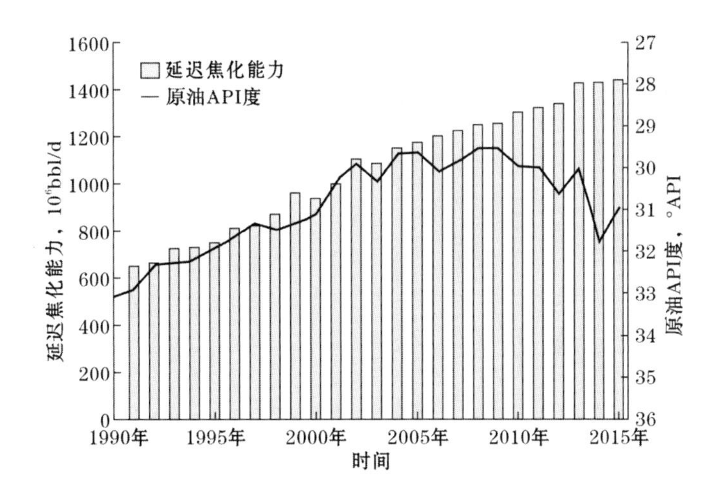

图2　PADD 3 地区延迟焦化能力与原油 API 度之间的关系

来源：IHS

2　全球原油价格的思考

2014 年中期开始的原油价格下跌既迅速又严重（图 3）。由于最近价格的波动性太大，使大家很容易忽略一点，那就是在价格崩盘之前的 4 年中原油价格波动已经很不寻常。不仅仅是价格持续在80～120 美元的高位区间内波动，而且“正常”的价格波动幅度大幅下降。因此，套期保值成本降低，信贷标准得到缓解，上游运营商融资爆炸性增长。

对于运营商和他们的贷款方及股东而言，现在不确定性的关键是低原油价格会“多低和多久”。如图 4 所示，开始于 1996 年、2008 年和 1986 年的价格崩盘呈现出不同的结果，前两者显然是“V”形——急剧下跌约 40% 后同幅度反弹，而 1986 年的价格崩盘虽然也从峰值下降了约 40%，但随后价格保持在低价位近 15 年。2014 年的价格崩盘跌幅已达 60%，且持续时间仍是未知。

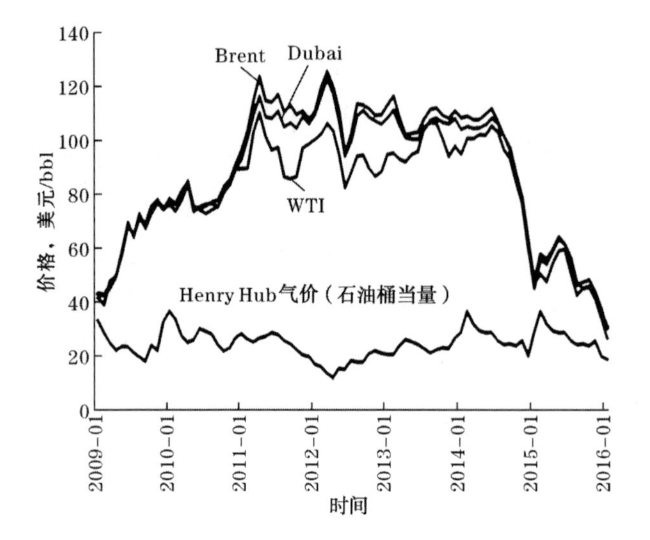

图 3　原油和天然气价格

来源：IHS

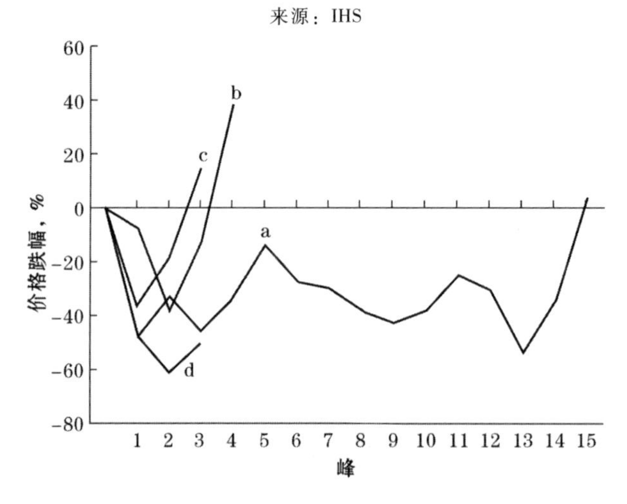

图 4　几次原油价格下跌情况

原油价格下跌年份：a—1985 年；b—1996 年；c—2008 年；d—2014 年

来源：IHS

价格崩盘给上游生产商以及广大的服务和设备供应商都带来了麻烦，但上游生产行业仍坚信价格最终会恢复。导致价格崩盘的根本原因是供应过剩。尽管石油需求量在以每年大约 1% 的速率增长，但现有的原油产量将不可避免地下降。满足上游行业市场的增长，就需要克服全球平均每年3% ~4% 的自然减产率。根据 IHS 的预测，2014—2030 年全球原油需求量将增长约 10×10^6bbl/d（图 5），而现有生产量将减少 30×10^6bbl/d。因此，上游板块必须开发出 40×10^6bbl/d 的新供应量以满足未来的需求。

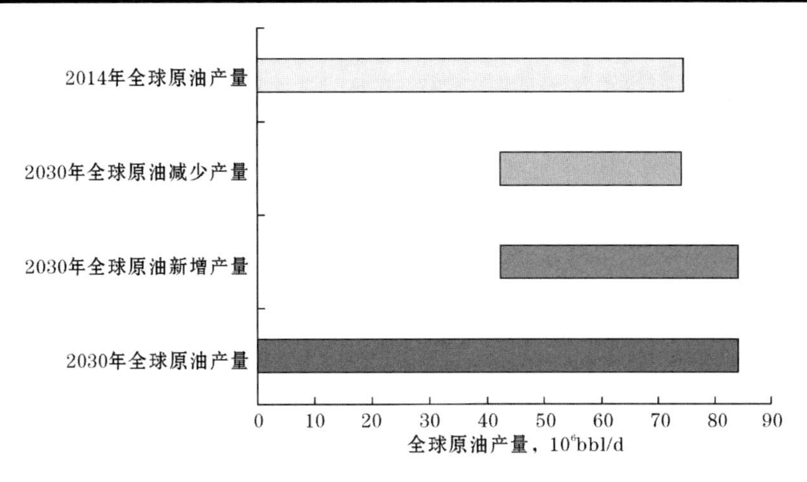

图5　2030年全球原油产量

来源：IHS

要开发所需的石油资源，石油行业必须能够吸引资本并部署好资源开发工作。基于IHS对现有各领域数据的详细分析，图6给出了未来的石油生产和供应曲线。低成本端包括许多大型中东生产商的项目，中间的曲线包括美国致密油、加拿大油砂、巴西、非洲以及其他项目，高成本端包括北海项目、北极项目和危险环境项目，如伊拉克。生产 40×10^6bbl/d 新增供应量的平均成本（包括资本回报率）将超过80美元/bbl。加上边际成本，高成本端将超过100美元/bbl。2030年前，供应曲线仍然支持石油价格为60～100美元/bbl。

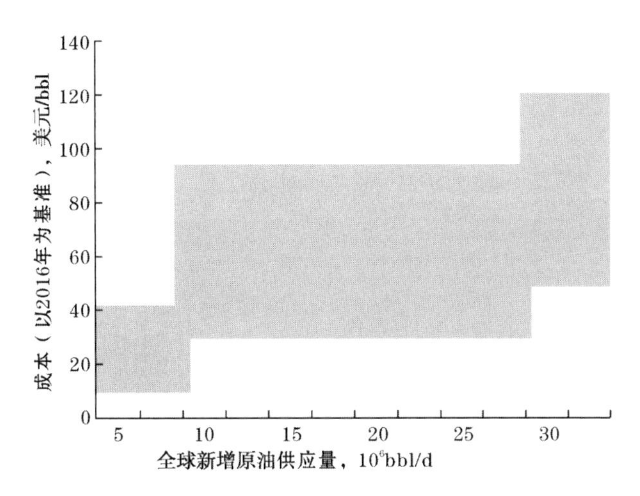

图6　2030年全球新增原油供应量的成本

来源：IHS

3　轻致密油供应情况

致密油的生产给石油市场带来了新的活力。轻致密油具有巨大的生产潜力，但需要持续地高投资。每口井都需要昂贵的多级分段压裂完井技术进行生产。虽然每口井都有很高的初始产率，但产量下降非常迅速，第1年下降率就会达到50%或者更高。随着价格的下跌，钻井平台的数量和投资已低于替代率。正如目前看到的一样，油井数量减少最终导致总产量下降，然而，油价升高将扭转这一局面。轻致密油的生产可产生一个典型的经济利好向上倾斜的供给曲线，生产量足以满足全球供应平衡。IHS 估计，原油价格跌破 45 美元/bbl（WTI）且持续至少 6 个月，轻致密油的产量才会下降。陆上石油钻机数量需要保持在大约 400 座的现有水平。美国现在正坚定地走这一路线。随着上游开发项目的减少，石油产量也随之下降。如图 7 所示，预计美国 48 州原油产量将从其 2015 年的基础上下降 10×10^4bbl/d，下降到一个新的低谷再开始缓慢复苏。轻致密油的主要产区有巴肯、伊格福特和帕米亚地区。

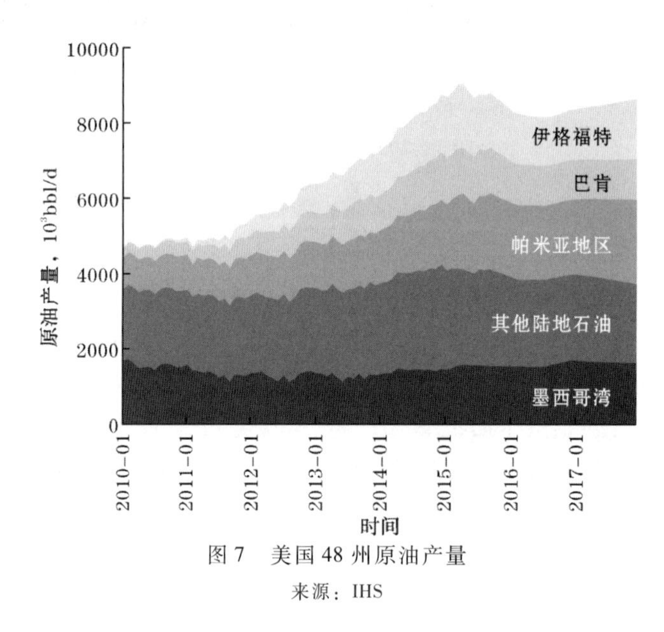

图 7　美国 48 州原油产量

来源：IHS

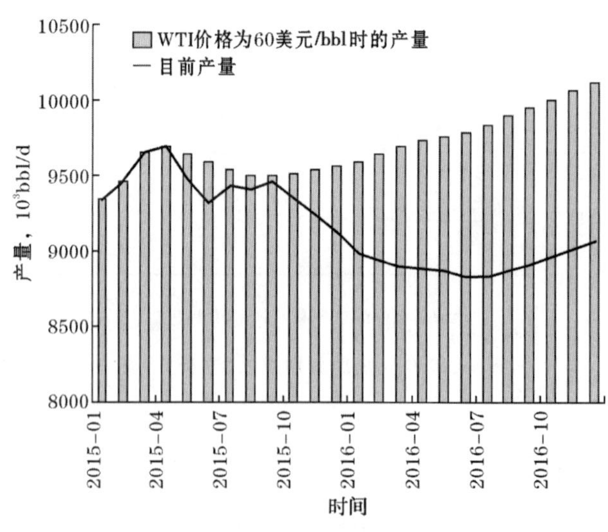

图 8　美国原油产量

来源：IHS

正如前面所讨论的，轻致密油的生产比常规石油的生产对价格更为敏感。如图8所示，IHS的行业建模反映了原油价格在2015年初保持在60美元/bbl左右，4月份之后从峰值迅速下降后减弱，2015年中期开始有所恢复。到2016年底，美国的石油产量比预期高出10×10^4bbl/d。

4 油砂的供应情况

与轻致密油一样，加拿大油砂的生产也对低油价十分敏感，但生产的推动力不同。油砂项目也需要很高的投资和运营成本，但生产周期内产量稳定，不会下降。因此，油砂对低价格的反应通常是新项目和未来的增长放缓，而不是现有的生产量减少。如图9所示，在未来几年，即使新的项目被推迟，目前在建项目的势头仍将使油砂生产量保持持续增长。

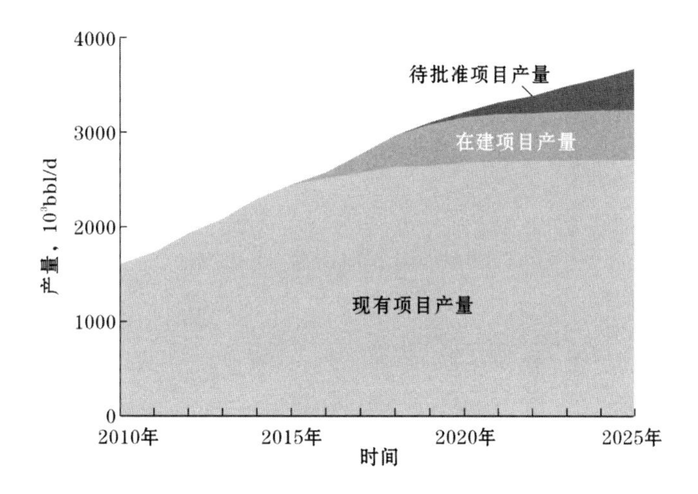

图9 加拿大油砂沥青产量

来源：IHS

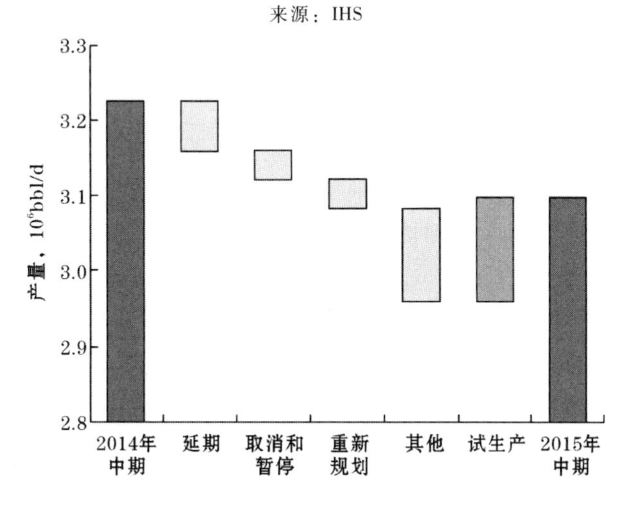

图10 2020年油砂产量的预测

来源：IHS Energy

这些因素导致油砂产量在目前的低价格环境中保持令人惊讶的弹性。根据 IHS 预测，到 2020 年，由于油砂项目的推迟、取消和重新缩放规模以及其他因素，油砂生产量仅会下降约 10×10^4bbl/d（图 10）。

虽然油砂的生产前景一直稳定，但新的管道项目却使油砂生产进入市场的情况发生了很大的变化。如图 11 所示，由于美国基石 XL 输油管道项目的跨境许可申请被拒绝，2020 年之前，输油管道的外输量和油砂生产量之间的紧张关系还将一直持续。加拿大环境监管法规的变化可能会导致更多油砂项目的延迟和取消。因此，油砂通过轨道运输进入美国原油市场将继续作为一个重要的供应途径，这也为生产和炼厂提供了更加灵活的选择性，虽然轨道运输成本比管道运输高。

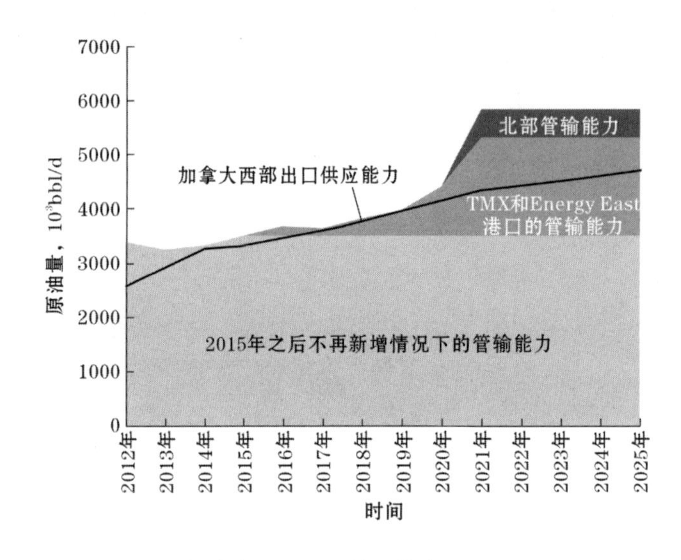

图 11　加拿大西部通过输油管线出口的原油量

来源：IHS

5　轻致密油和油砂之间将如何平衡

轻致密油和油砂原油的供应已在炼厂运行和原油采购中发生了戏剧性的变化。除了不断增长的需求和良好的能源成本外，内陆原油价格的上涨和供应过剩都为美国提供了扩大炼油业务的动力。2010—2015 年，美国和加拿大的原油总产量同比增长 125×10^4bbl/d，同比增长约 1.5%，其中 PADD 3 地区占增长的 80% 以上，PADD 2 地区占增长的 20%。基于有利的原油和物流成本优势，PADD 3 地区将继续成为美国原油增长的主要驱动力（图 12）。

低油价环境在对轻致密油和油砂当前和未来的生产产生一定影响的同时，美国国内原油生产和炼油业务之间增长模式的广泛差异也将对其产生持续的影响。如图 13 所示，2010—2015 年，随着低硫原油的进口替代和原油生产量的增加，PADD 3 地区轻致密油的增长量是低硫原油的 4 倍；重油产量增加了 100×10^4bbl/d 以上，弥补了进口损失量，生产量保持稳定。预计 2025 年，原油的生产运行情况将与 2015 年大致相同，生产量将增加 250×10^4bbl/d。北美原油市场将需要不断地调整和适应。

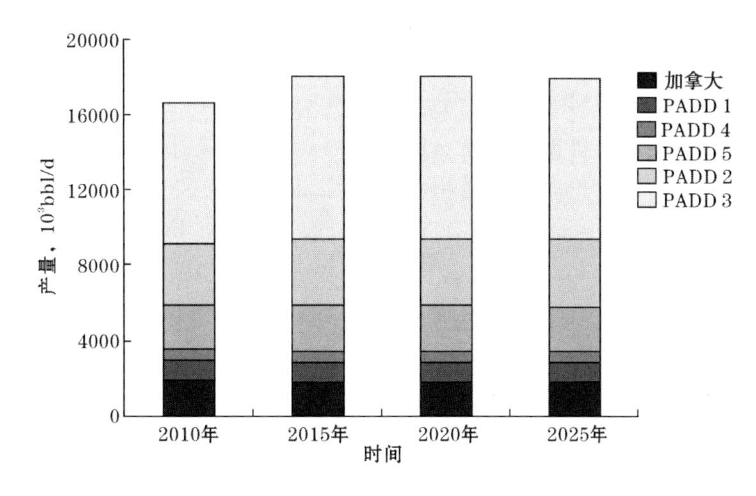

图 12　北美原油产量

来源：IHS

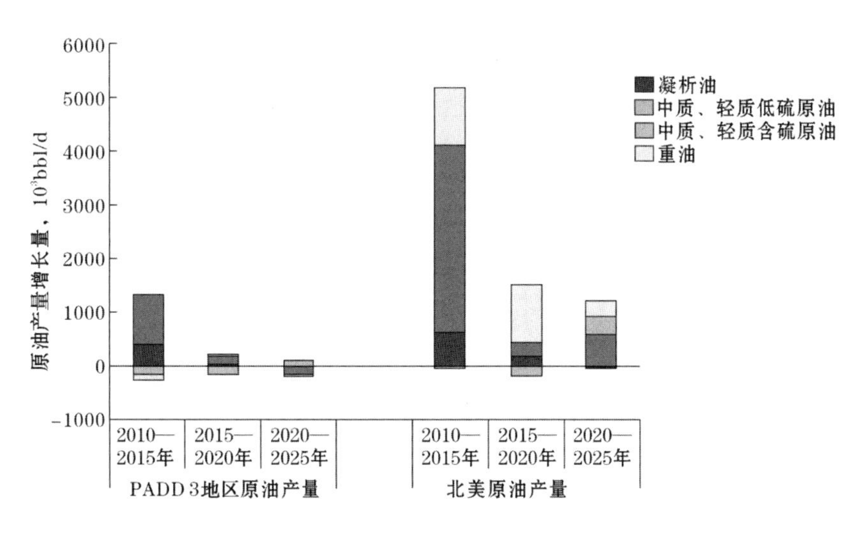

图 13　北美地区和 PADD 3 地区原油产量增长情况

来源：IHS

在炼化产品市场强劲动力的驱动下，炼油商通过出口精炼石油产品保证炼油业务的运行。从 2008 年开始，出口量已经翻一番，其中馏分油约占增长量的 2/3（图 14）。虽然目前国际馏分油市场表现疲软，但预计增长将会复苏。美国原油出口依靠平价基础和得天独厚的能源成本，美国炼厂似乎已经做好了增强自己成为全球产品供应商这一角色的准备。

美国能源政策的重大变化发生在 2015 年底，即美国取消了对原油出口的限制。这一变化虽然在意料之中，但最终协议达成的迅速性仍然有些令人惊讶。自 2014 年中期凝析油被允许出口以来，到 2015 年中期，该产品出口量已经达到 5×10^4bbl/d。2016 年初，凝析油产量又新增 16×10^4bbl/d，这大大缓解了出口压力（图 15）。由于政策发生了变化，一些货物已经出口，但目前原油市场的剧烈波动使得发展趋势难以预测。不过，市场正在进行调整，美国原油出口有望成为市场的常规功能，美国炼油商可以重新平衡重质原油的生产。轻致密油的生产还面临一个关键挑战，那就是炼油商需要平衡石脑油的供应和加工之间的关系。由页岩原油和凝析油增加的石蜡级轻石脑油可以作为油砂共混物中的天然汽油稀释剂。由于重整进料量比例较高以及加入了低辛烷值石脑油，因此石蜡级轻石脑油的加入量和质量决定着辛烷值的平衡。轻石脑油含量高的管道稀释沥青原油（dilbit 原油）加剧了这一问题，但随着轨道稀释沥青原油（railbit 原油）比例的不断增加这个问题将有所缓解，因其稀释剂含量仅为 dilbit 原油的 50%。

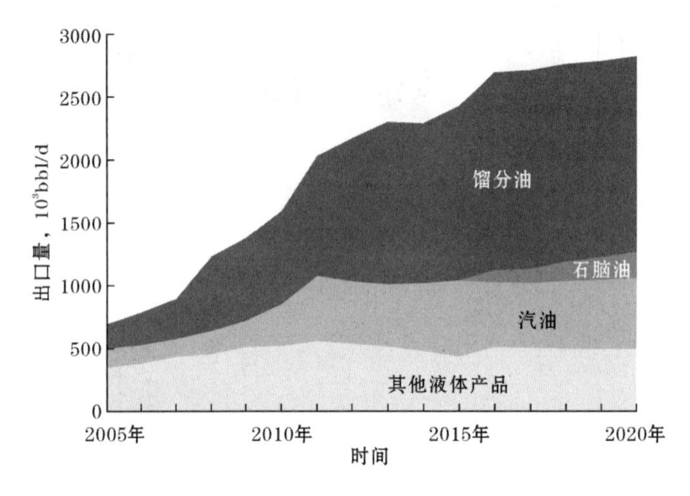

图 14　美国炼化产品出口情况

来源：IHS

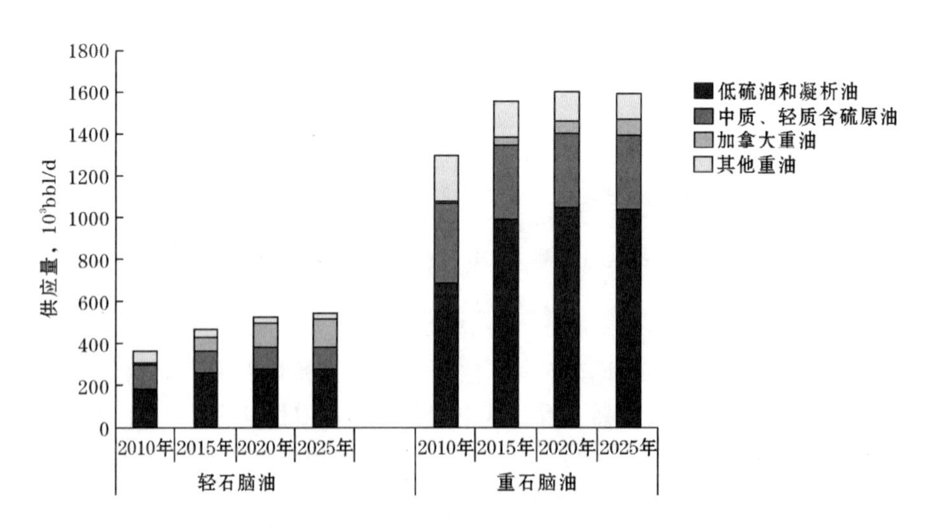

图 15　PADD 3 地区石脑油供应情况

来源：IHS

炼油商通过一些途径处理额外的石油。通过增加轻烃处理装置和凝析油投资增加轻致密油产量。加大辛烷值的投资（异构化和烷基化）以满足当前和未来的辛烷值需求，也为符合 3 级汽油对辛烷值的进一步要求做好准备。轻致密油和凝析油出口起到了一个安全的"调节阀"的作用，石脑油的出口作为沥青稀释剂以及烯烃原料之用。汽油出口也提供了一个关键的出口。轻致密油产量的增长将改变轻油终端产品，但最重要的是影响重质原油产品油砂生产。根据前面对油砂的分析，到2025 年将额外产生超过 60×10^4bbl/d 的油砂残渣(图 16)。即使 PADD 3 地区焦化装置进料增加到 90%，然后每年增加 1% 左右，低于 50% 的额外残渣可以被消化。海洋原油中的中重质原油和重质原油供应可以被替代，潜在的焦化产能增加，将有更多的油砂可以被加工。

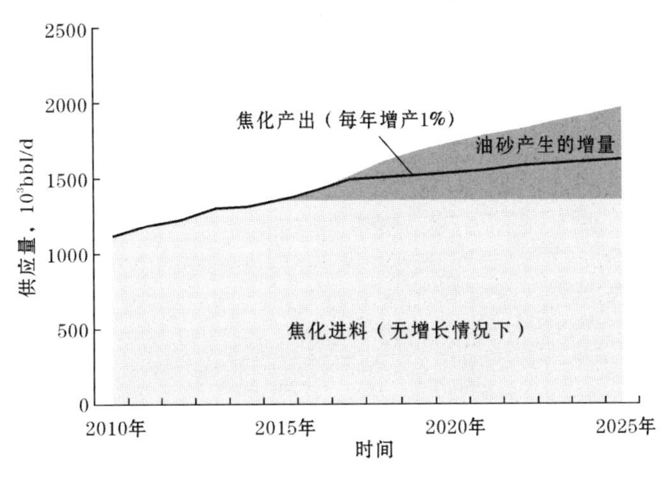

图 16 PADD 3 地区焦化和油砂供应增长情况

来源：IHS

6 结 论

炼油工业将继续适应新的全球日益增多的轻质原油和重的北美原油生产。页岩革命不仅改变了上游行业，它也已经极大地改变了炼油业务。虽然对原油出口的限制被取消，美国国内原油将保持价格优势，支持国内炼油业务的发展。与此同时，越来越多的油砂供应商将提供激励机制，以更充分地利用并扩大焦化能力。轻油和重油都会为北美洲炼油商创造机会。

催化裂化

75 年来流化催化裂化立管操作经验公式的发展

Phillip K. Niccum（KP Enginerring, USA）
赵红娟　张　莉　译校

摘　要　流化催化裂化（FCC）装置，操作面临的一个重要挑战就是如何保持装置内催化剂良好的循环状态，与 FCC 操作面临的其他挑战相比，对此仍然不是很清楚，因此如何改善不稳定的催化剂立管操作依然是这些挑战之首。本文通过基本公式和实际经验，揭示了很多有关流化颗粒经过立管时的奥秘。这些涵盖了立管基本问题，包括如何识别立管运行问题以及了解实际流化密度和表观流化密度的差别；了解松动风的走向、立管入口设计的重要性、理论松动风量的要求；了解不同松动风介质的相对影响及各种实用方法且回顾了能验证上述问题的工业应用案例。

1　概　述

流化催化裂化（FCC）装置的性能和可靠性是炼厂经济效益的主要驱动力之一。1942 年，引导商业化进程的世界第 1 套 FCC 装置出现，这一发明中最关键的突破就是颗粒化的催化剂在一条管线中向下流动时可以产生静压头[1]。这一发明现在称为立管，如图 1 所示，它的出现可去除螺旋进料器，螺旋进料器的设计目的为移除带压反应器和再生器之间的催化剂。

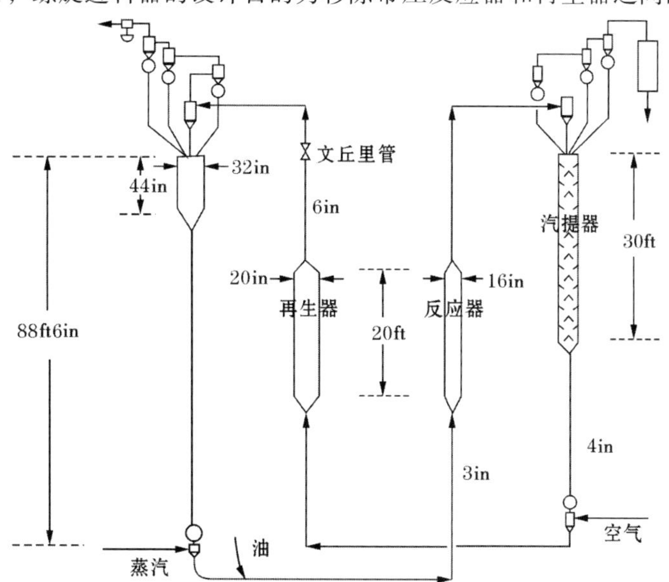

图 1　立管设计的早期记录

安装在 PECLa 上的新“立管系统”草图（1940 年 6 月 21 日），

催化剂循环由 32in 的料头经催化剂冷却器流向再生器底部

随后，机械设备复杂程度的降低使 FCC 装置的可靠性得以改善，但这一优势也是有代价的，立管的引入使后来的工作者耗尽数周或数月的时间解决这一令人苦恼的工作，解决立管中产生的压力。世界第 1 套工业化 FCC 装置流程如图 2 所示[2]。

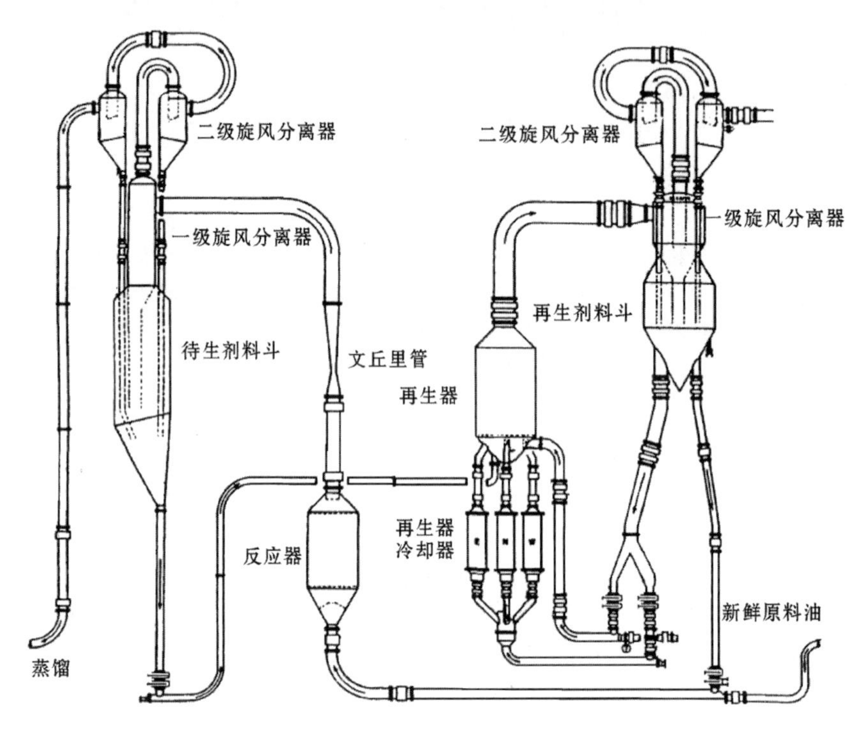

图 2　世界第 1 套工业化 FCC 装置流程

2　问题的产生

在理想状况下：(1) 立管中充满了松动催化剂；(2) 如果有立管布置和直径的变化，不会产生气体的布袋捕集现象或加速流化床失流；(3) 如果需要流化催化剂和当固体、气体向下流动时进行气体压缩的补偿，松动风系统可提供气体；(4) 催化剂的性质可维持催化剂流经这一系统时不会丧失其流化条件。图 3 来源于 Mott 探讨这一论题时撰写的文章[3]，它描述了立管中理想的压力分布，由顶部到底部压力稳定增加。

如果立管能使催化剂循环达到理想的速率，同时维持稳定的且大于 0.24psi/ft 的压力，且在操作过程中可以使用物理性能变化较大的不同催化剂，此时的立管可称为表现良好的立管。相反，“差立管”的特点则表现在压力增幅低或者不稳定以及对 FCC 装置操作条件或者催化剂物理性能的变化过度敏感。

以作者的经验来看，大多 FCC 立管性能的问题可以归类为以下 4 种，且经常息息相关：

(1) 立管进口设计。

(2) 立管几何学问题。

(3) 立管松动风。

(4) 催化剂相关问题。

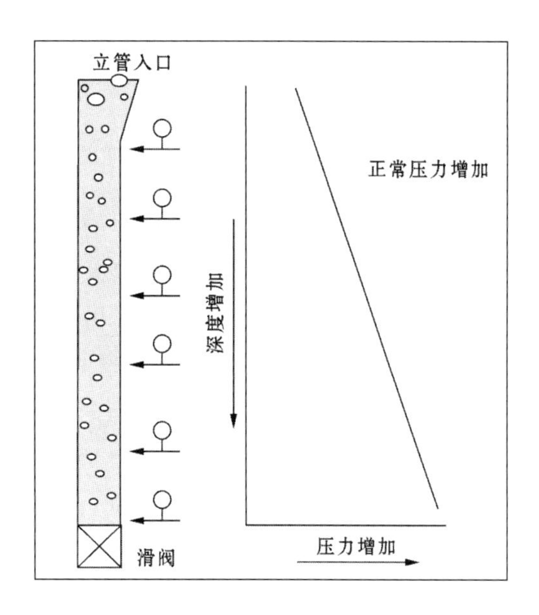

图 3 简化立管

3 认识到与立管性能相关的问题

并非所有与 FCC 装置催化剂循环相关的限制因素都与立管性能不良有关，除了立管性能外，下面提供了更为常见的妨碍催化剂循环的相关因素：

（1）提升管压降过高。

（2）反应器—再生器压力差受限。

（3）由于反应器热负荷的增加或者再生器—反应器温差的降低造成要求的催化剂循环速率的增加。

当立管中形成的压力低或者不稳定时，催化剂循环能力受到影响，而这些细节是本文的主要论题。

4 实际和表观密度

为了讨论立管操作特点，有时区分催化剂和气体乳化相流体的实际密度和所谓的表观密度是非常有用的。实际密度是乳化相流体的真实密度，可以通过一些手段进行测量，比如通过立管进行 γ 射线扫描；而表观密度仅仅为立管中两点之间由于高度差造成的压力变化，比如 $\Delta p/\Delta L$。通常，在一些非正式场合中经常将 $\Delta p/\Delta L$ 简单地称为“立管密度”，但是在一些情况下，不能将立管中的实际密度和表观密度混淆。

实际密度和表观密度有何差别呢？差别在于流动催化剂和立管管壁之间的摩擦力。图 4 是1976 年Matsen 发表的一个图[4]，列举了一个直径为 8in 立管中催化剂以通量 160 ~ 250lb/(ft^2 · s) 流动时的数据，表明了计算得到的摩擦损失和通过 γ 射线扫描得到的流动乳化相真实密度的关系。通过数据进行了曲线拟合，最大的 $\Delta p/\Delta L$ 出现在真实（辐射）密度 40 ~

45lb/ft³处，摩擦损失为5～10lb/ft³，例如表观密度约为35lb/ft³。值得注意的是，随着真实密度增加到一个较高的水平，摩擦力的增加足够大时，表观密度会变得很低。意识到这点可以揭示立管操作的一些神秘之处。

5 立管入口设计的重要性

在催化剂进入立管之前，其良好的流化状态是至关重要的。若立管入口处的催化剂流态化不足，这种流化状态的催化剂进入立管中，若想再恢复充分流化的状态是难以实现的。

这些年来，对立管入口的结构设计进行了很多的尝试，由流化床底部的锥体上简单的孔到立管入口内部漏斗、外置流化侧线漏斗。这些设计中均有很多得到了成功应用，但是同时，大多数实例并非是完全成功的。

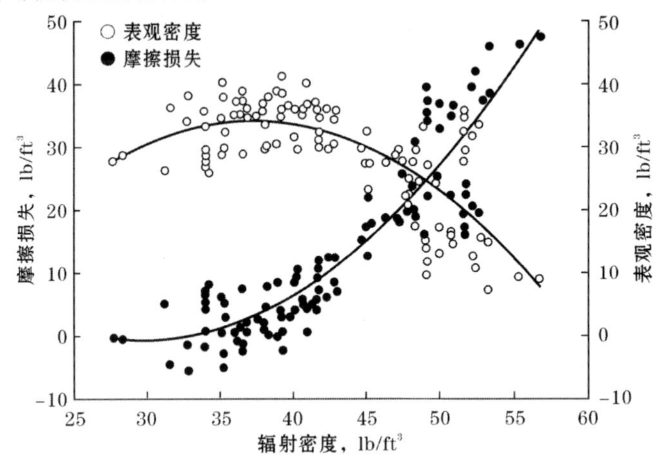

图4 由γ射线确定的固体摩擦损失

立管直径为8in，循环速率为160～250lb/（ft²·s）

6 气体流向何处

立管中的气体往往向上流动，而催化剂则向下流动，但是气体的净流动既可以向上也可以向下，这取决于气泡上升速率和向下流动的催化剂速率。在大多数现代化炼厂，设计的垂直型立管具有足够高的催化剂流速可使气体的净流量以及气泡呈向下流动的状态。如果立管中催化剂速率太低时，则气泡的流向甚至立管中所用气体的流向都会向上，甚至会从立管入口中逸出。

斜式立管是比较特殊的情况，大量的气体以气泡的形式沿着立管顶部与催化剂流向呈逆流状态运动；同时，当催化剂在立管中滑移到低于向上流动的气泡相时，为了维持催化剂的流化状态，必须在斜式立管顶部增加松动气。一旦怀疑有问题，气泡沿着立管顶部的逆流状态能很容易被检测到。实现这一现象可视化的有效方法就是在透明塑料管中的大部分空间内装填FCC催化剂，用软木塞堵住底部，翻转几次使其流化；然后倾斜管子，敲打管子就可以看到气泡出现并朝斜管的顶端向上流动。显然，冷流动模式生动地演示了这一现象，作者在这一情况下并没有看到计算流体动力学模型，但是希望它能模拟气泡沿着管子顶端的运动轨迹。

通过对立管中气泡运动的简单描述，使得消除故障的机会变得明显：

(1) 如果立管操作中催化剂流速位于中等范围，气体流速达到0，此时气体将会在立管中聚集，催化剂压头降低。

(2) 如果一个倾斜式长立管在顶部位置的垂直方向含有1个弯头，在管线的垂直方向立管中向上运动的气泡或许会在顶部的弯头处被向上运动的催化剂流体所截留。

7 气体和催化剂在立管中流动的模拟

图5描述了一种立管模型，称为无滑移模型，其中非连续气泡混合物与催化剂/气体乳化相在立管中具有相同的速率；乳化相是指对应催化剂最小流化速率、密度为ρ_0的相。该模型忽略了催化剂和立管之间的摩擦，此时所谓的密度和表观密度是一致的。图中左侧代表的是混合相，为了使数学模型达到可视化的目的，图中右侧部分将立管中的气泡相和乳化相分割为独立区，两相以相同的速率运动。

基于该模型，假设气泡相（气相）密度为0，表1分别列出了各部分的相密度、孔隙度、截面分数和相速度。

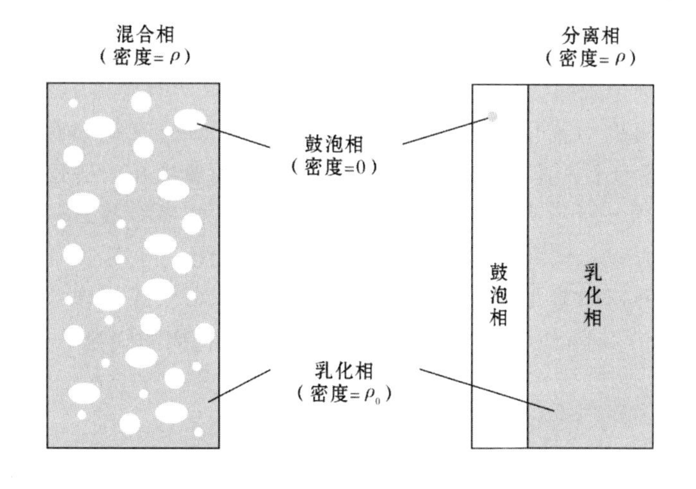

图5 立管中气体/固体液体模型

表1 无气体—固体滑移时的相性质

项目	混合相	气泡相	乳化相
相密度	ρ	0	ρ_0
相孔隙度	$1-\rho/\rho_s$	1	$1-\rho_0/\rho_s$
相分数	1	$1-\rho/\rho_0$	ρ/ρ_0
相速度	w/ρ	w/ρ	w/ρ

注：ρ_s和w分别表示催化剂的骨架密度和流经立管的质量流量。

气体和催化剂之间无滑移的模型建立后，气泡上升速率（U_b）和最小流化速率（U_0）列于表2中（相对固相的气泡相速率可在气泡相上升速率中得以体现）。现在对通过立管的所有气体的表观气体速率（Total SVV）公式的推导进行了描述，推导这一公式的关键在于要认识到在无滑移时为了维持总体的密度相同，相面积分数必须在气泡上升速率和最小流化速率引入后和无滑移时是一样的。

表2　气体—固体滑移时相参数

项目	气泡相	乳化相
相分数	$1-\rho/\rho_0$	ρ/ρ_0
相速率	$w/\rho+U_b$	w/ρ
气体对表观气体速率的贡献	$(w/\rho+U_b)(1-\rho/\rho_0)$	$w(1/\rho_0-1/\rho_s)+U_0\rho/\rho_0$
所有气体的表观气体速率	$w(1/\rho_0-1/\rho_s)+U_b(1-\rho/\rho_0)+U_0\rho/\rho_0$	
密度	$\{-(U_t-U_b+w/\rho_s)\rho_0/(U_b-U_0)\pm\sqrt{[(U_t-U_b+w/\rho_s)\rho_0/(U_b-U_0)]^2+4w\rho_0/(U_b-U_0)}\}/2$	

气泡相的速率设定为与乳化相速率和气泡上升速率之和相等，气泡相气体的表观气体速率（穿过立管整体横截面）恰好是气泡相速率和气泡相分数的乘积。相似地，乳化相夹带气体的表观气体速率（穿过立管整体横截面）可以估算为乳化相气体的速率（忽略滑移）加最小流化速率，然后分别都要再乘以乳化相分数。最后，穿过立管的所有气体的表观气体速率通过气泡相和乳化相气体的表观气体速率之和来表示。所有气体的表观气体速率的方程式可以重新排列为一个二次多项式，以密度为其他变量的函数。

表2中方程式的例子表明，气泡上升速率的选择对估算所有气体的表观气体速率和立管密度是非常重要的，而最小流化速率对其影响则很小。Matsen在他的有关立管模拟的文章中指出，1.05ft/s的气泡上升速率可以由独立的催化剂床层密度在床层表观气体流速为0.5～3.5ft/s时来确定[5]。图6所示为估算的流化床密度为函数的所有表观气体流速，假定气泡上升流速建立于上述方程式且乳化相是平稳的。对FCC催化剂实际流化曲线和预测曲线的对比表明，当气泡上升速率为3ft/s或4ft/s时，曲线与FCC立管操作范围内的所有数据更加一致，比如从35lb/ft³到45lb/ft³，因此，在下述例子中选择的气泡上升速率为3.5ft/s。

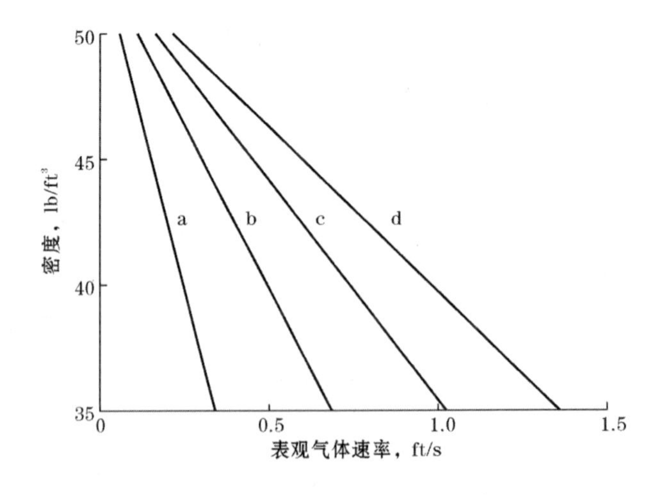

图6　模型在静态流化床的应用

a—气泡上升速率为1.0ft/s；b—气泡上升速率为2.0ft/s；c—气泡上升速率为3.0ft/s；d—气泡上升速率为4.0ft/s

图 7 和图 8 所示为假设气泡上升速率为 3. 5ft/s 时，乳化相和气泡相速率与立管密度和质量流量的关系。当催化剂处于循环状态时，乳化相速率往往呈下降的趋势，但是气泡相的速率既可上升也可下降，这取决于假设的密度值和质量流量。

图 9 和图 10 所示为乳化相和气泡相中的气体对于所有气体的表观气体速率的贡献。当催化剂循环时，乳化相中的气体对所有气体的表观气体速率的影响往往呈下降的趋势，但是气泡相气体对所有气体的表观气体速率的影响既可增大也可减小，这也取决于假设的密度值和质量流量。在较高的密度下，气泡相气体对所有气体的表观气体速率的影响较小，因为此时气泡相的相分数相对较低。

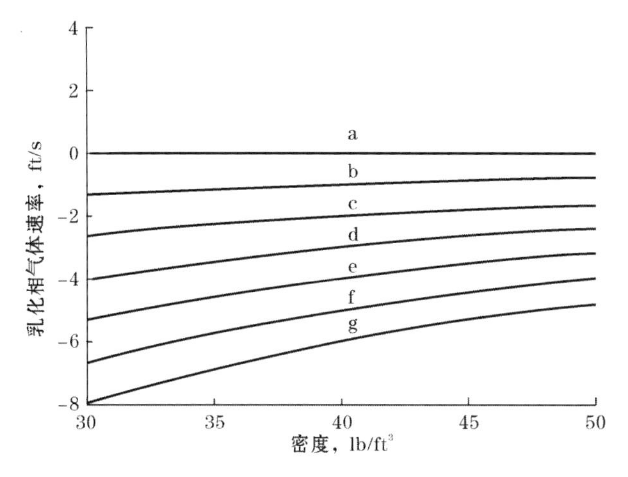

图 7 乳化相气体速率（气泡上升速率为 3. 5ft/s）

a—质量流量为 0；b—质量流量为 40lb/（ft^2 · s）；c—质量流量为 80lb/（ft^2 · s）；d—质量流量为 120lb/（ft^2 · s）；e—质量流量为 160lb/（ft^2 · s）；f—质量流量为 200lb/（ft^2 · s）；g—质量流量为 240lb/（ft^2 · s）

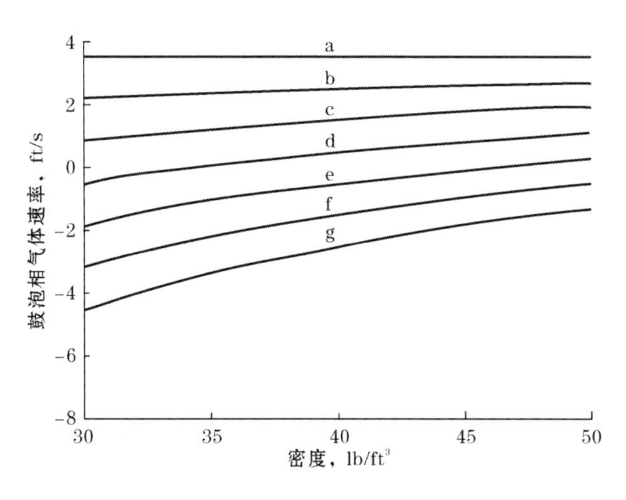

图 8 气泡相气体速率（气体上升速率为 3. 5ft/s）

a—质量流量为 0；b—质量流量为 40lb/（ft^2 · s）；c—质量流量为 80lb/（ft^2 · s）；d—质量流量为 120lb/（ft^2 · s）；e—质量流量为 160lb/（ft^2 · s）；f—质量流量为 200lb/（ft^2 · s）；g—质量流量为 240lb/（ft^2 · s）

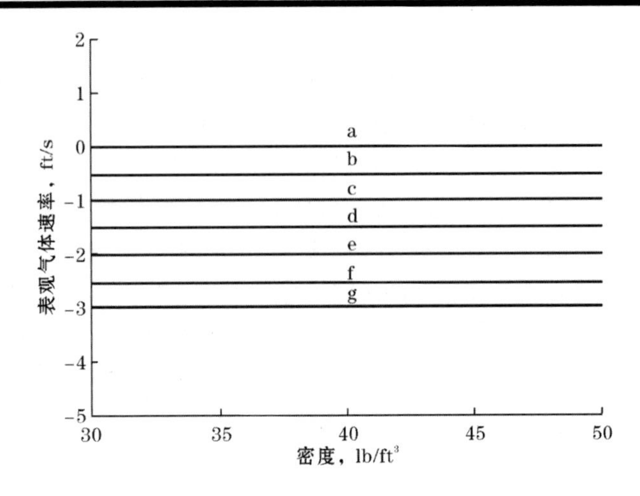

图 9　乳化相对所有气体表观气体速率的贡献（气体上升速率为 3.5ft/s）

a—质量流量为 0；b—质量流量为 40lb/（ft^2·s）；c—质量流量为 80lb/（ft^2·s）；d—质量流量为 120lb/（ft^2·s）；e—质量流量为 160lb/（ft^2·s）；f—质量流量为 200lb/（ft^2·s）；g—质量流量为 240lb/（ft^2·s）

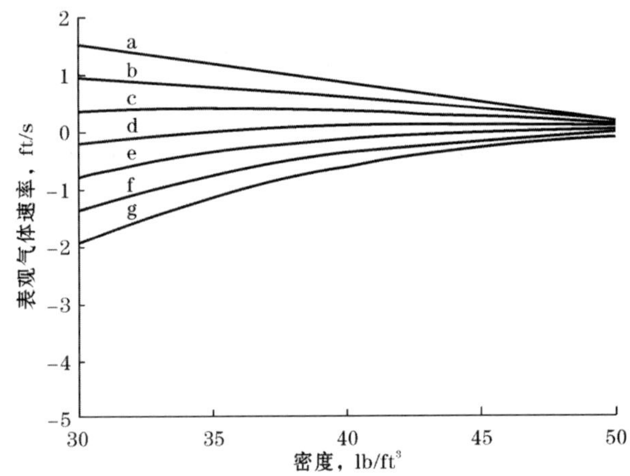

图 10　气泡相对所有气体表观气体速率的贡献（气体上升速率为 3.5ft/s）

a—质量流量为 0；b—质量流量为 40lb/（ft^2·s）；c—质量流量为 80lb/（ft^2·s）；d—质量流量为 120lb/（ft^2·s）；e—质量流量为 160lb/（ft^2·s）；f—质量流量为 200lb/（ft^2·s）；g—质量流量为 240lb/（ft^2·s）

图 11 所示为估算的所有气体的表观气体速率，该图为图 9 和图 10 的加和。当模型中包含气泡上升速率时，低流量下立管操作的挑战变得凸显。随着立管中气体绝对速率接近 0，气体将会在立管中有聚集的趋势，极少量的松动气都难以容许。这个图也解释了为什么常的明智选择就是要在较低流量下避免操作垂直型 FCC 立管。

8　理论松动风量的要求

当催化剂/气体乳化相在立管中向下运动时，由于压缩效应造成气体体积损失，必须进行相应的补偿，有关估测该补偿气体的理论松动气速率的公式已经发表了[5]。这些公式建立在通过立管的所有气体的表观气体速率预测之上，从作者的所有气体的表观气体速率公式推演得到了立管的高度增加 1ft 时松动气速率的理论需求值，以 ft^3/min 为单位，其中“A”代表的是立管的横截面积：

$$\Delta R/\Delta L = 60A \times 520\rho\left[U_b\left(1-\rho/\rho_0\right)+w\left(1/\rho-1/\rho_s\right)+U_0\rho/\rho_0\right]/\left[2116\times\left(T+460\right)\right]$$

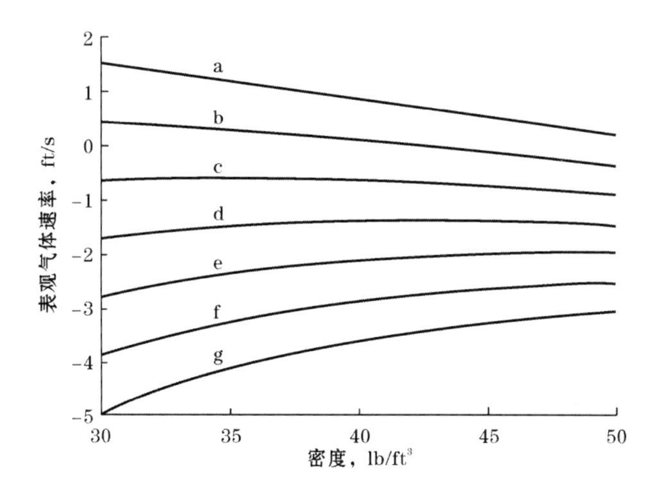

图 11　通过立管的所有气体的表观气体速率（气体上升速率为 3.5ft/s）

a—质量流量为 0；b—质量流量为 40lb/（$ft^2\cdot s$）；c—质量流量为 80lb/（$ft^2\cdot s$）；d—质量流量为 120lb/（$ft^2\cdot s$）；e—质量流量为 160lb/（$ft^2\cdot s$）；f—质量流量为 200lb/（$ft^2\cdot s$）；g—质量流量为 240lb/（$ft^2\cdot s$）

实际过程中，很有用的一点是必须牢记理论松动气速率的公式是建立在假定进入立管的催化剂流化态良好且设定密度值的基础上的。如果催化剂进入立管中时，气体量要比预先假设的过多或过少，最佳松动气速率就会与理论值偏移很大。尽管如此，该公式仍然为系统的经验性优化过程提供了良好的开端。

在松动气速率公式中包含的气泡上升速率和最小流化速率的估算值，都表明了在较低流量下操作立管时的风险。图 12 所示为假定的气泡上升速率是如何影响松动气量估算值的（以密度为 37lb/ft^3 为基准）。然而，低质量流量下预测得到的较低松动气速率起初看起来是理想的，但是曲线结果表明需要的松动气速率有着显著的差别，这主要取决于低质量流速下操作时假定的气泡上升速率，比如变化无常的立管操作。

同时图 12 演示了在较高流量下操作的相对稳定性，此时的理论松动气速率对假定气泡上升速率相对不敏感。

在低流速下，当所有气体的表观速率朝上时，松动气速率公式中的松动气需求速率是负数，这意味着如果想在立管中维持所有气体的表观气体速率（和密度）为一个恒定值，需要在立管中较高的位置连续性地脱气。

可以计算得到，质量或者体积基数的补充松动气与松动气点位置间的高度差呈比例关系，如果松动点位置间距相同，每个松动气点上的速率理论上也是相同的。这看起来貌似不合理，除非认识到立管中较低位置处操作压力较高，气体密实；但是同时，假设压力增加一定时，气体的体积变化率将更小，这两个因素的确将互相抵消。

上述公式也可用来估算要求的松动气需求量，假设催化剂和气体之间没有滑移现象，

U_b 和 U_0 可简单设为 0。

$$\Delta R/\Delta L = 60A \times 520\rho \ [w\ (1/\rho - \rho_s)] \ / \ [2116 \times \ (T + 460)]$$

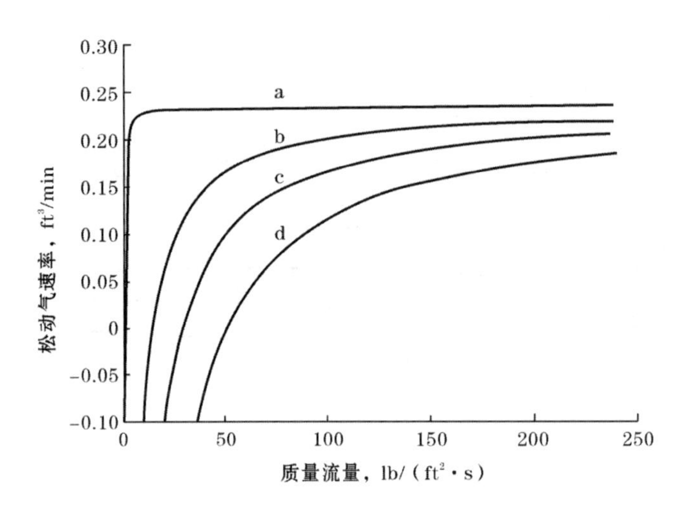

图 12　理论松动气速率

a—气体上升速率为 0；b—气体上升速率为 1.0ft/s；c—气体上升速率为 2.0；d—气体上升速率为 3.5ft/s

在现代炼厂设计过程中，催化剂质量流速较大时，简洁化（无滑移时）的公式对估算立管中松动气量是非常有用的。报道表明，以此计算出的松动气速率中有 70% ~80% 的结果很好[4]。图 12 中演示的这 70% ~80% 中的经验值与估算值是一致的。

立管中计算所有气体的表观气体速率的公式也可以用来估算低质量流速立管中气体流速和密度，其中随着气体移动到较高的位置，剩余气体将会膨胀，如图 13 所示。

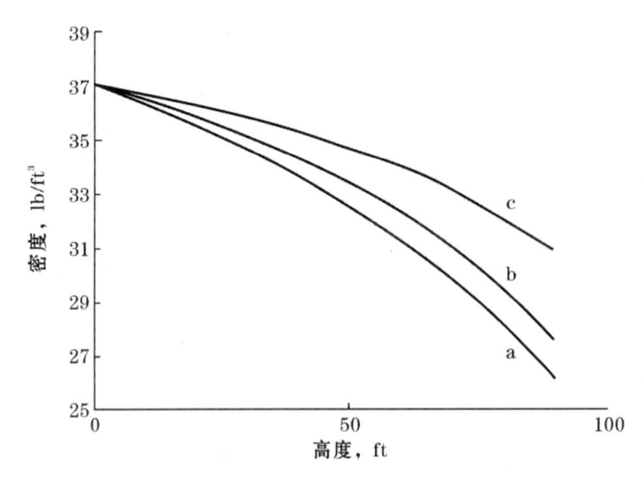

图 13　立管中向上流动的气体密度

a—质量流量为 20lb/（ft²·s）；b—质量流量为 30lb/（ft²·s）；c—质量流量为 40lb/（ft²·s）

从整体气体的表观气体速率的公式得到了一条相似的曲线来描述在较高质量流量时，没有添加松动气的操作中，气体接近于过度压缩时立管性能的变化。由图 14 可见，气体压缩的结果最终使密度增加到尽可能的最大值（在这一例子中假设最小流化密度为 52.7lb/ft^3），或者公式表明了在较低位置处、较低质量流速的情况下，对于气体体积压缩并没有解决的方法。这为有关在固体质量流速较低情况下的操作又一次敲响了警钟。

9 松动气介质是否有影响

介质是非常重要的，良好的松动气介质可以使脱气时间延长，已存在一种气体维持颗粒物悬浮或者流化能力的关联式，这些式子一般含有气体黏度和气体密度这些参数的 1 个或者 2 个，还有描述催化剂的参数。为了讨论松动气介质，气体黏度和气体密度成为控制流化性能的因素。总之，如果一个气体黏度越大，气体密度增加，就更有利于气体将悬浮于其中的颗粒物保持流化状态。

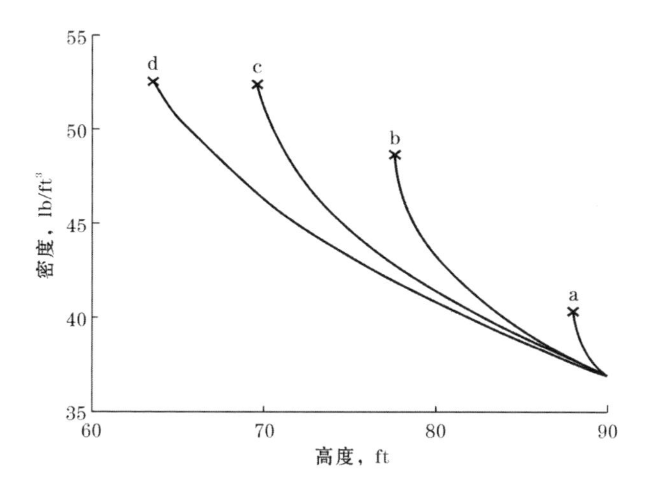

图 14　立管中向下流动的气体密度

a—质量流量为 110lb/（ft^2 · s）；b—质量流量为 160lb/（ft^2 · s）；
c—质量流量为 200lb/（ft^2 · s）；d—质量流量为 240lb/（ft^2 · s）

从直觉上看，估算的 FCC 催化剂自由沉降速率可能与流化介质有关。对于一个具有平均尺寸的 FCC 催化颗粒而言，在典型的 FCC 操作条件下，自由沉降速率位于斯托克斯定律范围（雷诺数小于 0.3），这种 FCC 操作情况下，黏度控制和气体密度的影响可以忽略。

既然在 FCC 操作条件下，黏度与压力并没有关联，基于斯托克斯定律计算得到的自由沉降速率就仅仅与温度有关。图 15 比较了单一的 70μm 大小的典型 FCC 催化剂颗粒在不同流化介质中的自由沉降速率。从图 15 中可以推测空气是最佳的流化介质，其次是水蒸气，这两者都要比所列出的烃类好，最差的则是氢气。

流化质量好坏的另一个指标就是由 Abramsen 和 Geldart 发表的最大稳定膨胀率，它表明了气泡中的气体在逃逸时床层是如何膨胀的[6]。

随着最大稳定膨胀率的增加，催化剂流量对松动气系统或者系统构件内变化的依赖度也增加。本文最后列出了估算最大稳定膨胀率的公式，其中包括气体密度和黏度。

图 16 中的数据是操作温度为 1150℉时压力对最大稳定膨胀率（MSER）的影响，空气

和水蒸气将是松动气介质的首选。

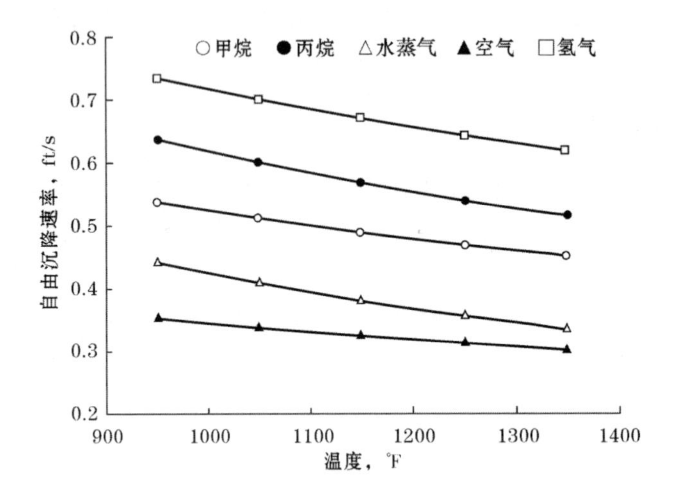

图 15　松动气介质对颗粒自由沉降速率的影响

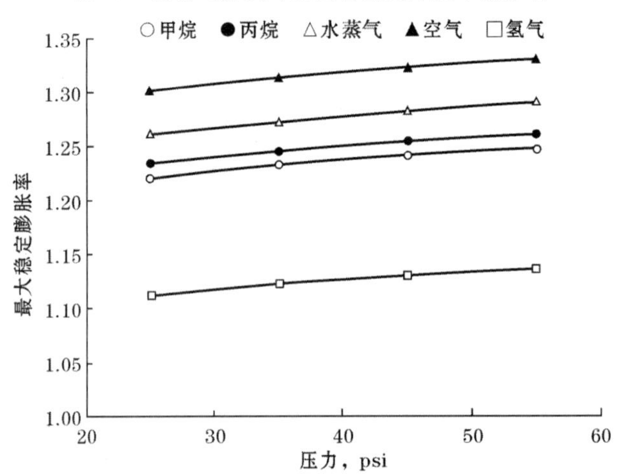

图 16　松动气介质对最大稳定膨胀率的影响

评定流化质量好坏的第 3 种直观的方法就是计算脱气速率，它可以估计出当松动气停止时，流化催化剂膨胀床如何迅速坍塌的[6]，本文最后列出了脱气速率的公式。通过这一估算，较低的脱气速率就意味着该松动气介质更好，如图 17 所示，空气和水蒸气看起来都要比其他的烃类或者氢气介质要好。

考虑以上讨论的 3 个方面，这些判断都是一致的，作为松动气介质，空气和水蒸气都要比所列出的烃类好，最差的则是氢气。在每种情况下，发现纯氢气（没有列出）对应的数值几乎与空气的数值一样。

10　催化剂性能

众所周知，FCC 催化剂粒度分布中细颗粒的浓度、颗粒密度以及粒径对于流经 FCC 装置的催化剂的流化状态有着至关重要的影响。基于最大稳定膨胀率公式，表 3 总结了在可代表性范围内 FCC 催化剂的参数与最大稳定膨胀率的相对数值。

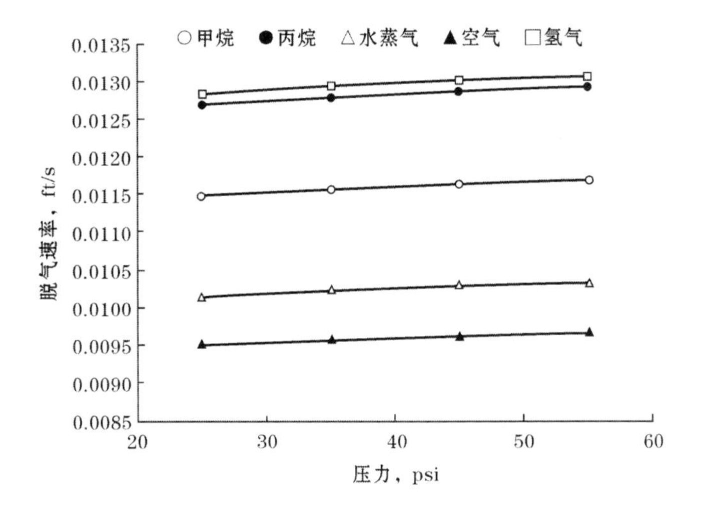

图 17 松动气介质对脱气速率的影响

表 3 催化剂性能对最大稳定膨胀率的影响

性 能		最大稳定膨胀率,%	
<45μm 的分数	0.20	相对基础百分数	103.2
	0.15		102.4
	0.10		101.6
	0.05		100.8
	0		100.0
颗粒直径，μm	65	相对基础百分数	104.8
	70		103.5
	75		102.2
	80		101.0
	85		100.0
颗粒密度，g/cm^3	0.80	相对基础百分数	102.9
	0.83		102.1
	0.86		101.4
	0.89		100.7
	0.92		100.0

如 Raterman 建议，可以用常规报道的平均堆积密度代替颗粒密度，加快对 FCC 催化剂流化状态的日常跟踪。出于同样原因，将 Raterman 的工作进行拓展，利用常见的小于 40μm

颗粒的含量，而不是45μm，也可以加快流化状态的监控。因此为了跟踪流化状态，也可用简化流化因子公式。

简化流化因子的值与FCC催化剂循环状态的好坏有关联，且数值变化较大，这是由FCC装置设计的具体细节和操作条件决定的。尽管如此，工业应用中的简化流化因子范围也许提供了一个有用的标杆。图18中选取了某催化剂供应商随机选择的15套FCC装置，通过平衡剂数据表计算得到的简化流化因子数值，这些数据可以作为基准。这15套FCC装置中的每套装置都包含了两个数据点，一个是测试结果中最大平均粒径对应的数据点，另外一个是最低平均粒径对应的数据点。可以看到简化流化因子为0.49时是合适范围的最低点，0.51是合适范围的最高点，在这一范围内，工业实践中的FCC催化剂更易流化。

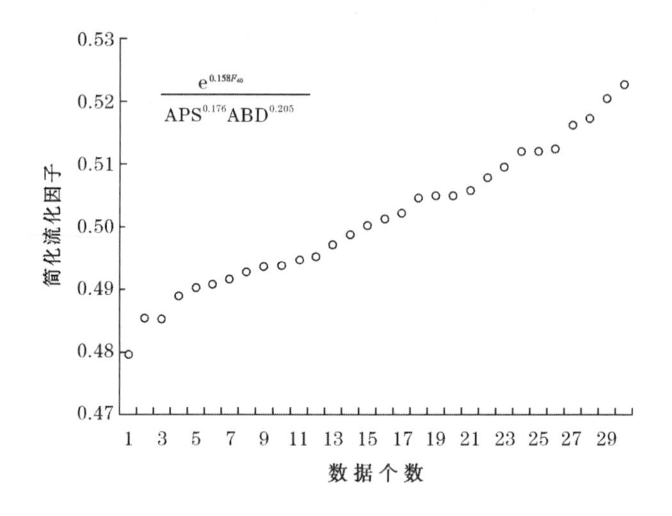

图18　工业FCC装置操作中得到的简化流化因子

11　可行的方法

有很多可行的方法可以分析出与催化剂循环相关的立管本质性问题：

（1）压力分布数据。

①简单的单点压力测试；

②DCS计算结果和趋势；

③高速多点数据记录。

（2）松动气和流化气体速率试验。

（3）计算流体力学和冷流体模型研究。

（4）γ射线扫描。

在寻求理解立管流体问题的本质时，收集立管压力分布数据往往是首要任务之一。准备立管的图是非常重要的，沿着垂直高度的方向画出松动点和仪器设备，然后沿着X轴画出压力数。虽然简单的单点压力测试对于收集数据解决难题是很有用的，但是这些数据对于解决在线压力和水平数据的故障，发现那些仪表读数是没用的或不相符的也是非常有价值的。

收集的数据包括松动气和流化流速、压力/压差数据、温度、料位高度以及与操作稳定性相关的参数。

避免对如何解决一个问题产生偏见且对 FCC 装置的反馈要密切关注。

一旦在线仪表测试确认后，在线仪表测试就成为解决问题的优势方法，因为它可以在几个不同的点同时记录数据，为系统的流体动力学提供更多的细节。为了进一步增加其复杂性，高速多点检测仪或者从分布控制仪器得到的密集分布数据都被证实是很有用的，能更精确地确定在立管的何位置开始出现压力异常，何位置压力异常现象增多。

一旦检测立管行为的系统到位，就可以进行流化和松动气试验来进行系统性能的优化，或者至少可以对问题的本质进行深入的了解。由于数据噪声和不稳定性，很有必要进行系统性的松动气试验，1 次调节 1 个参数，仔细观测记录，对结果彻底分析。经过数日的试验，观测者从反映的数据可以看出在什么条件下总能得到最好的结果。这一反馈可用来指导将来的实验方向。

通常而言，每次独立参数的变化率在 10% ~20% 之间变化，在评估影响和记录数据前至少需要预留 10min 的时间，完成 1 个周期的测试一般需要数天或数周的努力。

提示：当在立管中某部分测量到 $\Delta p/\Delta L$ 为低值时，这可能意味着这部分的实际密度太低或实际密度太高。

冷流体模型是几十年来解决 FCC 问题的一个标准方法，现在计算流体力学（CFD）也显示出了其在解决 FCC 问题过程中的用途。任何一种方法，衡量其价值的标准就是其实用性。与哪种方法更能提供实时和有用结论相比，哪种方法在理论上更有全面性的争论则显得一点都不重要了。

增加松动气量的变化幅度直至能观察到有一定影响。

12 连接点

从上述讨论中可以推测到要想在垂直立管中获得好的流动性能的重点在于，需要立管入口处有好的流化态以及需要在催化剂在立管中向下流动时向催化剂补充气体来弥补压缩过程造成的气体体积损失。总之，在立管操作中的流化物流可以通过调节，使通过每部分立管的表观密度稳定在 30 ~45lb/ft^3 之间。必须强调的是，若立管中某部分的表观密度低时或可归咎于：（1）过量的松动气介质使气体和催化剂混合物的真实密度降低；（2）松动气介质不充足导致催化剂真实（堆积）密度过高，累计压力损失过高。长的倾斜式立管属于特殊情况，在这种立管中尽管固体向下运动，但过多的气泡会向上移动。

13 实例 1

图 19 来自 Matsen 发表的文章，表明了在立管中狭窄部分架桥现象的形成，这是因为在狭窄部分的气泡受流动的催化剂拖拉向下运动，而立管更低、较宽处的气泡则与慢速流动的催化剂相以相反的方向向上运动[4]。

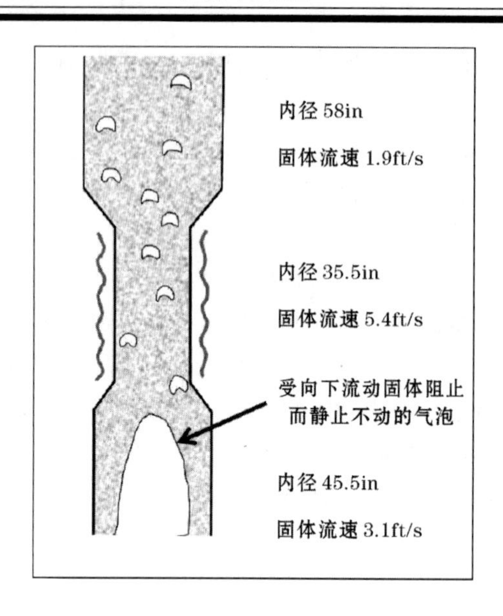

图 19　立管中低于受限因素时捕集的气泡

14　实例 2

Yaslik 发表的一篇文章中详细讨论了气泡总是如何向倾斜式立管顶部移动，而催化剂在向上流动的气泡相下部滑下的[8]。在他的工作中提供的数据表明，在一些情况下向上流动的气泡相可以在一定程度上聚集，使向下流动的催化剂遭受严重的限制。以作者的经验来看，当一个长的倾斜式立管中包含部分垂直段时，就会看到另外一个对催化剂流动更具破坏性的限制因素。如图 20 所示，在倾斜段的气泡通往垂直段时，从垂直段向下流动的催化剂会阻止气泡向立管顶部运动。在这仅几分钟的操作中，气泡会在垂直段下部聚集，直到立管中足够的空间被增加的气泡所占据，滑阀压差丧失，催化剂循环停止，所有的气泡从立管顶部排出，此后阀压差恢复，催化剂循环重新开始，然后整个过程重复运行。

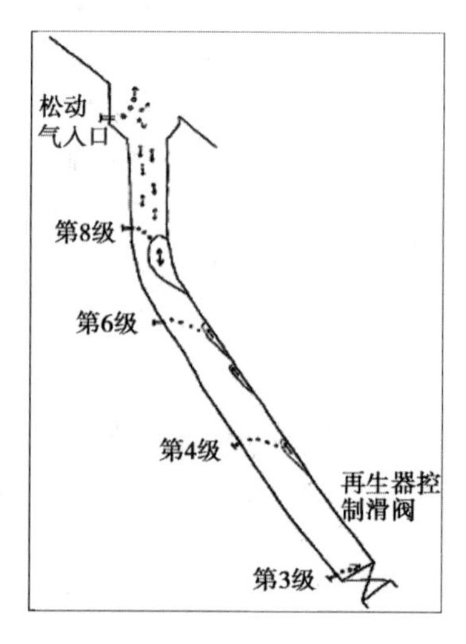

图 20　立管弯曲部分中气泡的捕集

15 实例3

在另一个长垂直型立管的例子中，经过立管形成的压力是不太稳定的。以立管不同部分上的在线压差检测仪和进料口的料斗为指导，通过优化松动气流速和一些其他操作参数，可以对这一问题进行改善。

后来，在压差发射器上连接了一个高速多点记录仪，它能以纸张30mm/min的速率记录压差，能更好地表明压力紊乱出现在何位置以及沿着立管向下的方向是如何逐步扩大的。通过这种严密的监控，图21中的数据表明，只要料斗中的表观密度（图中最靠上的曲线）达到一个较大值，在几秒钟内不稳定现象随即开始，立管中不同部分的表观密度开始变得不稳定并降到一个非常低的水平。

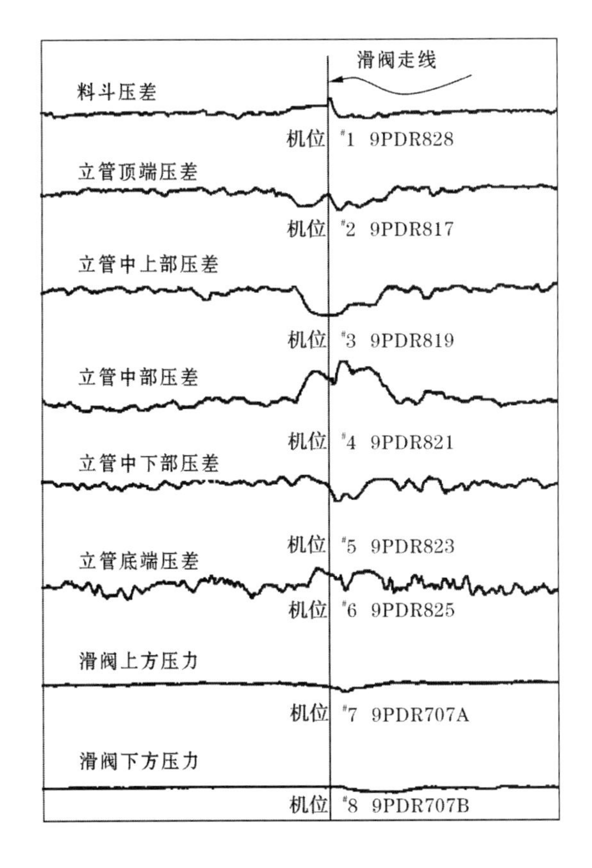

图21 压力数据可识别架桥现象的形成

受上述观察现象的启示，进一步的工作主要围绕着料斗中和料斗周围的松动气来进行，这为立管性能一定程度的改进提供了基础。然后，在下一个单元停工时，改造料斗使接近再生器器壁处已知密度很高的催化剂的入口密度降低，并且在料斗入口处增加额外的流化空气。上述改造完成后，可解决立管中催化剂的流动问题，通过80ft立管的表观密度稳定在42lb/ft^3。表4列出了经优化操作和装置改造后装置的压力分布数据。

表4　实例3的结果数据

测试点位置	压差，psi	表观密度，lb/ft^3
料斗	1.8	36.3
立管顶部	3.5	36.9
立管中上部	3.6	35.9
立管中部	3.9	41.5
立管中下部	4.1	42.0
立管底部	4.8	50.3
整个立管	20.6	42.3

16　实例4

松动气介质影响的例子可以通过回顾一位炼油工作者的实际经验来说明，他对以水蒸气为松动气的再生剂立管中的流动不稳定性现象进行了多年研究，多年来他的工作大多集中在如何确保小流量的松动气流体是干燥的，而对流动稳定性的理想化改善却从来没有实现。有人提议在再生催化剂的设备中用空气来替代蒸汽，但是这些建议未被采纳，因为注射再少量的空气也会被夹带到FCC反应器中。几年后，作者收到了一封建议再生催化剂立管松动气由水蒸气切换为空气的电子邮件，信中说明他们已完成了试验，立管流体的稳定性即刻显著提高。

17　实例5

有时FCC装置催化剂的循环问题出现在长的垂直再生催化剂立管中，征兆就是穿过立管时形成的压力小（平均表观密度为$24lb/ft^3$）以及催化剂循环不稳定。

当装置中一个新的提升管系统设计安装后，松动气系统要优化，催化剂滑阀位于更接近现有100ft高的立管再增加20ft对应的位置。由于立管长度较大，即使立管表观密度发生微小的变化，装置压力平衡也很容易受到影响，立管密度每增加$1.0lb/ft^3$会造成再生剂滑阀压力差增加0.8psi。立管改造范围内有额外的20ft长度，假设装置改造前后的立管密度维持在$24lb/ft^3$，形成的压力增加值将会超过3psi。

其他FCC装置的操作经验表明，在更长的垂直型立管中的密度有可能会更高，因此很有希望通过优化松动气系统并进行改造增加立管密度。可以用公式来估算10个不均匀松动点处的每个最佳松动气速率，松动点间距与计算的松动气需求量呈线性关系。在新的立管段中含3个新松动点。在改造停工前，对松动气速率进行调节，使其与计算得到的要求值更为一致，必须谨记对形成的压力和稳定性方面也做了重要改进。图22是3种累计松动气速率的曲线图。如果根据理论值进行松动操作，速率与松动点间距呈比例关系，拟合出的曲线将成直线，第1条曲线是改造前大部分松动空气由立管上部进入的情况；第2条曲线是改造前2个月经过调节使松动气更为均匀时的情况；最后是改造后，速率增加且与松动点间距呈比例关系时的情况。

图 23 是图 22 中的每种情况下沿着立管形成的压力分布图，立管密度与直线的斜率呈比例关系，在松动气速率调整前平均密度为 24lb/ft^3，在改造前松动气调节后的平均密度增至 36lb/ft^3。

对应改造后的松动气速率，沿着立管的平均密度增至 44lb/ft^3，形成的压力也很稳定。图 23 中的最初形成压力值为 19.0psi，改造前松动气量调节后的形成压力增至 25.5psi，改造期间进一步调整和立管长度的增加使立管形成压力增至 35.3psi。除此之外，装置运行结果表明，催化剂循环速率可以在很大范围内变化，而松动气速率只需很小的改变甚至不变。附加立管中的密度使催化剂滑阀上形成的压力要大于设计值，之后，装置在待生剂和再生剂滑阀的压差为 10 ~ 15psi 操作时，反应器—再生器的操作将变得非常平稳。

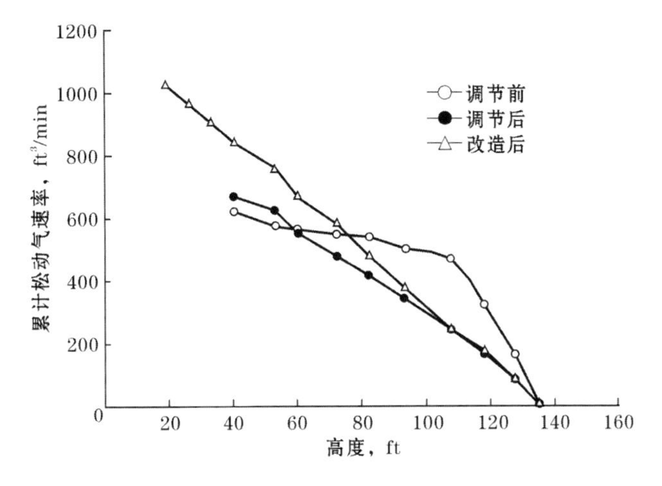

图 22　累计松动气速率曲线

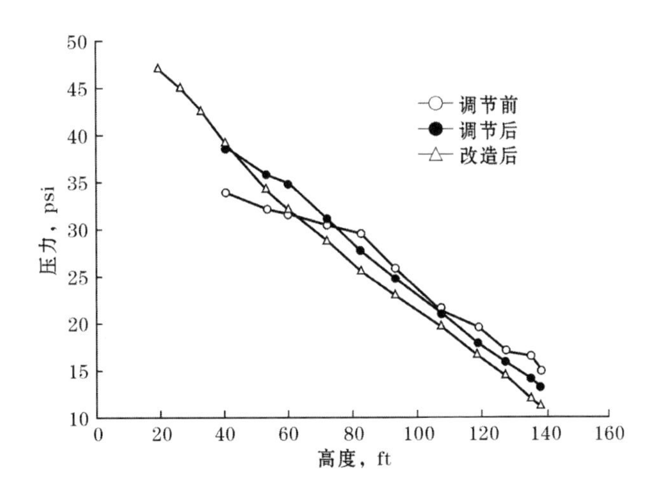

图 23　压力随松动气速率的变化

18 实例6

长垂直型立管中最顶端部分往往表现出非常高的表观密度，而底端部分的表观密度则非常低，其基本操作的特点是形成的压力低且不稳定以及立管强振动。通过试差法，在一些FCC专家顾问互不一致的建议指导下，从建议向立管中某些部分增加松动气速率演变得到了最好的解决办法，表现出非常高的表观密度。图24中总结了优化松动气调节前后的结果，优化松动气速率不仅全面地使形成压力由23lb/ft³增加到34lb/ft³，而且压力非常稳定。

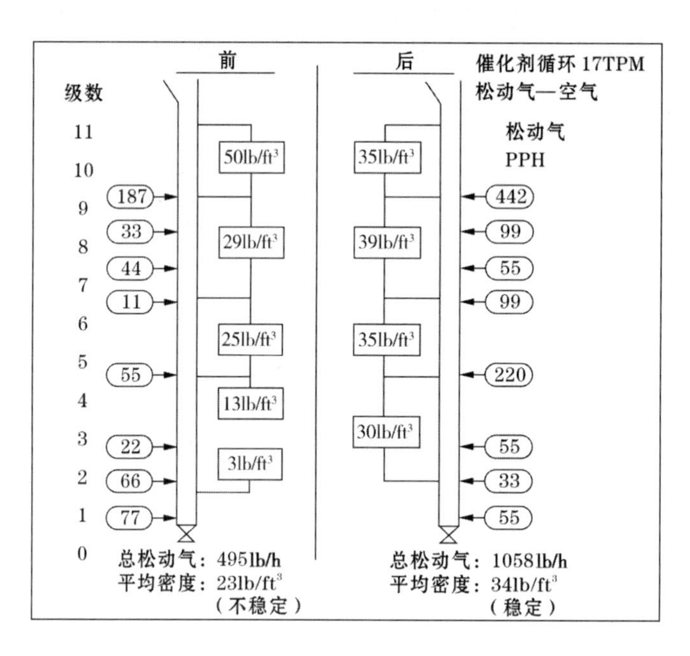

图24 松动气调整后的改进效果

TRM—技术性能测定

在20世纪40年代最先进的一些FCC装置中，安装了一些仪器仪表，能够根据测量立管整体压差，自动调节立管松动气流速。当立管中测量的压差过高时，整体松动气量就会自动增加，而当立管中测量的压差过低时，整体松动气量就会自动减小。根据本文中分享的经验，现在看来这些系统只是短时存在的，并不足以为奇。

19 实例7

一个FCC装置立管的设计往往在一半程度上由催化剂循环速率所限制，这归因于立管锥斗入口的缩小作用。同时，装置受到持续和严重的再生器催化剂流失影响，导致催化剂平均粒度明显增加（110～120μm），小于40μm的催化剂颗粒全部流失。催化剂的实验室测试结果证实，脱气时间要比测量一个代表性的具有正常颗粒度分布新鲜催化剂的时间少1个数量级的单位。从粗糙平衡剂计算的简化流化因子为0.45，均低于图18中实际的简化流化因子的最小值。

20 结 论

立管性能的改进需要是持久性、包容性的冒险性工作，需要开放式分析以及团队工作，综合了上述因素，可使 FCC 装置的性能得到积极的持久改进。科学理论和公式有助于对这一问题的理解，但是实际经验也是确定接近最佳操作或者令人满意的操作点必不可少的因素。

【注释】 A 为立管面积，ft^2；APS 为平均粒度，μm；ABD 为平均堆积密度；e 为自然对数值（近似值为 2.17828）；D_p 为平均颗粒直径，ft；F_{45} 为直径小于 45μm 的催化剂质量分数；F_{40} 为直径小于 40μm 的催化剂质量分数；g 为当地重力加速度，ft/s^2；h 为流化床高度，ft；L 为长度，ft（垂直方向）；MSER 为最大稳定膨胀率；p 为压力，psi；T 为温度，℉；U_b 为气泡上升速率，ft/s；U_d 为排气速率，ft/s；U_{ib} 为初始鼓泡时的临界气体速率，ft/s；U_{if} 为初始流化时的临界气体速率，ft/s；U_0 为最小流化速率，ft/s；U_t 为所有表观气体速率，ft/s；μ 为气体黏度，lb/（ft · s）；ε 为孔隙率；ρ 为密度，lb/ft^3；ρ_g 为气体密度，lb/ft^3；ρ_0 为最小流化速率下的密度，lb/ft^3；ρ_p 为颗粒密度，lb/ft^3；ρ_s 为骨架密度，lb/ft^3；ρ_{if} 为初始流化密度，lb/ft^3；ρ_{ib} 为初始鼓泡密度，lb/ft^3；w 为固体质量流量，$lb/(ft^2 \cdot s)$；$\Delta p/\Delta L$ 为表观密度，lb/ft^3；$\Delta R/\Delta L$ 为理论松动气速率，$ft^3/(min \cdot ft)$。

催化剂和气体乳化相的表观密度：

$$\rho = 144\Delta p/\Delta L \tag{1}$$

催化剂骨架密度估算值，其中 Al_2O_3 和 SiO_2 为质量分数：

$$\rho_s = 62.4/(Al_2O_3/3.4 + SiO_2/2.1) \tag{2}$$

催化剂/气体乳化相的孔隙率：

$$\varepsilon = 1 - \rho/\rho_s \tag{3}$$

斯托克斯定律自由沉降速率：

$$\text{自由沉降速率} = gDp^2(\rho_p - \rho_g)/(18\mu) \tag{4}$$

通过立管的所有气体的表观气体速率（Total SVV）：

$$U_t = w(1/\rho - 1/\rho_s) + U_b(1 - \rho/\rho_0) + U_0\rho/\rho_0 \tag{5}$$

立管中的密度：

$$\rho = \{-(U_t - U_b + w/\rho_s)\rho_0/(U_b - U_0) \pm \sqrt{[(U_t - U_b + w/\rho_s)\rho_0/(U_b - U_0)]^2 + 4w\rho_0/(U_b - U_0)}\}/2 \tag{6}$$

立管理论松动气速率：

$$\Delta R/\Delta L = 60A \times 520\rho[U_b(1 - \rho/\rho_0) + w(1/\rho - 1/\rho_s) + U_0\rho/\rho_0]/[2116 \times (T + 460)] \tag{7}$$

当气体向下流动时，为了补偿气体压缩需要，给出在垂直立管中每分钟每英尺补充气体的标准体积数，由 U_t 公式推演而来。

简化流化因子：

$$SFF = e^{0.158F_{40}} / (APS^{0.176} ABD^{0.205}) \tag{8}$$

以下 MSER、U_{ib}/U_{if}和排气速率都是参考文献中以米为单位的。

最大稳定膨胀率：

$$MSER = 2300\rho_g^{0.126}\mu^{0.523}e^{(0.716F_{45})} / [D_p^{0.8}g^{0.934}(\rho_p - \rho_g)^{0.934}] \tag{9}$$

脱气速率：

$$U_d = 0.314\rho_g^{0.023}(\rho_p - \rho_g)^{0.271}D_p^{1.232}e^{0.508F_{45}}/(\mu^{0.5}h^{0.244}) \tag{10}$$

式中，ρ 为密度，kg/m^3；U 为速率，m/s；g 为当地重力加速度，$9.81m/s^2$；D_p 为颗粒直径，m；μ 为黏度，kg/(m·s)；h 为高度，m。

【致谢】 非常感谢 KBR 公司的 Rahul Pillai 对本文中表 1 和表 2 中公式推导的核查。

参考文献

[1] Arthur M. Squires, The story of Fluid Catalytic Cracking, Proceedings of First International Conference on Circulating Fluid Beds, Technical University of Nova Scotia, Halifax, November 18 - 20, 1985.

[2] A. D. Reichle, "Fluid Cat Cracking - Fifty Years Ago and Today", Presented at the 1992 NPRA Annual Meeting, New Orleans, Louisiana, March 22 - 24, 1992.

[3] Ray Mott " Troubleshooting Standpipe Flow Problems" Catalagram 83, W. R Grace & Co, 1992.

[4] Matsen, J. M., "Some Characterizes of Large Solids Circulation Systems", Fluidization Technology, Keairns, D. L., Ed.; Hemisphere: Washington, 1976 vol 2, 135 - 149.

[5] Matsen, J. M., "Flow of Fluidized Solids and Bubbles in Standpipe and Risers", Powder Technology, 7 (1973), 93 - 96.

[6] Abrahamsen, A. R., and Geldart, D., Powder Technology, Vol 26 1980, 35 - 55.

[7] Raterman, M. F, "FCC catalyst flow problems predicted", Oil & Gas Journal, January 7, 1985.

[8] Alan D. Yaslik, "Circulation Difficulties in Long Angled Standpipe", Fouth International Conference on Circulation Fluid Beds, Hiddly Valley Conference Center and Mountain Resort, Somerset, Pennsylvania, U. S. A., August 1 - 5, 1993.

[9] Nicuum, P. K., Update on the catalytic cracking process and standpipes—Part 1 & 1, Hydrocarbon Processing, March & April, 2015.

[10] Nicuum, Phillip K., "New and Old Equations Tie Together 75 Years of FCC Standpipe Experience", Presented at RERCOMM 2015, Galveston, Texas, May 7, 2015.

AM－16－16

消除催化裂化过程中铁的负面影响

Patrick Salemo（PES，USA）
Doc Kirchgessner，John Aikman（Grace Catalysts Technologies，USA）
黄校亮　李雪礼　译校

摘　要　美国国内原油开采量（特别是页岩油）的不断增长给炼厂带来新的挑战，原油中高含量的铁污染物已经成为新常态。在下游，由于只有极少数炼厂加工机遇原油（低成本原油），因此，催化裂化装置铁中毒曾经只是个别现象，而如今，随着国内原油加工量的不断增长，更多的炼厂正在经受催化裂化装置高含量铁污染的威胁。虽然受到国际原油价格波动的影响，在北美乃至全球范围内，预计加工国内页岩油仍然占据炼厂长远规划中重要的一部分。为保持操作弹性及经济效益，炼厂需要有效策略来应对非常规金属污染物，进而将这些金属给催化裂化装置运行所带来的不利影响降到最小，包括轻质油选择性变差、流化态波动、塔底油转化率降低，并最终导致催化裂化装置利润率下降。

PES公司在美国东海岸经营一家综合炼厂，其加工的原料主要为高含量铁污染物的国内原油，因此，PES公司对其渣油催化裂化装置铁中毒的影响进行了跟踪。结合操作工艺调整以及催化裂化催化剂优化，PES公司学会了如何在不断波动而又极具挑战的炼油环境中保持高利润经营。同Grace公司一起，PES公司将详细描述在渣油催化裂化装置中利用什么方法来监测、控制并将高含量铁污染带来的影响最小化。本文对多方面的策略进行了详细阐述，包括原料性质监测、故障排除、催化裂化操作工艺优化以及催化剂补充方案等，PES公司的催化剂主要用于Grace公司的MIDAS® 金催化裂化催化剂再生。

1　概　述

工业上的催化裂化催化剂铁中毒最早是在20世纪90年代被发现的，而在2013年以前，PES公司的炼油体系中并没有经历过铁中毒的影响。在更大的范围内，由于加工低铁含量原料[1]，催化裂化催化剂铁污染并没有被广泛报道。然而，从最近开发的国内原油来看，催化裂化原料以及相应的平衡催化剂中铁含量正不断增加，需要采取一定的应对措施。铁可以与碱金属发生反应，在催化裂化平衡催化剂表面形成阻隔层而堵塞孔道，进而阻止油气分子进入催化剂内部与裂化活性位发生反应。这种堵孔效应将导致转化率降低，进而生产更多的低附加值产品——重油。此外，这种阻隔层通常会呈现一种“结瘤”形态，催化剂表面的这种铁瘤会破坏催化剂的流化性能。PES公司在费城区域的炼油体系中运行两套催化裂化装置，一套装置采用Kellogg超正流型设计，简称868装置（Point Breeze炼厂）；另外一套采用Kellogg Ⅲ型设计，简称1232装置（Girard Point炼厂）。2013年，PES公司首先在868装置上发现了铁中毒现象，而在1232装置上是近期才出现的。在两个案例中，都是通过降低原料中铁含量以及补充新鲜催化剂进行稀释的方法来恢复催化剂活性和流化性能的。本文将对以上事故进行讨论，并详述PES公司为应对铁污染所采用的方法。

2 铁污染背景

钠、钒、镍、钙、铁等金属污染物通过烃类化合物原料进入催化裂化装置。与其他金属污染物类似，铁离子更倾向于沉积到原油中较重的切割组分中，炼厂设备腐蚀所产生的颗粒状杂质铁对催化剂并没有太大的毒害作用，而原料中均匀分散的铁离子（有机化合物形态或者无机胶体粒子形态）会沉积到催化剂表面，降低催化效率[2,3]。原料中的铁来自于腐蚀产物（例如环烷酸铁）或是岩层中的含铁化合物[4]。

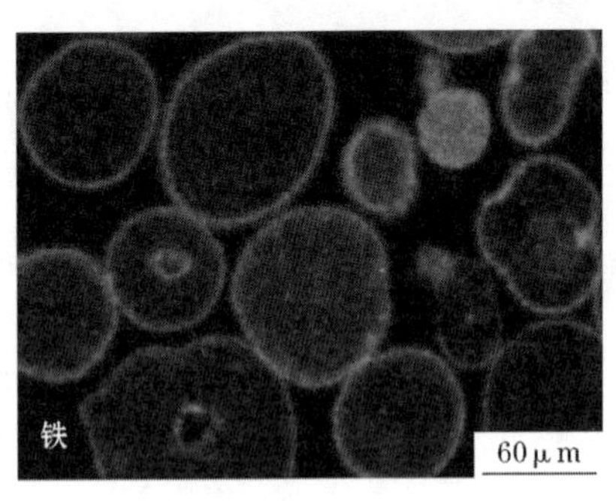

图1　1232装置平衡催化剂横截面铁（铁质量分数0.79%）成像图片（2014年6月19日）

沉积的铁离子与硅、钙、钠及其他污染物相结合，形成低熔点相，进而堵塞催化剂外表面的孔结构，阻止原料分子进入催化剂颗粒内部而使转化率降低[5]。从图1可以看出，催化剂粒子形成一圈铁环。铁离子与钙和/或钠离子相结合所产生的副作用比单纯的铁离子要大得多，铁和钙中毒的症状包括：随着原料分子被阻止进入催化剂颗粒内部进行反应，进而导致转化率的大幅降低以及重油裂解能力的下降。如图2所示，除了转化率的大幅降低以及重油裂解能力的下降，由于形成“结瘤”，催化剂流化性能变差也是催化裂化催化剂铁中毒的一个症状。

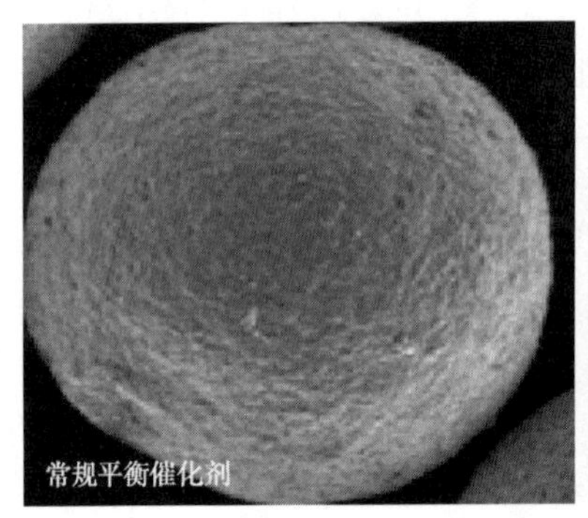

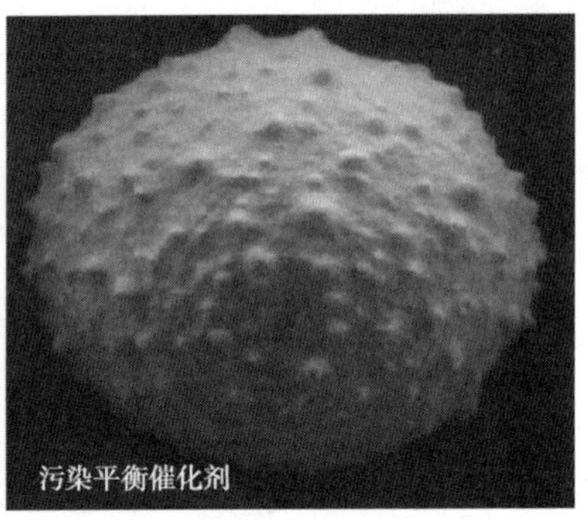

图2　铁中毒引起的平衡催化剂“结瘤”示例

虽然铁可以存在于多种原油来源中，但研究发现，来源于致密油的原料中铁污染非常普遍。由于炼厂原料系统中致密油所占比例越来越高，PES公司决定对所有来源的原油进行取样分析。在PES公司对原油来源进行测试的特定时间内，可以明显地发现，在特定的原油来源中铁含量是不断变化的，特别是页岩油的变化幅度更大一些，页岩油中含铁离子和钙离子较高的附着沉积物呈现增加趋势[4]，如图3所示，PES公司发现页岩油中铁含量变化幅度较大。

如图3所示，最高峰值55μg/g实际上相当于比基础原油高出近4000lb的铁，进而对催化裂化装置运行产生巨大的影响。鉴于对铁的认识较少及其变化因素，PES公司决定对所有原油来源进行铁和钙的分析检测。对原料样品进行检测可以帮助炼厂进行预判，并及时对新鲜催化剂的加入进行调整。

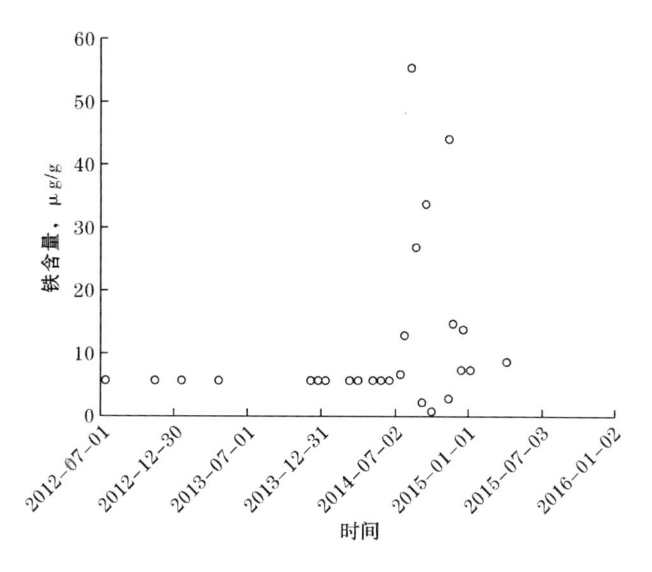

图 3 PES 公司使用的页岩油 A 铁含量分析

虽然原料检测可以帮助监控进入催化裂化装置的铁含量，对平衡催化剂进行分析来追踪铁中毒也同样重要，可以通过化学分析的方法来测定平衡催化剂上的铁和钙含量。由于铁和钙主要沉积在催化剂表面，大部分的催化剂颗粒并没有受到这些金属的影响。在监测平衡催化剂铁含量的同时，值得注意的是，除了原料中引入的铁以外，催化裂化催化剂制备过程中所采用的黏土中也含有铁元素，因此，新鲜催化剂的铁含量取决于制备过程中所采用的黏土来源以及催化剂中黏土的含量，会随着黏土供应商的不同以及催化剂配方的变化而变化。由于黏土中所含的铁并不会影响催化剂的性能，因此监测铁的增量要比铁的总量更加重要。如果知道了新鲜催化剂中的铁含量，那么就可以追踪到铁的增量。由于铁中毒主要影响催化剂颗粒的外表面，其比表面积及孔体积未必会发生变化。平衡催化剂高效裂化评价装置（ACE）评价结果显示，重油转化能力将下降，而在严重铁中毒的情况下，催化剂表面将出现“结瘤”，其表观堆积密度将降低。表观堆积密度的降低主要是由于催化剂上形成的“结瘤”阻止平衡催化剂更加紧密地填充[5]。

可以使用反相气相色谱，根据气相条件下较大的探针分子能否有效地在催化剂孔结构中进行扩散来监测孔表面是否发生堵塞[6]，这一测试可以给出平衡催化剂的有效扩散率（Deff 指数），其值越高说明扩散性能越好。以 1232 装置铁中毒事故为例，Grace 公司有效扩散率测试给出了可靠且一致的数据，显示装置存在铁中毒的情况。从图 4 可以看出，在测定扩散阻力的情况下，与相应的液相扩散试验相比，使用气相条件下反相气相色谱的灵敏度更高。

催化剂类型、装置反应条件以及存在其他催化剂污染物等因素都将影响催化剂的抗铁性能。1232 装置的提升管停留时间较短，因此油气与催化剂的接触时间也很短。研究表明，由于催化剂扩散性能的影响，对于短接触时间的装置来说，铁污染的问题更加严重[7]。由于 1232 装置和 868 装置加工的原料中钙含量较高，因此相比于其他原料中钙含量较低的装置来说，这两套装置的催化剂在更低的铁含量条件下就会引起铁中毒。从图 5 可以看出，在北美，

Girard Point 炼厂和 Point Breeze 炼厂的催化剂钙污染最严重。

铁还会引起脱氢反应的发生,但镍的脱氢活性是铁的10倍左右[8]。由于868装置和1232装置催化剂中镍含量也非常高,因此由铁引起的脱氢反应并不明显。

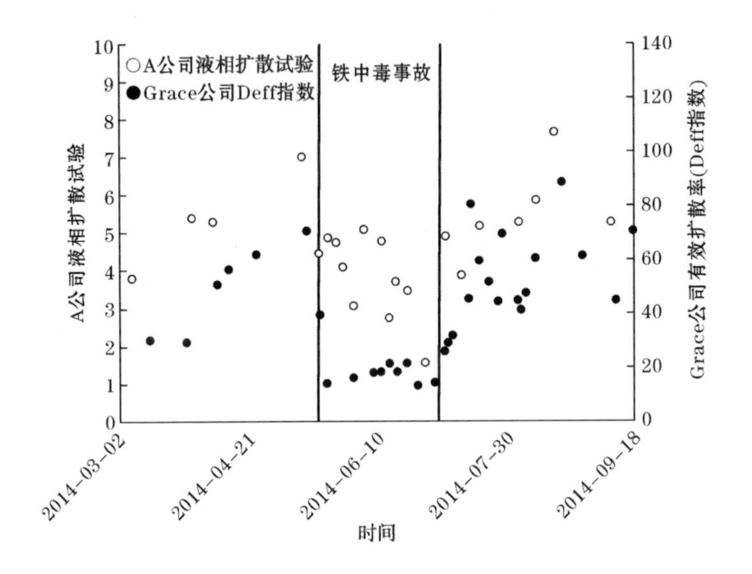

图4 1232装置平衡催化剂扩散性能测试结果

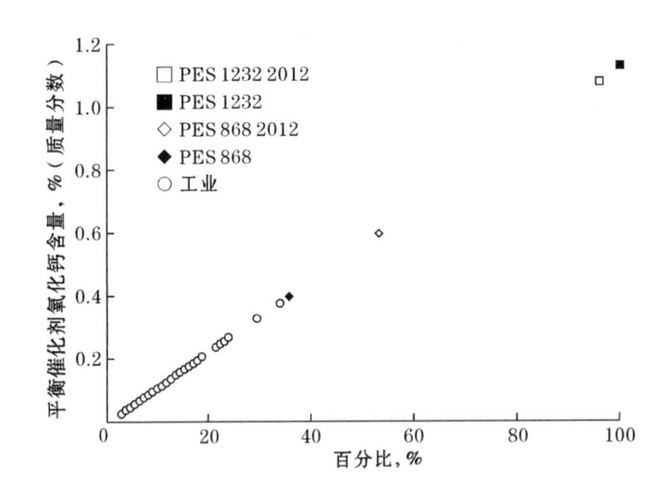

图5 2013年北美催化裂化工业装置平衡催化剂氧化钙含量

催化裂化催化剂铁中毒一直是催化裂化工业讨论和研究的重点,而该领域在研究过程中面临的最大挑战就是如何在实验室环境中进行更加苛刻的研究。同总的铁沉积比例、与碱土金属的相互作用、催化裂化水热环境以及平衡催化剂上的铁总增量一样,含铁原料的类型起到至关重要的作用。考虑到以上这些因素,检测催化裂化铁中毒通常需要紧密地监控以及全方位的分析测试。

下一章节将详细讨论PES公司发生的两起特殊的铁中毒事故及其对催化裂化装置所产

生的影响。

3 PES 公司铁中毒事故

3.1 868 装置事故

2013 年 3 月发生的第一起铁中毒事故，Point Breeze 炼厂催化裂化 868 装置发生严重的流化问题。868 装置采用完全再生工艺，沉降器位于再生器上方，进入再生器之前，催化剂要从沉降器汽提段向下经过一个非常大的废催化剂立管及塞阀。2013 年 3 月发生的这起流化事故是通过沉降器汽提段液位增加的形式体现出来的(图 6)，装置操作团队通过降低提升管出口温度以及整个装置的负荷率来降低最低催化剂循环速率，从而才能暂时解决这一问题。

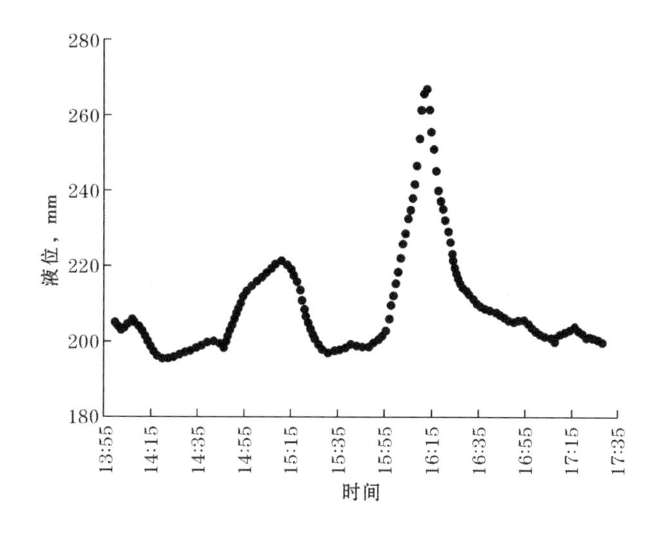

图 6　868 装置发生反流化事故时沉降器汽提段液位(2013 年 3 月 12 日)

如图 7 所示，在这段时间内，平衡催化剂和电除尘细粉都呈淡褐色；循环体系中的平衡催化剂分析结果显示，铁含量在 1 个月内增加了 0.27%(质量分数)，1 周内增加了 0.14%(质量分数)(图 8 和图 9)；这段时间内，催化剂的表观堆积密度降低 0.05g/cm^3 以上(图 10)；装置持续出现一些小的流化问题，直到催化剂补充速率得到提高，从而稀释了金属浓度，恢复了流化性能。

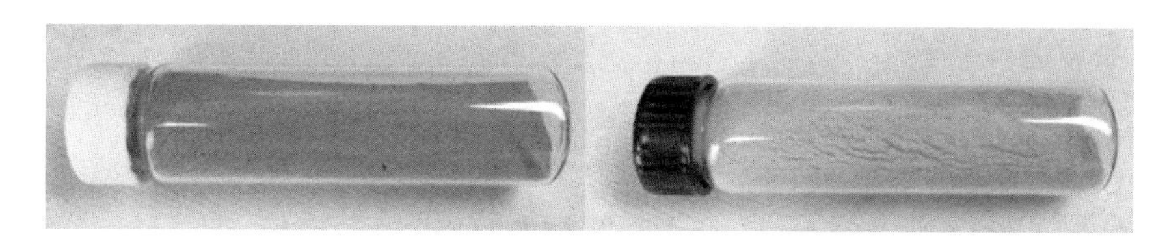

图 7　铁中毒事故造成 868 装置平衡催化剂(左)和催化剂细粉呈淡褐色(右，2013 年 3 月 22 日)

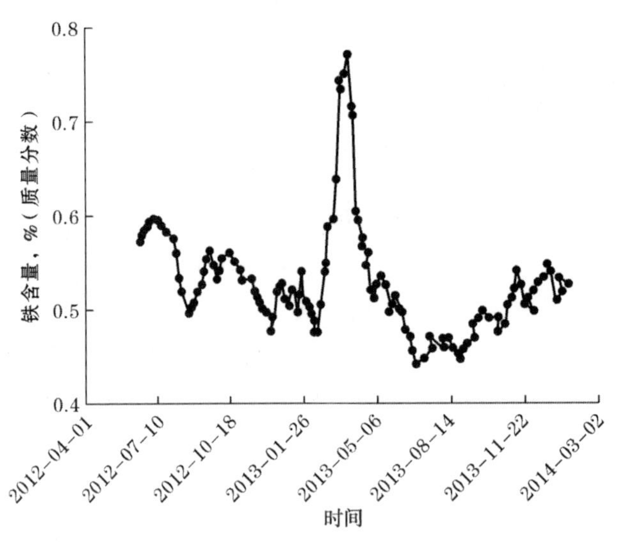

图8　868装置平衡催化剂铁含量变化趋势

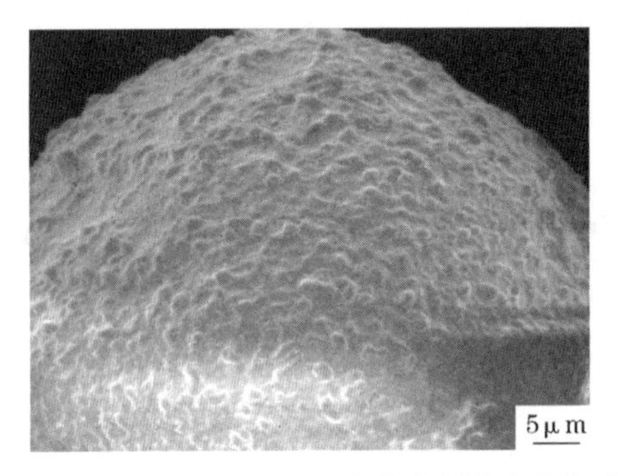

图9　868装置铁含量为0.77%（质量分数）平衡催化剂的电镜相片（2013年3月27日）

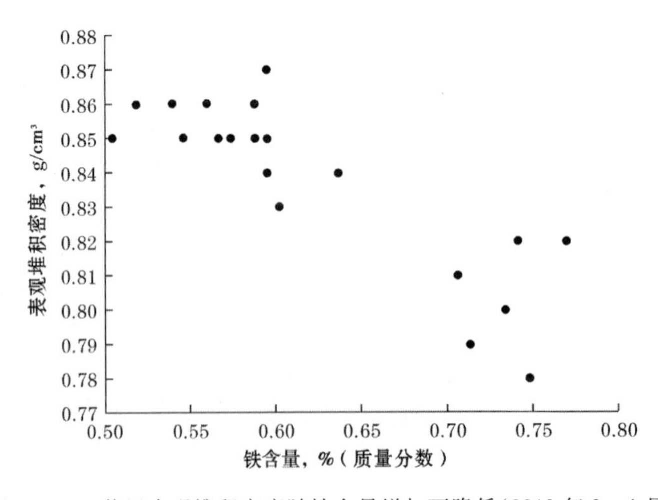

图10　868装置表观堆积密度随铁含量增加而降低（2013年2—4月）

3.2　1232装置事故

第2起事故发生在2014年6月末。Girard Point炼厂催化裂化1232装置油浆收率高于预期,渣油处理能力不足,并且催化剂流化性能变差。从5月中旬到6月中旬,装置加工机遇原油,油浆收率相对较高。这种原油产生的催化裂化原料性质较差,苯胺点以及UOP K值较低、黏度较高,并且碱性氮、镍和钒含量非常高。渣油处理能力不足主要归因于原料性质较差,但是在6月末,随着原料性质的改善,渣油处理能力仍没有明显改善。

催化剂流化性能变差是通过滑阀压差明显降低体现出来的,如图11所示。1232装置拥有一个巨大的、倾斜的再生催化剂立管,配备10个充气喷嘴。为改善流化性能,充气喷嘴速率经过多次调整,但效果并不明显。

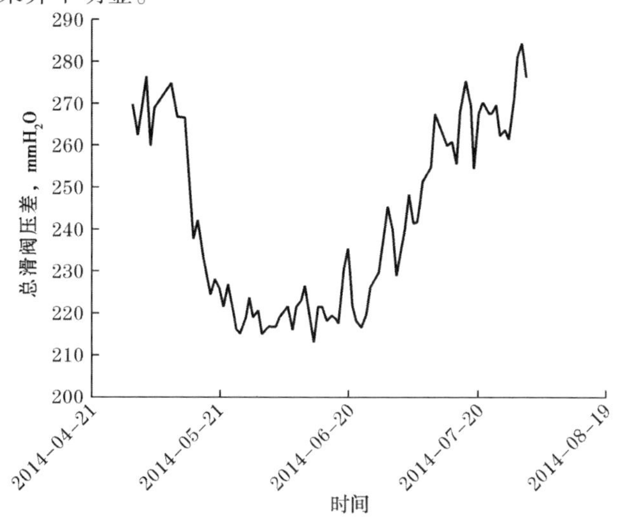

图11 1232装置总滑阀压差

根源故障分析也随即启动,包括以下检查项目:原料/油浆泄漏、原料雾化、催化剂流化问题、原料性质、分馏塔性能、新鲜催化剂性质、外购平衡催化剂性质以及催化剂装填可靠性等。根源故障分析期间,需要指出的是,实际油浆产率比预测值要高出约3个百分点,如图12所示。

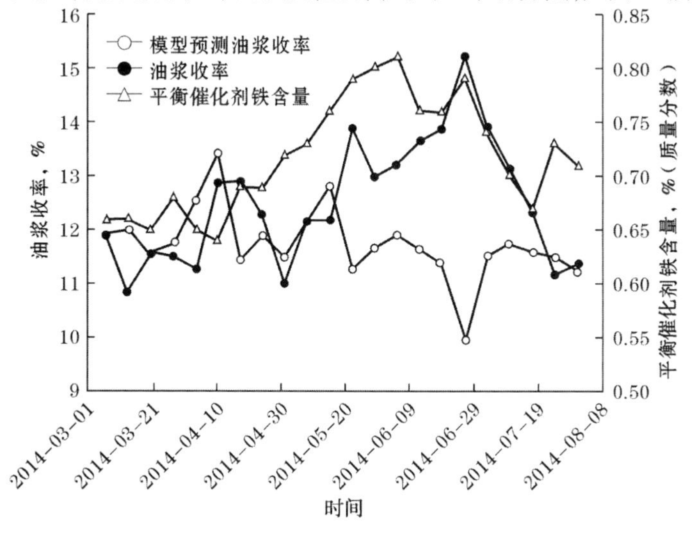

图12 油浆收率和炼厂线性程序模型预测值与不同时间平衡催化剂铁含量对比

自从 2007 年 1232 装置进行了一次较大改造以后，直到 2014 年其催化剂铁含量始终维持在 0.45% ~0.65%（质量分数）之间（图 13）。2014 年初，平衡催化剂铁含量开始攀升，到 2014 年 6 月初，铁含量最高值超过 0.8%（质量分数），或者说铁增量达到 0.5%（质量分数）以上。

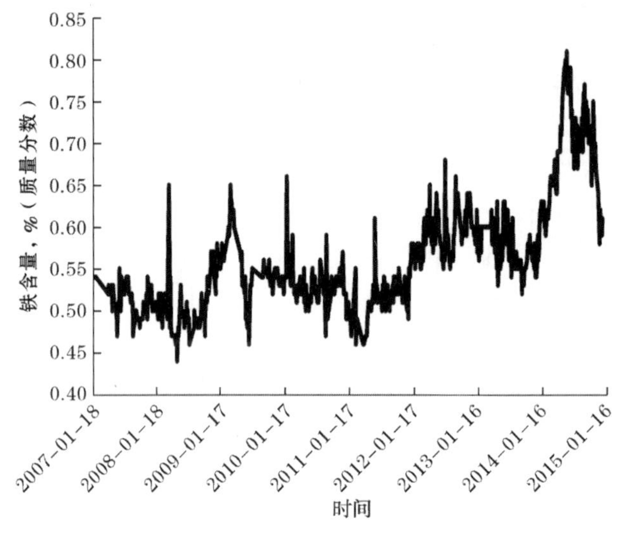

图 13　不同时间 1232 装置平衡催化剂铁含量变化

图 14　1232 装置平衡催化剂［铁 0.69%（质量分数）/氧化钙 1.15%（质量分数）］扫描电镜照片（2014 年 3 月 27 日）

7 月中旬，由于催化剂补充速率加快，铁含量开始降低，油浆收率也同样开始降低，使得车间可以提高渣油处理量，这样才恢复了炼厂减压瓦斯油与渣油之间的平衡。

考虑到铁含量高以及渣油处理量低的复杂情况，1232 装置选择更换催化剂。2014 年 4 月 24 日，Girard Point 炼厂开始使用 Grace 公司的催化剂替换前期供应商的产品。随着催化剂上铁含量不断增加，Grace 公司利用扫描电镜来监控催化剂性能。在铁中毒初期，扫描电镜照片无法展示“铁瘤”形成的过程。有人提出催化剂上的铁会随着时间和温度的变化而逐渐玻璃化，进而堵塞孔道。在1232装置铁中毒事故中，对产物以及催化剂的不利影响并不是发生在原料中高含量的铁污染物被检测到的初期。这个经验加强了追踪催化剂扩散性能的价值，特别是当金属（铁和钙）对扩散的抑制作用很强时，这是因为大部分单独的平衡催化剂铁含量测定并不足以判断铁污染是否发生。

扫描电镜照片以及有效扩散率数据显示，Grace公司的MIDAS®金催化裂化催化剂具有优异的抗铁性能，如图14至图16所示，在面对更高的金属污染时，催化裂化催化剂颗粒自身具有更加平滑的外观。

图15　1232装置平衡催化剂［铁0.74%（质量分数）/氧化钙1.22%（质量分数）］扫描电镜照片（2014年5月15日）

图16　使用Grace公司MIDAS®金催化裂化催化剂后1232装置平衡催化剂［铁0.79%（质量分数）/氧化钙1.14%（质量分数）］扫描电镜照片（2014年5月22日）

当Grace公司有效扩散率低于20时,就表明扩散作用开始受到限制。如图17所示,铁含量一度飙升到0.75%(质量分数)以上,相应的有效扩散率明显降低。有的理论认为催化剂上铁的玻璃化存在一定的时间滞后,这也就可以解释为什么首先铁含量达到最高值,而有效扩散率在一段时间以后才降到最低。从有效扩散率和装置性能的急剧下降以及随后的不断改善来看,1232装置所能承受的铁污染极限值就是0.75%(质量分数)左右(或0.45%~0.50%的铁增量)。催化剂的扩散效率越低,装置的渣油加工负荷也就相应地越低,而在催化剂扩散效率提高以前,这种情况不会明显改善。MIDAS® 金催化裂化催化剂具有高效的扩散效率,当铁污染恢复到典型水平时,1232装置平衡催化剂有效扩散率可以达到175。

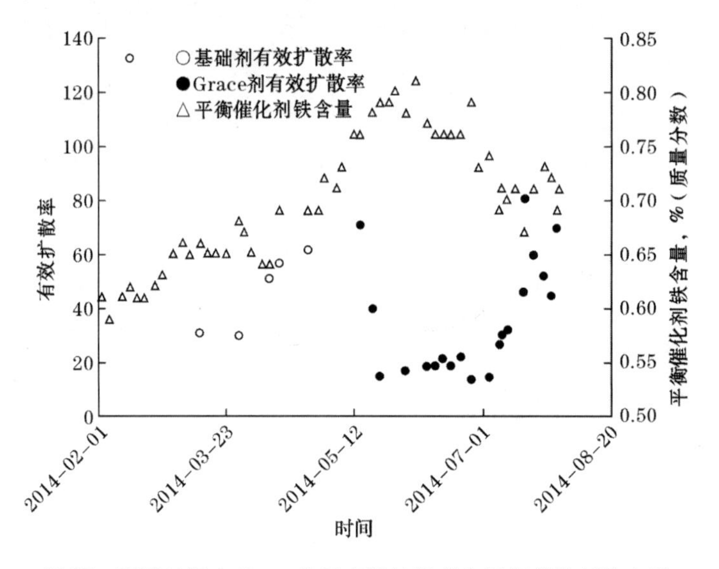

图17 不同时间内Grace公司有效扩散率和平衡催化剂铁含量

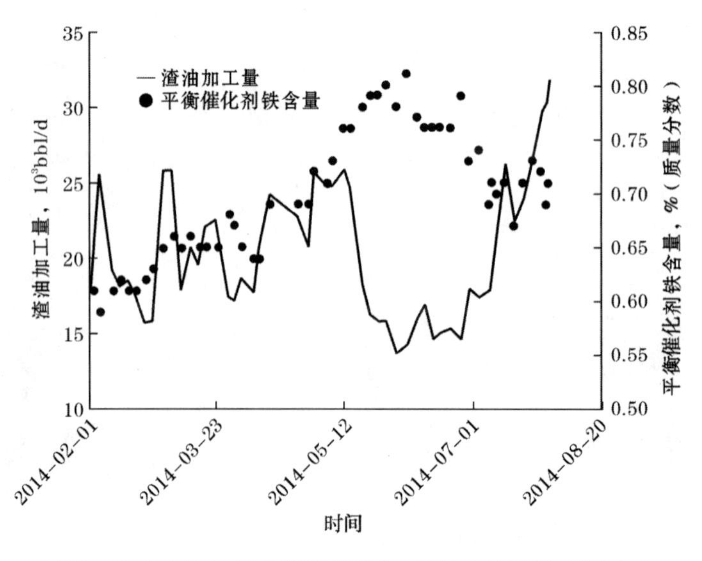

图18 不同时间内1232装置渣油加工量和平衡催化剂铁含量

从图18可以看出，由于扩散作用受到限制，装置的渣油加工能力降低10×10^3bbl/d。这影响到炼厂的减压瓦斯油与渣油的平衡，迫使常减压装置降低负荷来减少渣油产量。在原料性质分析的基础上，炼厂线性程序给出更好的塔底油裂解能力的预测，然而，铁中毒事件解释了为什么预测与实际情况存在一定的差距。自此以后，PES公司开始与规划和经济性研究团队合作，确保在考虑潜在的铁中毒对催化裂化装置性能影响的基础上，对不同的原油来源进行经济性分析。

4 防治铁污染的方法

下面将对PES公司为应对铁中毒的影响而在两套装置上所采取的所有方法进行讨论，这些方法结合了预防、常规监测以及为降低不利影响而采取的行动，将对原料和平衡催化剂的常规测试、最佳催化剂筛选以及降低铁含量的方法进行讨论。

4.1 原料测试

检测烃类物质中的铁含量通常有两种标准方法(ASTM)。ASTM D5708采用电感耦合等离子体法(ICP)，而ASTM D5863采用火焰原子吸收光谱法，这两项标准都有两种样品制备方法可供选用[9,10]。因为PES公司采用的是ASTM D5708标准，所以下面的讨论将集中在这种方法上。ASTM D5708标准的样品制备方法A(溶剂溶解法)是采用有机溶剂进行溶解，而方法B(酸溶解法)是采用氢氟酸。从溶剂溶解法转变到酸溶解法之前，进行适当的安全隐患分析是非常重要的，因为在实验室中接触酸的工作具有不同的安全流程。

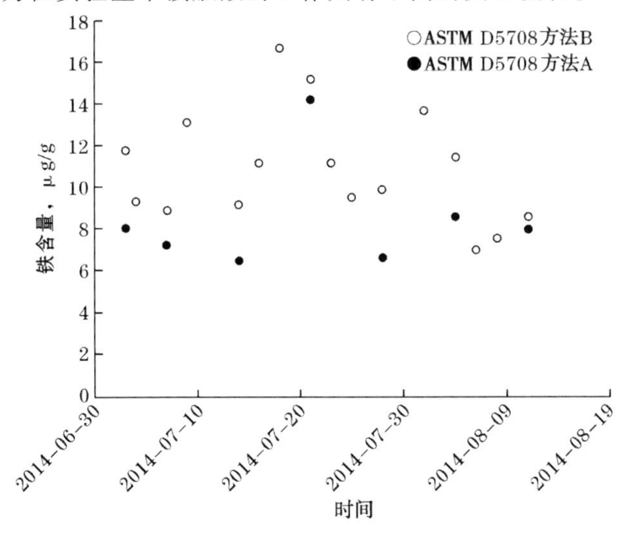

图19 ICP法中测定1232装置原料铁含量对比

Grace公司在原料分析领域进行了大量的研究工作，发现制备样品时采用酸溶解法得到的结果会更加精确。酸溶解法检测的是总的金属含量，而溶剂溶解法检测不到不溶颗粒物中的金属，这一点在过去PES公司钙含量检测中非常明显，而如今在铁含量检测中也同样如此。2014年4月左右，当PES公司开始加大页岩油加工量时，催化裂化装置平衡催化剂上的铁平衡被打破。与此同时，PES公司开始采用酸溶解法来测试样品，以便更好地了解催化裂化装置总的铁和钙含量。从图19可以看出,采用酸溶解法测定的铁含量比溶剂溶解法测定结果平均高出30%,有的甚至超过50%。

日常精确的原料分析对精确控制催化裂化装置铁平衡来说是必不可少的,保持金属污染物处在一个健康的水平同样至关重要,特别是催化裂化平衡催化剂中的铁。提前对不可预料的原料铁含量最大值进行预判并做出响应,可以使炼厂继续按照规划进度保持经济运行。此外,该数据可以供原油采购部门使用,通过减少像铁这样的破坏型金属污染物,为炼厂挑选最适宜的原油。

4.2 平衡催化剂监测

Grace公司与PES公司合作开发了一个广泛的监测模型,其主要基于对平衡催化剂的分析以及关键的催化裂化装置性能参数。这个程序重点关注症状或指标以及参数变化,利用行动触发和适当的响应来监控其中的变化。

在炼厂提出的关注点的基础上,筛选出的关键监测参数包括:

(1)金属含量,特别是铁和钙含量。

(2)平衡催化剂活性区间,高的和低的。

(3)催化剂物化性能对装置的影响(损耗和流化)。

(4)产品选择性。

通过全面的催化剂和装置运行指标对各个区域内的预定参数进行监测,例如,流化性能响应表如图20所示,上面的各个关键监测点都准备了类似的响应图表。

建立一套标准的日常取样程序来提供关键信息,用于支持装置平稳运行监控。这些样品中大部分属于催化裂化装置日常审查与调控,例如定期进行的常规平衡催化剂和原料样品分析,这些日常方法是用来计算催化裂化装置铁平衡的。平衡催化剂铁含量、外购平衡催化剂以及原料性质都要进行跟踪,根据这些分析数据建立一个数据库,并进一步帮助PES公司的催化裂化装置建立更多的铁临界点。钙平衡的建立使用的是相同的分析方法,表观堆积密度的变化也同样被成功应用到铁中毒的初期判断,如图21所示。

症状	监测
(1)低滑阀压差; (2)报警引发进料量和/或提升管温度降低	(1)滑阀压差; (2)滑阀开度; (3)压力测量; (4)流态化点; (5)Grace公司平衡催化剂起始鼓泡速率/临界流化速率、孔径分布
行动标准	**校正行动**
(1)无法达到目标进料量; (2)催化剂流化态不稳	(1)调整新鲜催化剂孔径分布; (2)在新鲜催化剂中添加细粉; (3)考虑外购平衡催化剂

图20 平衡催化剂流化性能监测

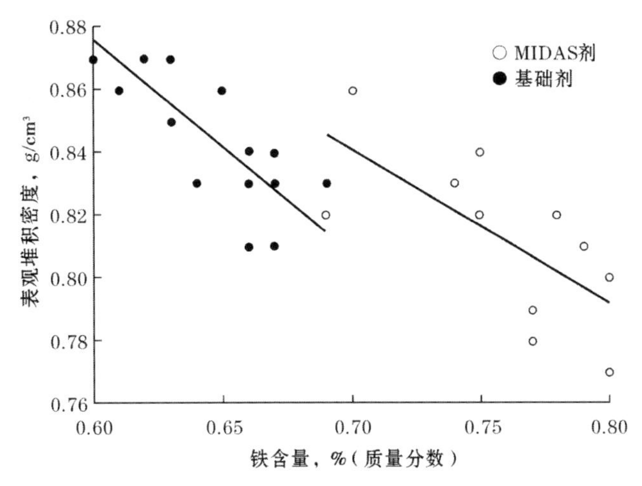

图 21 PES 公司 1232 装置平衡催化剂表观堆积密度与铁含量对比

根据装置的目标和约束条件来匹配适当的外购平衡催化剂对催化裂化装置平稳运行也同样重要。根据 Grace 公司平衡催化剂数据库，外购平衡催化剂与基础催化剂之间的性能差异非常明显，特别是在塔底油裂解能力和汽油/液化气选择性等方面。为更好地匹配装置催化剂和目标，通过筛选材料对外购平衡催化剂进行适当的调整，如图 22 所示。

与此同时，在装置运行支撑方面，平衡催化剂非标准化检测非常有意义，特别是当扩散受限时定期进行的平衡催化剂检测，如图 17 所示。通过上文提到的反相气相色谱法，Grace 公司与 PES 公司可以很快地判断出是真正的铁污染问题还是由于装置变动引起的，而与原料中和平衡催化剂上的铁无关，这样就可以更直接并且更加精确地将精力和注意力都集中到装置的运行以及产品收率方面。

另外一种非标准化检测法就是扫描电子显微镜成像法，如图 14 至图 16 所示。扫描电镜法是一种非常优异的检测“铁瘤”的定性方法。同时，Grace 公司采用电子探针微区分析技术生成催化剂表面金属污染物浓度分布的图片，如图 1 所示。

在 1232 装置使用 MIDAS® 金催化裂化催化剂的初期，曾使用 ACE 评价方法来区分原料、工艺以及催化剂之间的不同作用。原料中的钙和铁与不同的原油类型有关，因此，为了杜绝和辨别由这些因素引起的变化，引进的各种原油来源都需要长期进行监测。如上所述，为监测平衡催化剂上的铁污染，大量常规的、非常规的分析方法都将被用到。

4.3 原料预处理

无论通过何种方法来降低催化裂化中的铁含量，都被证明是非常符合经济效益的。控制炼厂的设备腐蚀不仅仅是出于安全考虑，同样也是降低催化裂化铁污染的有效手段。单纯的脱盐处理可以去除部分铁，但不能去除有机铁。酸性脱盐剂用于加强油水分离，进而降低脱盐原油中的盐、沉淀物以及水，同时还可以去除原油中的部分金属污染物[11]。PES 公司的 Girard Point 炼厂原油蒸馏装置曾使用过酸性脱盐剂，这主要是为了去除高钙机遇原油中的钙离子，从而对催化裂化装置中的催化剂活性起到保护作用，而去除原油中的铁离子则是酸性脱盐剂所带来的次级效益，如图 23 所示。

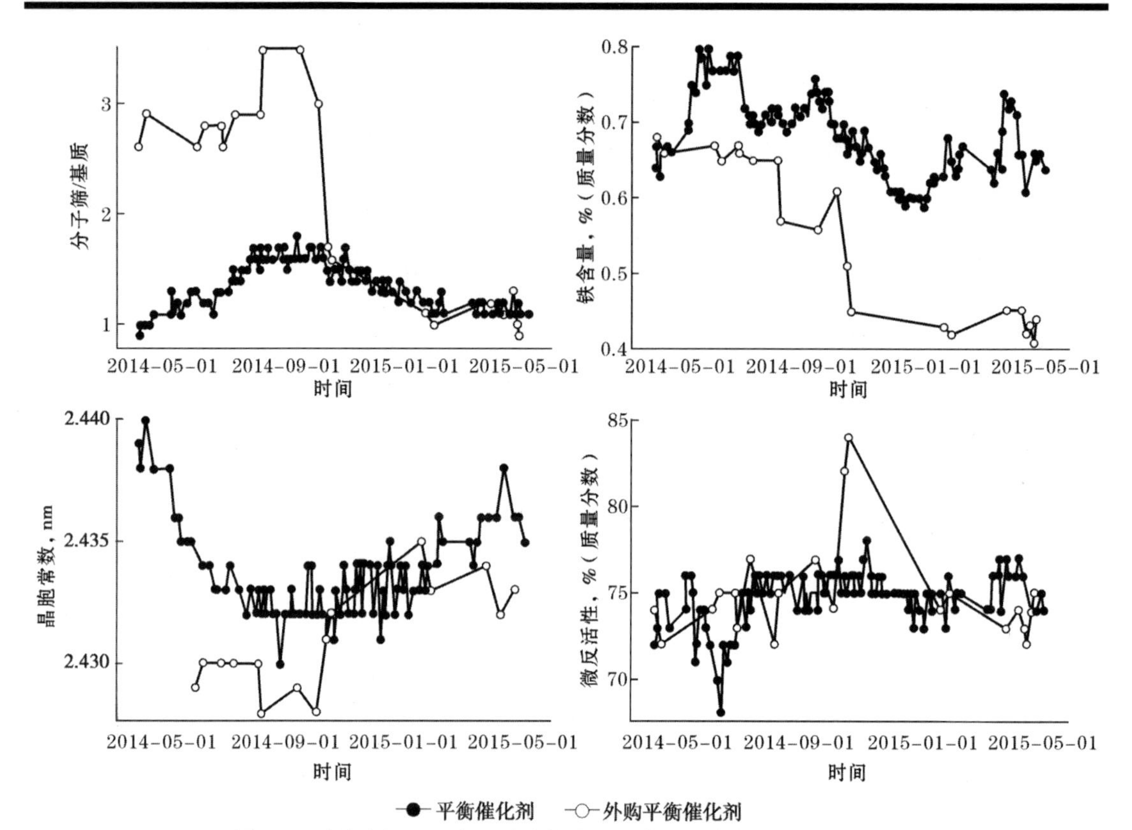

图22 不用时间PES公司平衡催化剂和外购平衡催化剂性能对比

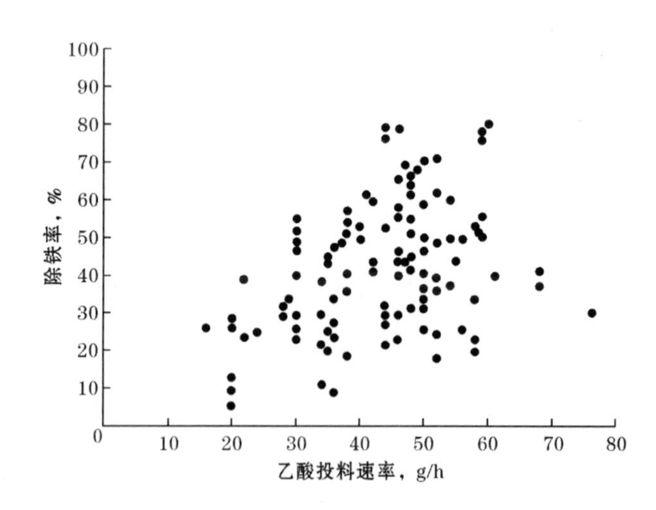

图23 Girard Point炼厂原油蒸馏装置2014年3—9月除铁率与乙酸投料速率的关系

如前文所述，页岩油中通常含有更多的钙和铁含量高的固体颗粒，因此如果可能，应尽量在进行催化裂化之前将这些固体颗粒去除。固体浸润剂（或脱除剂）可以使含铁和钙的固体包括胶体粒子溶解于水相中，进而去除这些颗粒。沉积在脱盐设备中的固体和乳胶会导致脱盐时间延长,而上述添加剂可以通过减少固体和乳胶来改善脱盐设备的运行。为了减少催化裂化原料中的铁含量,2014 年9 月,Girard Point 炼厂原油蒸馏装置开始使用固体脱除剂,在使用固体脱除剂的同时,铁含量也明显降低,结果如图 24 所示。

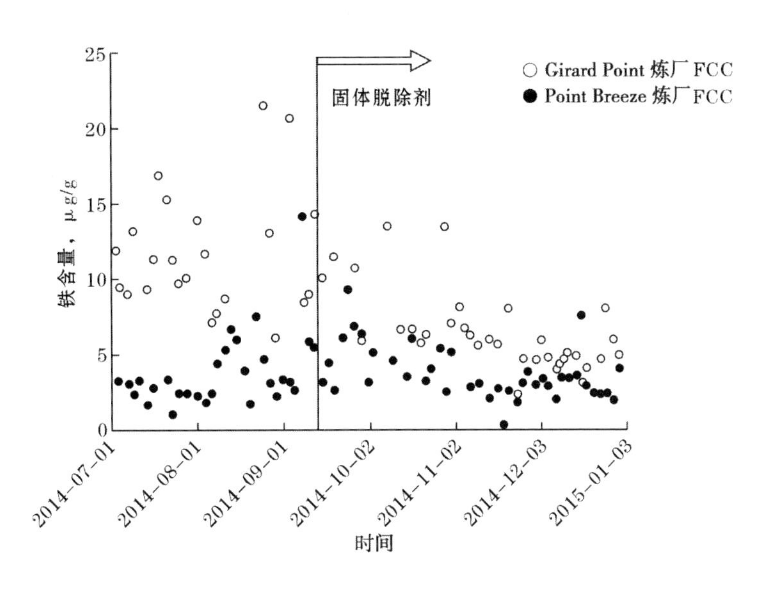

图 24　使用固体脱除剂前后 PES 公司催化裂化原料的铁含量

此外,对于两套催化裂化装置来说,固体脱除剂还表现出一定的除钙作用。脱除催化裂化原料中的钙离子和钠离子有助于降低铁中毒的危害程度,因为这些金属是共同作用来限制扩散的。PES 公司没有建立裂化原料加氢处理装置来减少污染物,因此,适当地进行脱盐处理是非常必要的。

4.4　催化剂置换

防治铁污染的另外一个办法就是简单地用比铁从原料中沉积到催化剂上更快的速率将其从循环体系中置换出来。渣油装置中采用催化剂置换程序来控制镍、钒、钠、钙等金属污染物是相当常见的办法。催化剂置换程序可以扩展到处理铁污染,通过提高新鲜催化剂加入量、外购平衡催化剂加入量或二者相结合来实现。研究发现,催化剂制备过程中使用的黏土基质中的铁元素不会导致表面堵塞。良好的抗铁污染能力对于最佳新鲜催化剂配方筛选是至关重要的,这将在下一部分内容中进行详述。然而,选择一个新增铁含量低的高品质的外购平衡催化剂也同样重要。建议将每种外购平衡催化剂样品进行原料品质监测,这也可以帮助装置实现“新增”铁平衡。同样,当使用大量的外购平衡催化剂时(大于 25%),就需要考虑其他一些性能,例如分子筛和基质表面积等。外购平衡催化剂也可以像新鲜催化剂一样影响产品选择性以及操作参数等,只不过程度要小一些。

采用提高新鲜催化剂加入量的方法更加有效,因为新鲜催化剂不含“新增”铁(表 1)。此外,当铁超标时,新增的活性是非常珍贵的。然而,单纯地使用新鲜催化剂来置换会导致活性过高,这会引发其他的一些操作限制,例如再生器密相床层温度过高等。对于大型渣油加工装置来说,采用新鲜催化剂与外购平衡催化剂复配的方法可能是最佳方案,使用外购平衡催化剂的另外一个好处就是运营成本较低。

表1 通过催化剂置换来脱除铁的理论研究

催化剂	催化剂加入速率,t/d	新鲜催化剂铁含量,%(质量分数)	装置平衡剂铁含量,%(质量分数)	置换铁量 bbl/d	折算成原料铁①,μg/g
新鲜催化剂	2.0	0.30	0.75	18	1.1
	5.0	0.30	0.75	45	2.8
	10.0	0.30	0.75	90	5.7
	15.0	0.30	0.75	135	8.5
外购平衡催化剂	2.0	0.60	0.75	6	0.4
	5.0	0.60	0.75	15	0.9
	10.0	0.60	0.75	30	1.9
	15.0	0.60	0.75	45	2.8

①假设折算率为 50×10^3 bbl/d,24°API。

上文提到的 Girard Point 炼厂1232装置铁中毒事件中,采用提高新鲜催化剂和高品质外购平衡催化剂加入量相结合的方法来对抗铁中毒的不利影响。为克服设备使用限制,PES公司与 Grace 公司合作来提高其催化剂装填系统的容量。为了给每个单独的装置制订最佳的置换方案,与新鲜催化剂和外购平衡催化剂供应商的紧密合作是非常重要的。催化剂选择性、催化剂活性以及装置局限性等众多因素都应该考虑到,这样才能确保成功地复原并且使目标产品收率最大化。

4.5 催化剂筛选

当 Grace 公司为1232装置挑选最佳催化剂方案时,需要考虑大量的装置目标以及约束条件,而这其中最主要的就是抵抗金属污染的能力,全文一直在提及,克服铁和钙污染的作用是关键因素。随着高比例渣油加工越来越普遍,焦炭选择性和塔底油裂解能力至关重要。此外,对于这种提升管较长的老式催化裂化装置来说,催化剂流化性能也非常重要。

4.5.1 孔径分布考察

众所周知,催化裂化催化剂孔径大小对于选择性裂化渣油组分同时避免扩散受限是非常重要的[12]。含有大比例的10~60nm中孔(采用压汞法测定的孔径分布)的催化剂可以选择性裂化重油大分子,而这些重油大分子往往是生成焦炭的前驱体。

同样重要的是,小于10nm的次级孔(微孔)要尽量少,这些微孔中发生的裂化反应会受到非常严重的扩散限制,进而导致产生过多的焦炭和干气产物。如图25所示,MIDAS® 金催化裂化催化剂与PES公司使用的基础催化剂相比具有非常明显的优势,其拥有更多的中孔以及较少的微孔。

渣油裂化需要将复杂的、富含金属的烃类分子进行分解,为1232装置设计 MIDAS® 金催化裂化催化剂时,需要考虑如何抵抗镍和钒的毒害作用,原料中的铁和钙也同样需要考虑。

MIDAS® 金催化裂化催化剂使用了塔底油选择性裂解基质组分,催化剂配方中还包括了选择性与镍进行反应的特殊组分,这种组分可以与镍反应生成镍铝尖晶石而脱离催化剂活性表面,进而阻止由平衡催化剂上的镍引起的脱氢反应发生,这些反应是生成氢气和焦炭的主要原因。

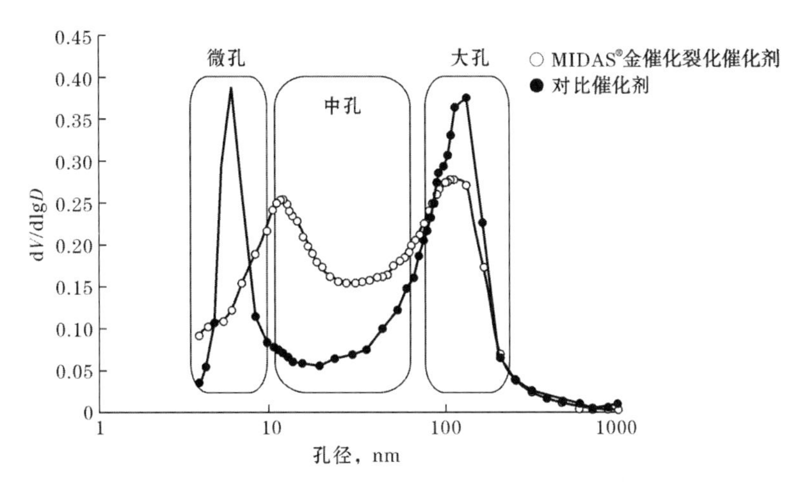

图 25　MIDAS® 金催化裂化催化剂与对比催化剂压汞法测定结果对比

dV—孔体积大小的积分；dlgD—孔径大小取对数再积分

PES 公司 1232 装置催化剂中的分子筛需要进行适量的稀土超稳处理，从而起到保护分子筛、抵抗催化裂化原料中钒污染的作用。如图 26 所示，这一目标很容易实现，从活性保留率测试结果可以看出，该催化剂与对比催化剂相比具有更好的抗钒能力。

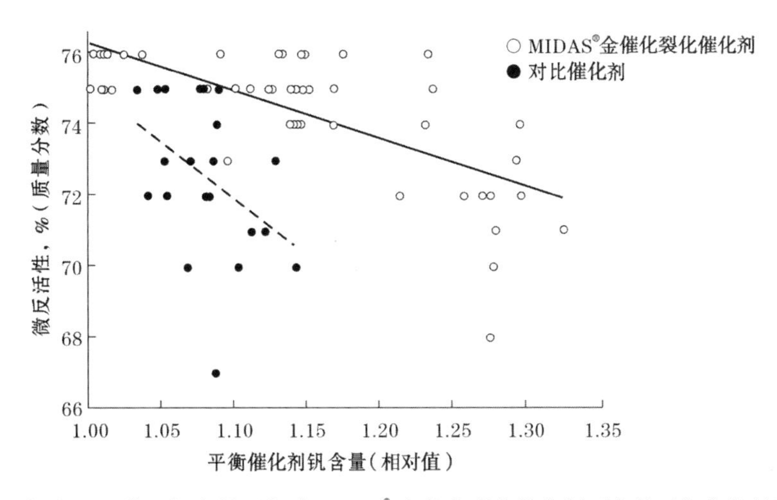

图 26　PES 公司 1232 装置钒含量不变时 MIDAS® 金催化裂化催化剂更高的平衡催化剂活性保留率

4.5.2　催化剂流化性能

能够很好地流化和循环催化剂对于这种Ⅲ型催化裂化装置来说非常重要。众所周知，起始鼓泡速率/临界流化速率（U_{mb}/U_{mf}）是衡量催化剂能否实现上述目标的一个重要手段。切换成 MIDAS® 金催化裂化催化剂以后，尽管平衡催化剂铁含量升高，但实际上平衡催化剂的 U_{mb}/U_{mf}值也有所提高（图 27）。为优化催化剂循环性能，对流化介质也进行了相应的调整。

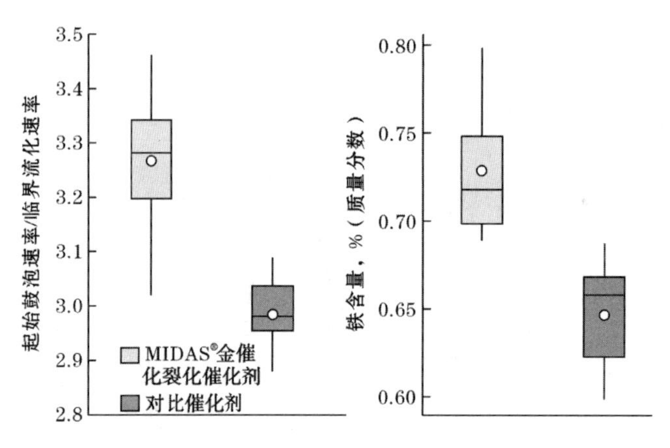

图27 改善的MIDAS® 金催化裂化催化剂平衡催化剂流化性能

5 结 论

催化裂化装置产品收率和经济性差可能是由多种原因造成的,催化裂化原料中的铁污染会对装置运行产生严重的冲击,从而导致经济性大幅下滑。稳定可靠运行的第1步就是要定期对原油、催化裂化原料及平衡催化剂进行监测,并进一步对铁含量升高做出预警。采用文中提到的ASTM标准方法对原料进行正确的分析也非常必要。接下来,炼厂需要与其催化剂供应商进行密切的合作,监测装置平衡催化剂上总的铁增量、扩散性以及利用扫描电镜观察是否形成"铁瘤"。如果条件允许,炼厂应该通过原油采购筛选和/或原料化学处理等手段来降低原料中的铁含量,有可能接触到高含量铁的装置应该考虑选择孔径分布经过优化的催化裂化催化剂,例如Grace公司的MIDAS® 技术。最后,炼厂应该实施催化剂置换程序,可以采用全部使用新鲜催化剂或新鲜催化剂与外购平衡催化剂相结合的方式,有时这需要升级催化剂存储和装填能力,但事实证明,这样可以有效地预防单纯铁中毒事件的发生。

通过合理的规划、监控以及协作,炼厂在面对复杂多变的原料污染(例如铁污染)时,保持运营赢利是完全有可能的。

【致谢】 对PES公司的管理者以及Grace公司的全体同仁对本文所给予的帮助表示感谢。

参考文献

[1] Yaluris, G. "The Effects of Fe Poisoning on FCC Catalysts," Catalagram No. 87, W. R. Grace & Co., 2000.

[2] Cheng, W. -C., Habib, E. T., Rajagopalan, K., Roberie, T. G., Wormsbecher, R. F., Ziebarth, M. S., "Fluid Catalytic Cracking," in Handbook of Heterogeneous Catalysis, 2nd. Ed., 2008, pp. 2741 -2778.

[3] Yaluris, G. "The Effects of Fe Poisoning on FCC Catalysts An Update," Catalagram No. 91, W. R Grace & Co., 2002.

[4] Bryden, K., Federspiel, M., Habib, E. T. Jr., Schiller, R. "Processing Tight Oils in FCC: Issues, Opportunities, and Flexible Catalytic Solutions," Catalagram No. 114, W. R. Grace & Co., 2014.

[5] Yaluris, G., Cheng, W. -C., Boock, L. T., Peters, M., Hunt, L. J., "The Effects of Fe Poisoning on FCC Catalysts, AM -

01 - 59," 2001 NPRA Annual Meeting, New Orleans, Louisiana.

[6] Wallenstein, D., Fougret, C. M., Brandt, S., Hartmann, U. "The Application of inverse Gas Chromatography for Diffusion Measurements and Evaluation of FCC Catalysts," submitted to Industrial and Engineering Chemistry Research.

[7] Foskett, S. J., Rautiainen, E. "Iron Contamination in Resid FCC," Hydrocarbon Processing, November 2001.

[8] Fiero, W. J., "Effect of Metals on Fluid Cracking Catalysts," Catalagram No. 52, W. R. Grace & Co., 1976.

[9] American Society of Testing and Materials D5708, "Standard Test Methods for Determination of Nickel, Vanadium, and Iron in Crude Oils and Residuals Fuels by Inductively Coupled Plasma (ICP) Atomic Emission Spectrometry".

[10] American Society of Testing and Materials D5863, "Standard Test Methods for Determination of Nickel, Vanadium, Iron, and Sodium in Crude Oils and Residuals Fuels by Flame Atomic Absorption Spectrometry".

[11] Baker Hughes "How pH Management Improves Desalter Operations" 2012.

[12] Zhao, X., Cheng, W. - C., Rudesill, J. A., "FCC Bottoms Cracking Mechanisms and Implications for Catalyst Design for Resid Applications AM - 02 - 53," 2002 NPRA Annual Meeting, San Antonio, Texas.

AM－16－18

用于评价催化裂化催化剂金属中毒的突破性表征方法

Ryan Nickell, Gerbrand Mesu(Albemarle Corporation, USA)
Yijin Liu(SLAC National Accelerator Laboratory, USA)
Florian Meirer, Bert M. Weckhuysen(Utrecht University, Netherlands)
陈 红 马艳萍 译校

摘 要 金属污染物对催化剂材料的影响是任何运行流化催化裂化装置的炼厂所面临的一个关键问题。金属污染物会带来很多影响,例如会导致活性沸石的坍塌、活性基质的烧结、孔堵塞以及脱氢反应的增加。通常,装置工程师通过日常取样以及循环催化剂的分析来监控金属含量。催化剂的性能状况可以通过比表面积、孔容以及其他结构性能的变化趋势来推断,因为这种方法不能真实测量扩散过程的变化,Albemarle公司发明了Albemarle可接近性指数测试法,不论是对于新鲜催化剂还是被污染的催化剂,这种分析手段都可以定量分析重质烃进入催化剂内部孔道和相应催化裂化活性中心的真实情况。这种方法特别适用于工程师对于非常高金属负载量下苛刻操作过程的监控。工业应用数据已经证实存在一个临界Albemarle可接近性指数,低于这个值,炼厂会因为金属污染遭受严重的产量损失。

Albemarle公司与乌得勒支大学以及SLAC国家加速器实验室的研究人员合作,扩展了对于催化剂构造和金属影响的认识。合作研究团队利用X射线纳米断层摄影法来创建流化催化裂化催化剂的新鲜剂和污染剂中大孔结构的完整三维图。研究团队采用不同能量的X射线进行成像,可以形成催化剂材料中铁和镍位置信息的高精度图像。这种技术可以得到与大孔网络贯通性、金属堵塞以及金属穿透深度相关的详细定量数据。镍和铁最终会不同程度地进入催化剂中,因此,这种方法为催化剂设计的最优技术开发提供了直接的指导。此外,这种方法也揭示出,一些检测失活的实验室方法并不能捕捉到金属的实际分布状况。Albemarle公司期望这种非常强大的分析方法能促进未来高性能流化催化裂化催化剂的开发。

1 概 述

当前的原油供应状况给现代炼厂带来了极大挑战,一个关键因素是最近大量涌入的北美致密油显著改变了传统的产品质量和价格模式。过去,相对清洁的瓦斯油要求售价更高,而富含金属的含硫原油则在售价上大打折扣。现在可以非常低的价格获得超轻油(API度高),但是北美炼厂并没有直接投资利用这些新来源的原油。许多炼厂针对重质原料进行了工艺优化,并且寻找重质共混原料来“平衡”致密油以便降低进料的API度。例如,Western Canadian Select重质原油会带来镍、钒和铁等多种金属毒物。尽管典型的致密油馏分含有很少的钒和镍,但通常会含有大量的铁。最终的混合物可能会带来铁的净增长,并且新一代的炼厂工程师和催化剂开发商都对了解铁和其他金属给流化催化裂化(FCC)催化剂以及装置性能带来的独特影响感兴趣[1-3]。

文中,Albemarle公司、乌得勒支大学以及SLAC国家加速器实验室的研究团队展示了可能是迄今为止最深入的有关"铁和镍污染物对FCC催化剂颗粒中大孔结构影响"的研究成果[4]。本研究给出了关于催化剂孔道网络和金属分布的独特三维图像。通过本文的介绍,读者会对FCC催化剂中镍和铁的影响形成一种独特的认识。

2 铁和镍:FCC中的一般作用

铁按照至少两种截然不同的机理作用在FCC催化剂上,并且这一事实会导致在性能影响方面观察到相互矛盾的实验结果。按照第1种机理,有害物铁确实是一种原料组分,并且以有机物的形式存在,这种铁高度分散在催化剂表面,容易与其他污染物相互作用形成低熔点的共熔相。铁、钠、钙和二氧化硅的组合物可以在非常低的温度(932℉)下熔融,这一条件在FCC操作中容易实现。一旦形成这些共熔相,催化剂颗粒表面会变成玻璃状或釉质化,从而造成永久性的破坏。催化剂表面的孔道关闭,原料分子不再与内部裂化中心相互作用。优质平衡催化剂和遭遇破坏的劣质平衡催化剂如图1所示。

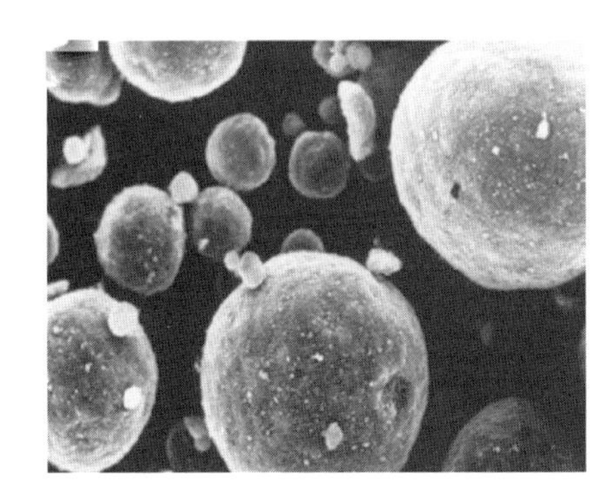

(a)优质平衡催化剂

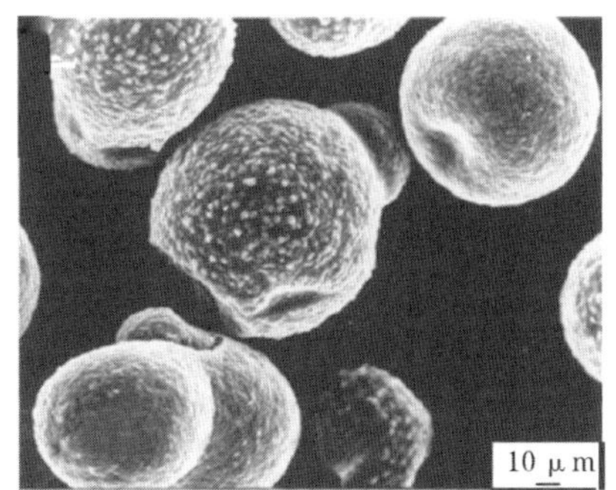

(b)劣质平衡催化剂

图1 优质平衡催化剂和劣质平衡催化剂

随着催化剂表面孔道的闭合,FCC装置表现出性能降低,转化率和催化剂活性下降,而渣油产率则相应增加;脱氢活性增加产生更多的氢气和干气;催化剂颗粒内部扩散变差会带来氢转移程度的增加和汽油辛烷值的降低。图1显示玻璃态的颗粒表面呈现峰谷结构,这种瘤状物的表面减小了表观堆密度,它会导致催化剂循环变差和/或滑阀压差波动。最后,铁可以作为一种燃烧促进剂,这种性能导致再生催化剂在部分燃烧时上面形成更多的焦炭。

按照第2种机理,毒性相对较小的铁作用在FCC催化剂上。这种铁实际是以无机物的形式存在,它来源于小的土壤/黏土微粒甚至装置器件的腐蚀。这种铁可能呈现出力学迁移,就像灰尘微粒从一个表面移动到另一个表面,然而,局部岛状区中存在的沉积铁实际上并不能通过整个催化剂颗粒表面的釉质化来减少颗粒内部的扩散。关于这两种机理的更多信息可以查阅Albemarle公司2015年10月针对AFPM问答与技术论坛版块问题81的回复[5]。然而,目前讨论的关键点是,催化剂上大部分高含量的铁并不一定意味着装置会遭受性能影响,只有上釉于颗粒表面并且影响颗粒内部扩散的这部分有机铁才是有毒的。因此，感兴趣的技术人员应该集中研究能够反映催化剂颗粒上铁（和其他金属）实际扩散影响的分析方法。

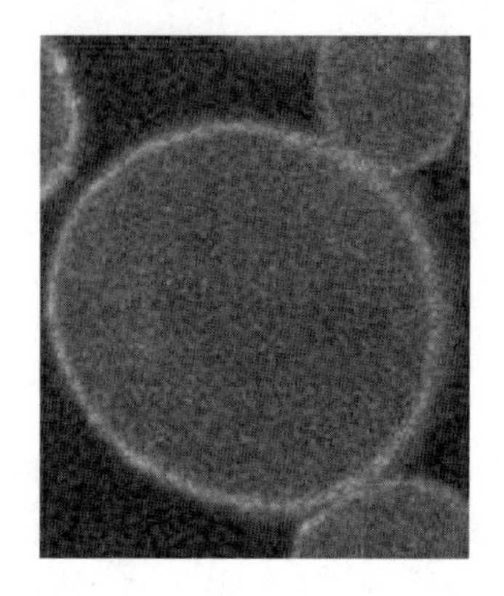

图2　FCC催化剂上铁污染状况

关于催化剂的设计，金属污染物的迁移性和位置是一个关键因素。前面提及的“有害的”铁来源于原料中的有机铁，镍和有害的铁都呈现出有限的迁移能力，并且集中在FCC颗粒的外部边界。相反，钒在颗粒之间和颗粒内部都呈现出迁移能力。采用扫描电镜和能量色散光谱法对平衡催化剂和实验室失活催化剂中镍和钒在催化剂颗粒横截面上的分布情况进行测量[6]，结果发现，钒从催化剂颗粒边界到中心的分布都相对均匀，镍则明显集中在催化剂外部约2μm处。以铁为例，我们展示出利用伪彩色映射技术得到的横截面扫描电镜图，如图2所示，铁以清晰的环状集中在颗粒边缘。

从原料中累积到催化剂上的镍和钒会对FCC装置带来不良的性能影响。这两种金属在FCC条件下起到脱氢催化剂的作用，并且任何一种金属浓度的增加都会导致焦炭、氢气和干气产率的提高，这种变化的程度大小取决于原料、催化剂类型、时限（停留时间）以及其他因素。钒的脱氢活性是镍的1/4～1/5[7]，钒对沸石稳定性的影响最为重要，正如在其他地方报道的一样，钒在FCC条件下会形成钒酸；钒与钠的相互作用会导致Y型沸石的严重破坏以及催化剂活性的损失[8]。总的来说，许多金属都会影响催化剂的性能，本文将着重介绍镍和铁的作用。

3　铁和镍：传统分析工具的局限性

多年来，技术人员开发了许多方法来量化金属中毒的影响，下面综述几种常用方法的功能和局限性。

氮气吸附法是快速评价FCC催化剂孔道结构和表面积的方法。这种手段在快速评价一个特定装置中的一种特定催化剂上增强的金属影响时是有用的，但表面积观测结果趋势的因果关系带有误导性。多种现象是同时发生的，随着催化剂上金属的累积，沸石会出现崩塌、基质烧结并且孔道开始堵塞。纵观装置和催化剂技术，对这些趋势的解释会因为原料、工艺苛刻度以及催化剂组分的内在区别而更加困难。最终结果是，一家炼厂可能会在采用总比表面积为X m^2/g的平衡催化剂的某种催化剂技术时观察到很差的性能，但会在采用具有完全相同总比表面积的另外一种技术时观察到非常好的性能。

塔底油改质是许多炼厂的一个关键性能指标，但气体吸附法通常与塔底油改质的关联并不密切。氮气吸附法利用了一种平衡气体，氮气需要足够的时间渗透到颗粒表面，获取来自内部孔道的比表面积，并且让样品容器中的压力达到平衡。因此，经常有报道认为在FCC装置条件下，吸附试验并不容易测定比表面积。在目前现代的FCC装置中，通过扩散来获得比表面积和孔径的能力是有限的。本文中，我们利用北美炼厂（以下简称为炼厂A）的案例研究提出几个观点。图3显示了实验室实验装置在14个月中轻质循环油/塔底油改质与平衡催化剂比表面积之间的关系。

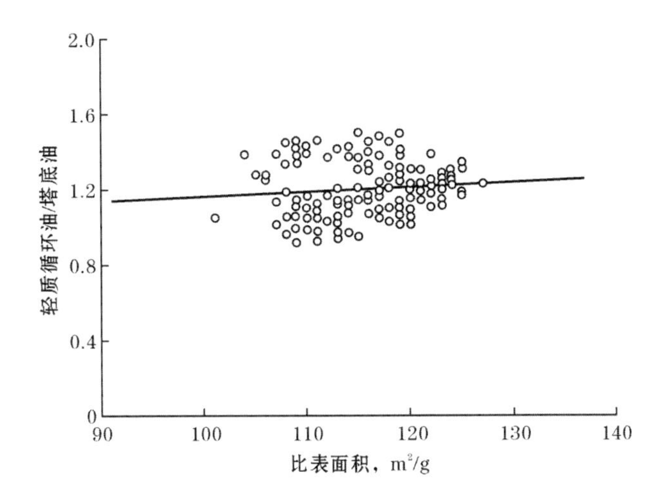

图 3　炼厂 A 的轻质循环油/塔底油(实验室)与平衡催化剂比表面积之间的关系

图 3 呈现一条略向上的斜线,然而,这种影响在统计学上则是无关紧要的(斜率值约为 0.2)。比表面积并不能恰当描述催化剂在塔底油改质中的性能。

总之,气体吸附法不能揭示单一金属污染物与催化剂之间相互作用的机理。除水热作用的影响外,钠、钒、镍、铁、其他污染物或这些金属的组合物都有可能破坏比表面积。

二维扫描电镜法是一种更加先进的催化剂金属中毒评价方法。Lappas 等制作了催化剂颗粒横截面样品,并利用能量色散光谱法得到镍和钒从颗粒核心到外部边缘的浓度谱图[6]。Yaluris 等利用这种手段证实了铁富集在铁污染催化剂的瘤状物中。最近,BASF 公司改进了这种方法并提出了一种外部沉积物指数,即边缘浓度与核心浓度的比例[9],报道值是从大量测量颗粒的结果中汇总出来的。这些扫描电镜法虽然对于评价金属谱图是有效的,但并没有显示出孔道连通性、金属导致的孔道闭合,或孔道闭合与金属类型之间关系的相关信息。这些方法主要反映的是金属污染物的位置和浓度。

针对前述方法存在的缺陷,Albemarle 公司开发了一种真正定量分析任意一种 FCC 催化剂扩散能力的实验[10]。Albemarle 可接近性指数(AAI)可反映扩散能力(可接近性),并且当所有其他关键的催化剂指标(磨损指数、堆积密度等)都满足时,其值越高越好。可接近性的概念可以定义为,在一段给定的时间范围内,有机大分子与催化剂内部活性裂化中心之间相互作用的能力。

Albemarle 公司分析了前述炼厂 A 的 AAI,图 4 给出了 AAI 值与铁加入量之间的关系。

数据清晰地反映出 AAI 值随着催化剂上铁的积累(中毒)而下降,这个比率(斜率)会随着 FCC 装置的不同而变化,也会随着催化剂技术的不同而变化。

Albemarle 公司指出,对于各种各样的 FCC 装置设计和操作模式,AAI 值都可与催化剂的性能建立很好的关联。一旦 AAI 值降低到临界值以下,转化率降低且产量遭受影响,主要是油浆增多,汽油减少。图 5 显示全世界炼厂平衡催化剂的实验室检测数据可以作为说明这个普遍效应的一个实例[11],塔底油的改质正如测定的一样,随着 AAI 值的降低,轻质循环油/塔底油的比率明显降低。

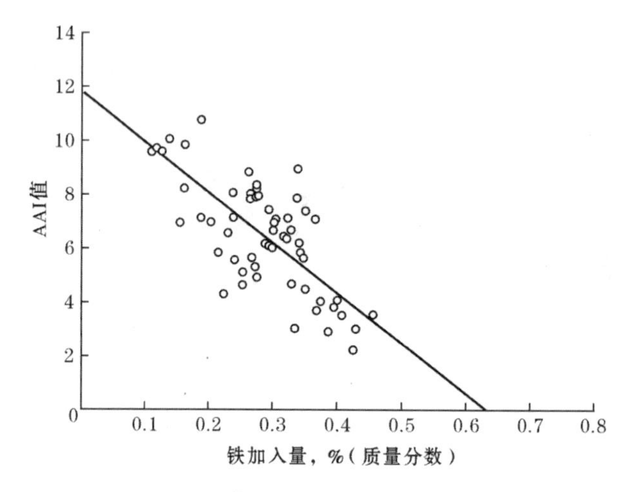

图4　AAI值与炼厂A铁加入量的关系

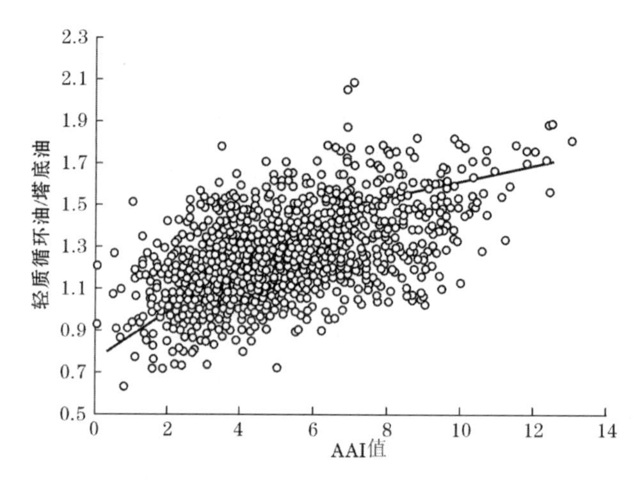

图5　轻质循环油/塔底油（实验室）与AAI值之间的关系[11]

图6特别说明了炼厂A的塔底油改质与AAI值之间的关系，这条斜线的斜率为1×10^{-6}，因此，我们认为这种影响在统计学上是显著的，它的置信度超过95%。

Albemarle公司的AAI分析法具有很强的优势，不仅与工业现场的性能非常吻合，而且可以快速完成日常的装置监控。这种方法是标准化的，单点指示器可以用于新鲜催化剂、实验室失活催化剂以及平衡催化剂的分析。Albemarle公司在技术服务和研发过程中会定期进行这种分析，确保Albemarle公司准确排除装置故障，并开发出具有优异性能的可接近性高的催化剂。

尽管AAI分析方法是有效的，但它并不能给出影响扩散能力/可接近性的颗粒构造的初步认识。AAI分析方法与其他传统方法一样，都不能定量测定孔道分布网络的尺寸或催化剂表面开口的数量。此外，网络的数量以及网络中孔道的连通性也无法测定。传统分析方法不能揭示哪种污染物以多大的量限制了孔道网络，Albemarle公司、SLAC国家加速器实验室以及

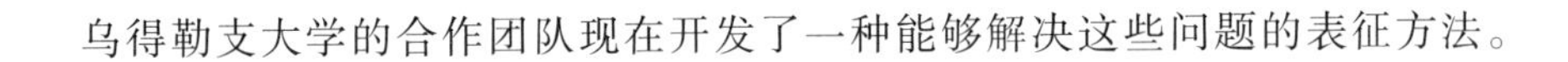
乌得勒支大学的合作团队现在开发了一种能够解决这些问题的表征方法。

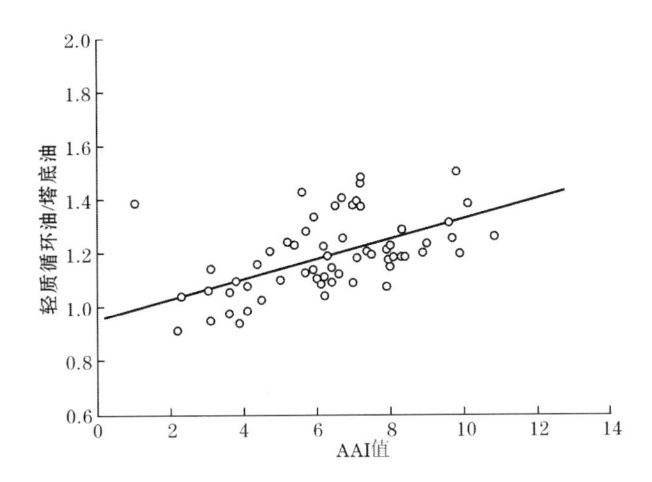

图 6　炼厂 A 的轻质循环油/塔底油(实验室)与 AAI 值之间的关系

4　测量 FCC 催化剂中金属的 X 射线纳米断层摄影法

这种突破性的表征方法是利用先进的软件,通过收集同步辐射全视场透射 X 射线显微镜拍摄的二维图像,重新构建整个 FCC 催化剂颗粒的三维图像,图 7 给出了一个代表性的装置。

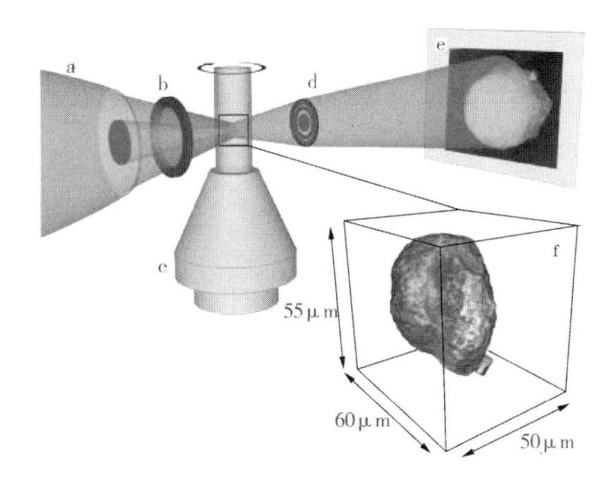

图 7　用于测量 FCC 催化剂颗粒的 X 射线断层摄影仪以及炼厂 A 的一个平衡催化剂颗粒的表面图像

a—特种光学器件;b—样品;c—透明毛细管;d—波带片;e—闪烁屏;f—三维图像

这种透射 X 射线显微镜的工作原理很像光学显微镜,但使用的是 X 射线而不是可见光。特种光学器件将 X 射线聚焦到样品上,并且在大视场内将整个样品照亮。X 射线穿透样品后碰撞闪烁屏,将 X 射线转化成相机芯片(像智能手机中使用的相机芯片以及类似的设备,但是更高级)可以记录的可见光。采用波带片将图像放大,波带片主要是一种用于 X 射线的 Fresnel透镜,它与灯塔上的透镜类似。催化剂颗粒安装在可以安全保存样品并能旋转的透明毛细管中。通常,每个样品需要在不同角度拍摄100多张图像,投影图像的二维分辨率高于50nm,像素大小为$32nm^2$。采用先进的数学算法可以将这些二维图像结合起来创建催化剂颗粒完整的三维图像,最终的三维数据以$64nm^3$的体素进行采样,在置信度为95%时得到的估算分辨率约为300nm,换句话说,这种技术可以拍摄小到64nm的大孔。最终的图像显示出样品内部结构的完美细节,包括材料密度较高或较低的区域,催化剂颗粒中诸如孔洞或孔道的大孔特征都可以清楚看到。

值得注意的是,人们也能够利用这种技术来展示FCC催化剂颗粒中单一金属污染物的分布情况,每种元素会根据原子序数的不同,吸收X射线的情况也有所差异。在某个特定能量下,个别元素会比其他元素吸收强得多的X射线,在特定能量下这种X射线吸收能力的突然增加称为一种元素的X射线吸收跃迁(图8)。为了展示单一元素(如铁或镍)的分布情况,人们可以在吸收限以下和以上拍摄2张X射线图像,对比这2张图像吸收能力的差别,就可以得到单一金属的分布图像。按照前面描述的方式,这些二维图像可以组合成污染金属的三维图像。这种高级的断层摄影法的其他细节在其他地方也提到过[4]。

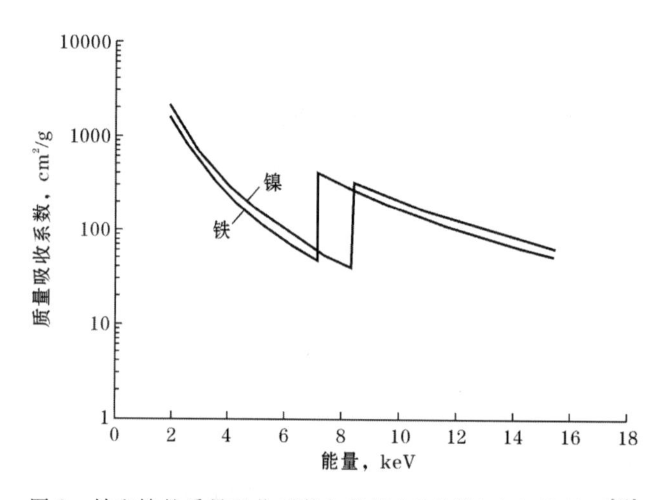

图8　铁和镍的质量吸收系数与能量(吸收限)之间的关系[12]

5　结论:FCC催化剂上铁和镍中毒的表征

为了说明这种方法的突出性能,我们给出了采自炼厂A的新鲜催化剂和平衡剂的结果,见表1,炼厂新鲜催化剂的AAI值为9,比表面积为$262m^2/g$。按照制订的密度分离法[13],将平衡催化剂样品分成“年轻”和“年长”部分,因为金属会随着时间积累,所以平衡催化剂的使用时间与金属负载量成正比。正如预期的结果一样,表1显示了年长平衡催化剂中含有较多数量的全部金属污染物,包括铁、镍和钒。

表 1　X 射线断层摄影法分析的催化剂性能

催化剂性能	新鲜催化剂	年轻平衡催化剂	年长平衡催化剂
氧化铁,%(质量分数)	0.34	0.79	0.96
氧化镍,%(质量分数)	—	0.33	0.59
氧化钒,%(质量分数)	—	0.53	0.74
比表面积,m^2/g	262	134	93
AAI 值	9	5	2

5.1　孔道网络形态

图 9 展示了炼厂 A 中催化剂颗粒局部非常详细的大孔形态。图 9(a)显示的是基于透射 X 射线显微镜记录的断层摄影数据模拟的穿过催化剂颗粒的虚拟切面,浅灰色和深灰色的图像分别代表了铁和镍的三维分布情况。将白色方框中的次体积放大来展示催化剂孔隙中的金属分布。在图 9(b)(铁的信号关闭)中,通过展示有和没有“网络网格”的孔隙来说明由测量的孔道分布形成的孔道连通性。在图 9(c)(铁的信号打开)中再次通过展示孔道网络来说明铁对孔道网络的影响。孔径、弯曲度、位置和整体孔道的复杂性都很容易看到。我们可以采用先进的模拟方法来选择催化剂颗粒中的进入点,并在颗粒中进行虚拟移动的同时进行观测。这些方法都有力地说明了 FCC 催化剂中的孔道网络形态以及金属污染物的具体位置。

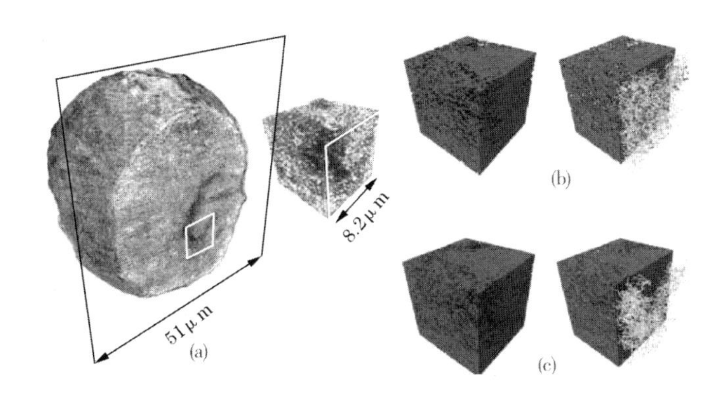

图 9　平衡催化剂颗粒以及局部结构(来自炼厂 A)中展示的孔隙空间、孔道网络以及铁的影响

5.2　金属污染物的穿透深度

与传统扫描电镜法不同,这种断层摄影法会根据完整的三维数据得到金属浓度谱图。催化剂颗粒的数据被收集到颗粒中具有相同厚度但在不同深度的同心球壳(也就是“洋葱层”)中,铁和镍的浓度被平均分配到每个壳层中。这种方法可以对颗粒的真实形状(缺少圆球度)进行解释,图 10 给出了炼厂 A 中年轻平衡催化剂和年长平衡催化剂上铁和镍的分布情况。

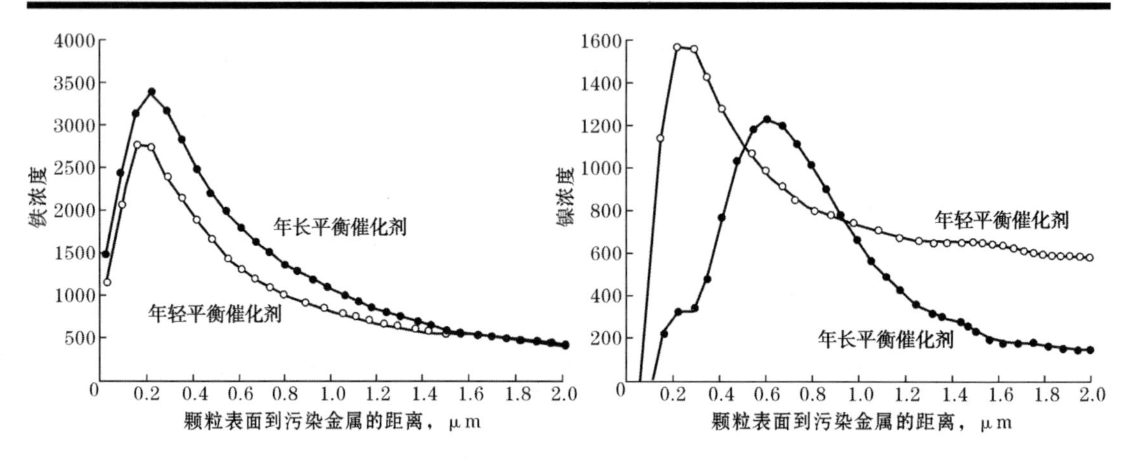

图 10　炼厂 A 催化剂上铁和镍的浓度

镍和铁实质上只渗透到催化剂颗粒中大约 2μm 的深度，这一发现与之前的公开结果一致[6]。断层摄影法能够提供这个 2μm 层内的详细细节。在年轻平衡催化剂中，镍的最大浓度出现在大约 200nm 的深度；在年长平衡催化剂中，镍的最大浓度相似，但出现在大约 600nm 的深度；对于铁，不管催化剂颗粒寿命多长，铁的最高浓度都在低于 250nm 的深度中。镍的最高浓度在年长平衡催化剂中的位置更深，这说明镍具有一定向催化剂核心迁移的能力，当考虑到一个典型催化剂颗粒通常具有 60μm 的直径时，镍则相对来说还停留在催化剂表面附近。这一发现与其他工作的结果一致，这说明在充足的时间和适当条件下，镍可能会在催化剂颗粒中非常缓慢地移动，从而出现“色谱上的锋面”[14]。

金属污染物由于进入催化剂孔隙，从而减少了每个同心环上的孔隙率（孔隙分数），这种影响可以被量化，图 11 说明了铁和镍在各个深度带来的孔隙率的减少。与预期结果一样，孔隙率的减少通常与某个深度的金属浓度成正比；金属之间的一些相互作用可以观察得到。当铁带来的孔隙率减少接近 300nm 深度的峰值时，镍则在相同深度附近出现局部最小值。

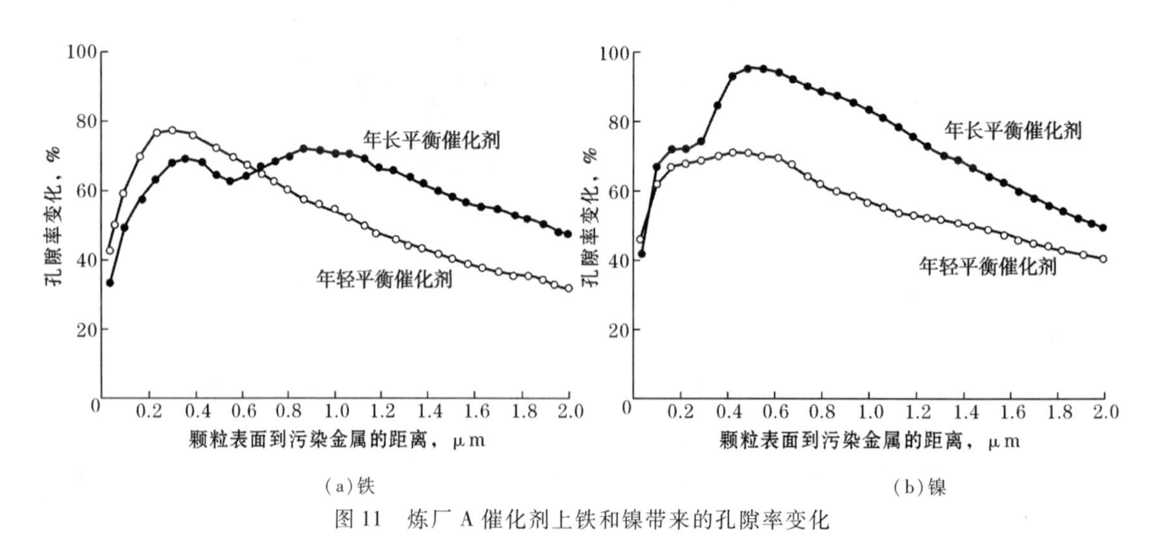

图 11　炼厂 A 催化剂上铁和镍带来的孔隙率变化

5.3 颗粒可接近性的三维评估

或许最有见地的信息就是对颗粒表面上大孔的量化以及金属污染物对这些大孔的影响。表面上的大孔对于催化剂性能来说非常重要,因为它们提供了进入催化剂颗粒内部的路径,并且包含大量的活性组分。大多数人熟知那种拉长的椭圆形地图通常用来代表地球,这些相同的摩尔魏特投影图可以用来合理解释目前二维纸面上的三维断层摄影数据。图 12 中的每个着色点(不是浅灰色)代表着来自炼厂 A 新鲜催化剂上的单个表面大孔开口,浅灰色的区域并没有表面大孔开口。根据详细的断层摄影数据,我们能够确定每个表面大孔开口与下面孔道网络之间的连通性;我们能够明显观察到下面的孔道网络是一个单个的连续网络,它占颗粒总孔容的 95%,连接到这个主网络上的表面瘤状物相应标注为黑色。用其他颜色标注的点只代表与更小的大孔网络连接的其他表面开口(瘤状物),这种更小的大孔网络在大孔总孔容中占很小比例。换句话说,深灰色的瘤状物是连接到一些小的大孔网络上的一个表面开口,这个小的大孔网络占总孔容的比例非常小。

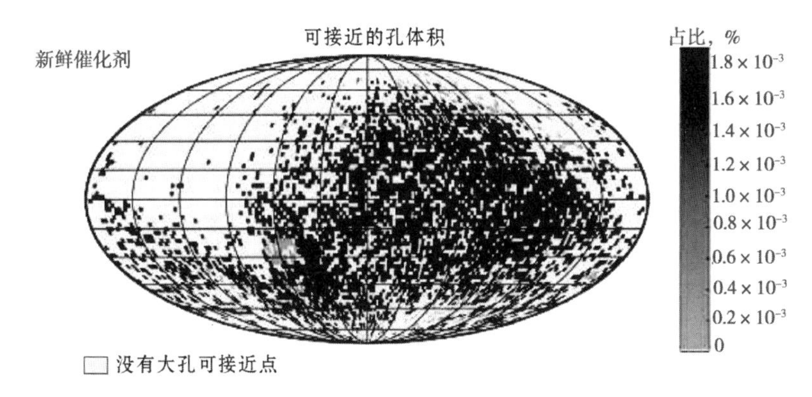

图 12 新鲜催化剂的表面孔道以及连通孔道在孔容中的占比

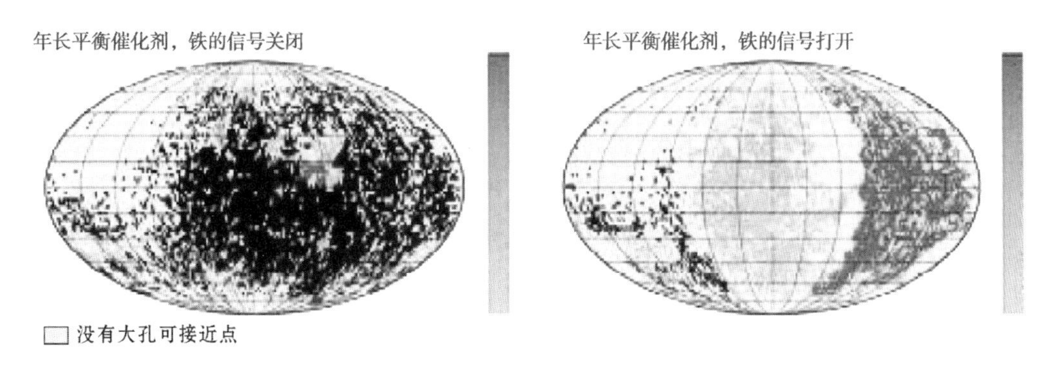

图 13 年长平衡催化剂的表面孔道以及铁对连通孔道在孔容中占比的影响

如前所述,每种金属污染物的“可见性”可以通过我们提出的方法测定并给出低于或高于吸收限的图像。图 13 显示了铁的信号关闭时(低于吸收限)年长平衡催化剂上表面大孔开口的分布情况。由于铁不可见,颗粒上广泛分布的表面瘤状物绝大多数连接到一个单个的大孔主体网络上。有趣的是,催化剂颗粒看起来与图 12 中的新鲜催化剂非常相似,当铁的信号打开时,我们观察到占总孔容 95% 的主网络上连接的表面开口数量出现了明显减少。事实上,仍旧与主网络相连的原来表面开口不到 7%,现在这些开口连接到占总孔容不到 5% 的更小的网络上。正如在图 10 中展示的一样,金属污染物的穿透深度超过 2μm 时,穿透深度就变得不重要了,金属污染物大量沉积在颗粒表面附近,阻断了表面开口与大量孔隙之间的连通作用。总的说来,我们观察到从催化剂表面到内部孔隙(以及内部活性中心)连通性的灾难性破坏。

对镍的类似分析结果表明,表面瘤状物和孔道连通性也出现相似的明显破坏。图 14 展示了年长平衡催化剂的分析结果,占大孔孔容 98% 的孔道主网络(没有黑点)上并没有连接表面瘤状物,因此,只有不到 2% 的大孔孔容可以与表面相连。

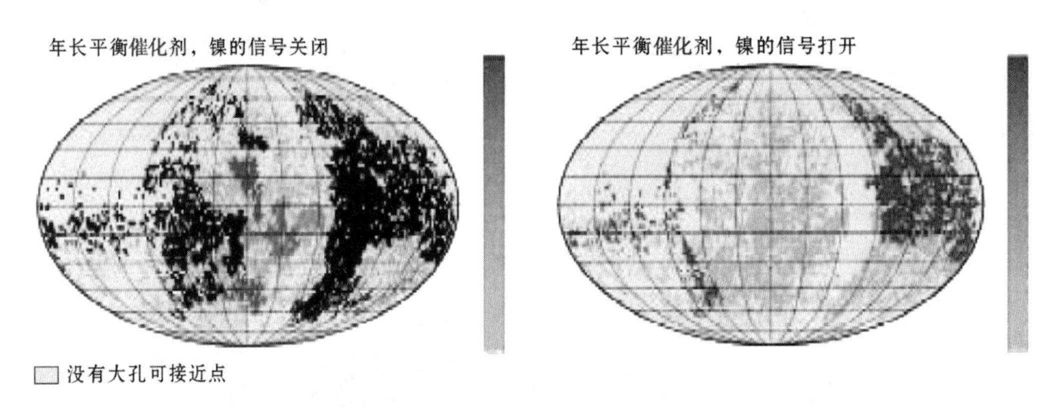

图 14　年长平衡催化剂的表面孔道以及镍对连通孔道在孔容中占比的影响

必须强调,表面瘤状物或者与大孔主网络连通性的破坏并不是绝对的,如前所述,这种分析方法的分辨率对大孔来说是有限的。金属污染物可能会使孔道全部关闭,或者只是将孔径减少到介孔范围(2～50nm),对于后面这种情况,孔道实际上仍然是开放状态,但会以介孔路径进入观察到的大孔主网络中。这种情况在我们的分析中表现为一个封闭孔道。

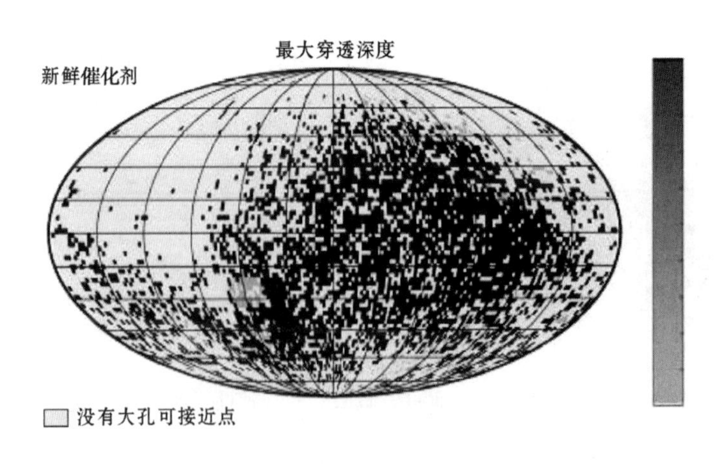

图 15　新鲜催化剂中的表面孔道以及每个孔道的可穿透深度百分比

金属污染物的穿透深度也可以通过摩尔魏特投影图进行说明,图 15 至图 17 给出了这方面的信息。穿透深度用一个百分数表示,因此,穿透深度按照具有等效球直径的催化剂颗粒半径分割,这个深度是选取任何一条路径从相应表面瘤状物进入催化剂颗粒内部所能获得的最大深度。此外,还存在一个单一的孔道主网络。因此,新鲜催化剂中的大部分表面瘤状物都有一个常规的穿透深度。确切地说,一个从黑色瘤状物进入催化剂颗粒内部的分子能够穿透到等效球直径的86.2%处。

对于平衡催化剂,当考虑金属污染物的影响时,穿透深度则出现大幅下降。对于炼厂A的年长平衡催化剂,由于铁的影响,大部分表面瘤状物显示出低于6%的穿透深度。年长平衡催化剂仍然包含大量的表面瘤状物,但它们只与外层中的小孔网络连接,因此,当一个低的非零AAI值为2时,它在直观上是正确的(AAI值主要受催化剂颗粒最外层内的扩散影响)。铁和镍的主要区别在于孔道关闭的比率。镍的穿透深度降低更快(年轻平衡催化剂样品中有很少的黑色瘤状物),然而,这些关闭的大孔很可能是堵塞的大孔形成的介孔,但采用这种方法不再能够观察到。这个预测结果将在下面的章节中进一步讨论。

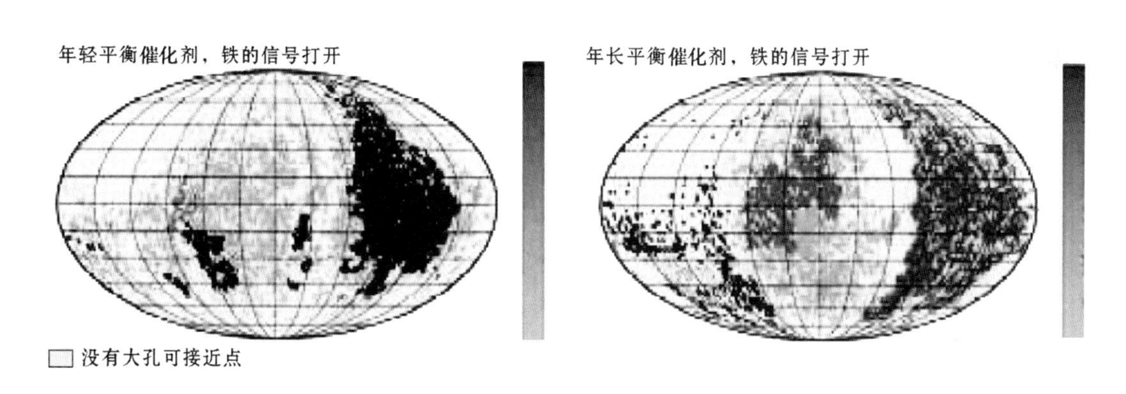

图16 铁带来的年长平衡催化剂与年轻平衡催化剂中的穿透深度损失

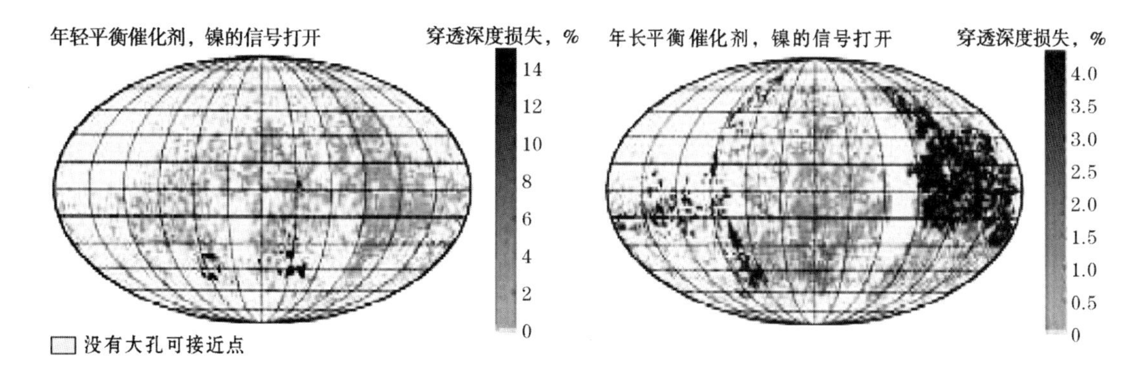

图17 镍带来的年长平衡催化剂与年轻平衡催化剂中的穿透深度损失

6 结果与讨论

6.1 结论和方法的解释

三维X射线断层摄影法为观察FCC催化剂的结构以及催化剂暴露在铁和镍中的有害变化带来了突破性的认识,该方法是第1次能够针对催化剂内部大孔网络全方位地绘制地图。一个重要的发现是FCC催化剂的结构中只有一个连续的大孔网络,而过去的研究工作表明,铁和镍集中在催化剂外表面[6]。我们现在发现,采用这种方法可以用定量的方式来说明这些金属如何通过表面进入点快速阻断孔道主网络的。随着金属的积累,渗透深度(从表面瘤状物)迅速下跌到6%以下,超过90%的表面开口与低于总孔容5%的孔道连接,因此我们推断,催化剂的最外层对于催化性能来说是最重要的。

这种方法虽然很强大,但也有它的局限性,在不同能量的X射线条件下操作时会带来孔道网络测量值之间的差别。因此,只有在窄的能量范围中才能进行数据比较,比如,能量刚好就在一个给定元素的吸收限以下和以上。在不同能量X射线条件下测量的铁和镍的孔道网络都非常大,因此不能直接进行比较。每种金属带来的孔道形态变化和相对百分比变化仍然是可以测定的。

按照这种方法可能会探测到孔道的彻底关闭,特别是对于镍,这肯定是错误的。当测量尺寸比固有分辨率约300nm还小时,置信度会低于95%。随着镍在催化剂上的聚集,金属可能会将较大的大孔变成较小的大孔和介孔。当镍富集时,采用这种方法观测这些较小的孔道可能会表现为完全关闭状态。我们的结论表明,镍封闭孔道的速率非常快,比铁更快(图16和图17),我们推测,镍很可能快速聚集后产生了更小的孔道;与此相反,铁会彻底关闭孔道(图1中的釉质化区域),但堵塞速率较慢。

与镍相比,铁会更彻底地关闭大孔孔道,这与Albemarle公司大多数的现场经验一致。从所有供应商处买来的全部工业用的催化剂在按照Albemarle公司的AAI测试法测量可接近性时大都呈现下降趋势,根据经验来看,这种下降与金属的聚集效应(即,铁+镍+钙+…的总和)有关。金属的确切组合会随装置不同而变化。可是,Albemarle公司发现,通常铁会对AAI值的下降起到最大作用,图4也很好地说明了这个趋势。事实上,Albemarle公司观察到铁的这些作用(用钠、钙等作为助熔剂)可能会掩盖诸如镍的其他作用。对于炼厂A的实例研究来说,AAI值与镍(没有展示)之间并不能建立起一种经验关系式,很可能是因为,铁在AAI值的下降方面占主导作用,而镍是将大孔转化成了介孔,这种介孔仍旧能够提供可测量的可接近性。

6.2 催化剂测试结果

对平衡剂的X射线断层摄影结果表明,随着金属的累积,催化剂的可接近性下降,并且镍和铁都集中在催化剂的最外层。如果实验室方法的目的是建立平衡催化剂的仿真模拟,那么他们必须生产出可测量到AAI值减少并且镍/铁的谱图都集中在催化剂最外层2μm处的样品。实验室方法通常不能满足这些要求,例如,诸如Mitchell浸渍法的初湿浸渍方法能够将金属均匀地沉积到催化剂颗粒内的空间中,而其他方法只能将金属沉积到催化剂的外层,但是蒸汽含量高时通常会改变孔道结构并导致 AAI 值波动,这样得出的结果就会与现场经验不一致。因此,Albemarle 公司强烈建议在催化剂筛选时要针对实验室方法进行背靠背的工业试验。Albemarle 公司为这些工业试验提供了先进的模拟支持手段来保证任何工艺过程中的波动都正常化。

6.3 催化剂设计结果

由于镍和铁都集中在催化剂最外层,因此应该将活性组分集中在最外层来抵消这些污染金属,只要他们不会对其他功能组分产生负面影响。例如,对最外层的镍进行过度捕捉或专门捕捉很可能会对烃类的扩散以及进入基质内部和沸石裂解中心产生阻碍。Albemarle 公司认为,塔底油改质取决于 AAI 值,这个指数主要用于衡量催化剂最外层的扩散程度。如果认同这个观点,催化剂最外层的组分必须要平衡不同的活性组分(金属捕捉剂、沸石、基质等)。

6.4 催化剂现场应用结果

对塔底油改质要求很高的炼厂应该使用可接近性高的催化剂(图 5),这种催化剂能够让反应物和产物在催化剂最外层中最大范围地扩散。利用 Albemarle 公司的 AAI 分析法可以对平衡催化剂的可接近性进行常规监测,如前所述,采用诸如氮气吸附等其他检测法并不够有效。AAI 值的监控对于原料中金属含量高的炼厂尤其重要,炼厂应该与它的现场技术服务代表一起确定哪种金属(即铁、镍、钙、钠、钒以及这些金属的组合物)会对 FCC 装置中的可接近性影响最大。

参考文献

[1] C. Pouwels, K. Bruno and Y. Yung, "Processing Power - Upgrader FCCU Catalyst Processes more Resid Feedstock," Hydrocarbon Engineering, June 2010.

[2] C. Pouwels and K. Bruno, "FCC Catalyst Technology to Maximize Propylene," Chemical Industry Digest., February 28, 2016.

[3] A. Kramer and G. Yaluris, "Take ACTION - to Maximize Distillate and Alky Feed from your FCC Unit," AFPM Annual Meeting, no. AM - 14 - 26, 2014.

[4] F. Meirer, S. Kalirai, D. Morris, S. Soparawalla, Y. Liu, G. Mesu, J. C. Andrews and B. M. Weckhuysen, "Life and death of a single catalytic cracking particle," Science Advances, vol. 1, 2015.

[5] AFPM, "2015 Q&A Answer Book," in 2015 Q&A and Technology Forum, New Orleans, 2015.

[6] A. A. Lappas, L. Nalbandian, D. K. Latridis, S. S. Voutetakis and I. A. Vasalos, "Effect of metals poisoning on FCC products yields: studies in an FCC short contact time pilot plant unit," Catalysis Today, vol. 65, pp. 233 - 240, 2001.

[7] R. H. Nielsen and P. K. Doolin, "Metals Passivation," in Fluid Catalytic Cracking: Science and Technology, Elsevier, 1993, p. 340.

[8] C. A. Trujillo, U. N. Uribe, P. - P. Knops - Gerrits, L. A. O. A and P. A. Jacobs, "The Mechanism of Zeolite Y Destruction by Steam in the Presence of Vanadium," Journal of Catalysis, vol. 168, pp. 1 - 15, 1997.

[9] M. Clough, "Understanding Iron Contamination on FCC Catalysts," RefComm Galveston, May 4 - 8, 2015.

[10] R. J. Jonker, P. O'Connor, N. J. Hendrikus and E. Wijngaards, "Method and Apparatus for Measuring the Accessibility of Porous Materials with Regard to Large Compounds". USA Patent 6828153, 7 December 2004.

[11] K. Bruno, A Revealing Look at FCC Catalysts: Profitable Operation with "Opportunity" Feeds, AFPM Annual Meeting, no. AM - 04 - 59, 2004.

[12] National Institute of Standards and Technology, "X - Ray Form Factor, Attenuation, and Scattering Tables," [Online]. Available: http://physics.nist.gov/PhysRefData/FFast/html/form.html. [Accessed 9 February 2016].

[13] J. L. Palmer and E. B. Cornelius, "Separating equilibrium cracking catalyst into activity graded fractions," Applied Catalysis, vol. 35, pp. 217 - 235, 1987.

[14] G. Yaluris, W. - C. Cheng, M. Peters, L. J. Hunt and L. T. Boock, "The Effects of Iron Poisoning on FCC Catalysts," AFPM Annual Meeting, no. AM - 01 - 59, 2001.

加氢处理及加氢裂化

AM－16－02

利用加氢裂化催化剂体系生产高值产品

Ryan A. Rippstein, David L. Vannauker (Haldor Topsoe, Inc., USA)

马　安　任文坡　译校

摘　要　加氢裂化装置的加氢处理和加氢裂化反应器通常采用定制催化剂，通过优化级配装填方案提高目标产品收率和改善产品质量，以此提升整个装置的盈利能力。Haldor Topsoe公司拥有较宽活性和选择性范围的加氢裂化催化剂系列，能够选择合适的催化剂用于催化剂装填以满足不同的产品结构和产品质量要求。本文介绍了3种不同案例，包括通过改变催化剂实现轻循环油最大化生产柴油和提升柴油质量；通过改变催化剂和操作条件最大化提高柴油收率；通过改变催化剂最大化提升润滑油质量和收率。

（译者）

1　概　述

加氢裂化装置所有者和经营者共同关心的关键问题是如何利用现有资产获取最大收益，需要综合考虑多方面的影响因素，例如，所期望的运转周期是多长？目标转化率是多少？每个运转周期或每个月的产品分布如何？需要什么样的产品质量？追求什么样的市场？是否错失了一些机会？选择哪些装置原料？未来的原油结构如何？什么原料存在采购机会？其他装置因检修或一些事件导致的停产对炼厂带来什么影响？

在选择加氢裂化装置催化剂之前，需要回答上述这些问题或者其他一些问题。一旦催化剂选定，将决定加氢裂化装置的操作周期和机遇，直到下一个运转周期到来。举例来说，3年前一些选择多产柴油催化剂的加氢裂化装置错失了近期石脑油带来的高收益。

加氢裂化装置具有较强的操作灵活性，能够切换不同的操作模式，存在一些基本原则，例如，加氢裂化装置通常配置加氢处理催化剂以脱除加氢裂化原料中的氮杂质。早期的设计和操作非常简单，加氢裂化装置所有者只需挑选1种加氢处理催化剂和1种加氢裂化催化剂。

随着科技的进步，目前通常通过定制加氢处理和加氢裂化催化剂来最大化发挥整个装置的性能。每台反应器可以看作有多个操作区，上一级操作区可以保护和增强下一级操作区的性能。例如，加氢处理反应器可以看作有多个区域：反应器顶部区域通常作为保护层，用以过滤颗粒物和焦炭，这些物质能够影响床层压降以及随进料一起穿过反应器；随后的保护层装填脱金属和催化剂毒物（如硅和砷）催化剂，用以消除能够引起生焦的活性物种；脱金属区域之后是耐金属的加氢处理区域，假如加氢处理反应器达到操作极限以及催化剂装填完全优化，催化剂毒物则开始在耐金属的加氢处理区域沉积；目前，装置加工的进料通常相对清洁，第4级催化剂区域装填高性能的加氢处理催化剂用以脱除进料中的氮；第5级和最后的加氢处理区域则用于进料预处理以优化加氢裂化催化剂性能，催化剂的选择依赖于进料来源、进料性质、装置目标以及操作条件，在某些应用中，选择最大化芳烃饱和催化剂，而在其他应用中，针对相对窄孔道的加氢裂化分子筛，则选择开环和裂化双功能催化剂来加工含氮化合物以及复杂大分子。

加氢裂化反应器与加氢处理反应器类似，同样存在多个催化剂区域：通常第 1 级加氢裂化催化剂是耐氮催化剂，在一些装置中，进料和操作条件（液时空速、压力）决定了反应器 100% 装填这些耐氮催化剂，但是在许多场合这些催化剂要过渡到下一级催化剂；第 2 级加氢裂化催化剂强调产率选择性；第 3 级区域采用择形催化剂，在润滑油装置中这些催化剂用于改善最终产品的倾点和浊点或黏度指数；第 4 级催化剂主要用于改进产物质量，涉及最大化芳烃饱和及产品稳定性后处理催化剂，这一区域主要是改善喷气燃料、柴油和润滑油的质量。

如上所述，加氢裂化催化剂装填优化方案是采用多级加氢裂化催化剂，优化的催化剂体系是复杂的，需要多种不同的催化剂产品。催化剂选择的关键是了解来自上一级催化剂的物流组分、装置目标和操作条件。

Haldor Topsoe 公司拥有较宽活性和选择性范围的加氢裂化催化剂系列，能够选择合适的催化剂用于催化剂装填以满足产品结构和目标产品质量。图 1 仅给出了 Haldor Topsoe 公司加氢裂化镍钨系列催化剂。

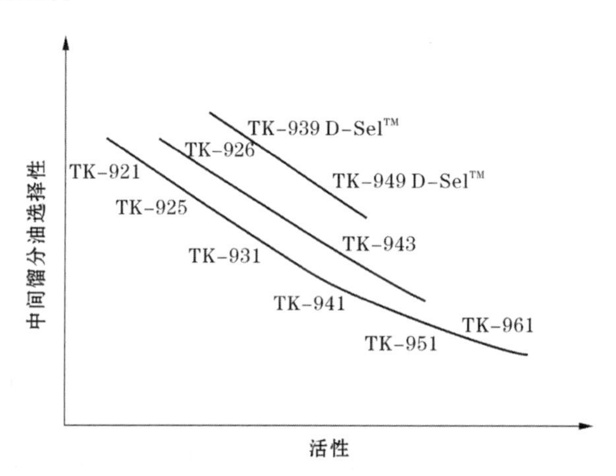

图 1　Haldor Topsoe 公司加氢裂化镍钨系列催化剂

选择加氢裂化催化剂要依据操作条件。在加氢裂化装置中，最复杂的配置是两段加氢，一段反应器装有加氢处理催化剂和加氢裂化催化剂，产物分离后，重组分进入二段反应器。由于二段反应器操作条件不同，一段反应器和二段反应器中装填的加氢裂化催化剂也极有可能不同，但目标一致。一段反应器需要装填具有抗氨（加氢处理步骤产生）性能的加氢裂化催化剂，克服钝化效应，避免造成重大影响。如果一段反应器和二段反应器采用同样的加氢裂化催化剂，达到同样的转化率，反应温差要超过 100℉。由于每升高 20℉，加氢裂化催化剂活性加倍，在没有氨存在环境下，二段反应器的加氢裂化催化剂活性升高32 倍之多。因此，通常要选择不同的催化剂来优化设计和装置性能。

加氢处理和加氢裂化催化剂由类似的组分构成，技术优势体现在从这些组分中获得最大收益。催化剂要从氧化铝结构入手，主要参数包括平均孔径、孔径分布和比表面积。活性组分通常是非贵金属，包括镍、钴、钼和钨。在某些情况下，活性组分采用贵金属，如钯和铂。除金属组分外，加氢裂化催化剂可以包含多个具有异构化和选择性裂化功能的活性组分，改变分子形状或减少相对分子质量。这些活性组分包括无定形组分、具有裂化功能的分子筛以及具有异构化功能的择形分子筛。催化剂优化设计要选择材料种类，然后做出目标活性、强度、浓度等方面的决定。

加氢裂化催化剂和工艺技术对加氢裂化装置盈利和未来可持续发展做出了诸多贡献。在牢固的催化基础之上，开发了新的业务选择和创新方案，用于改造加氢裂化装置。许多案例证实了通过改变加氢裂化催化剂装填方案，炼油商实现了数百万美元的额外收入。本文介绍了一些应用案例，包括通过改变催化剂实现轻循环油（LCO）最大化生产柴油和提升柴油质量；通过改变催化剂和操作条件最大化提高柴油收率；通过改变催化剂最大化提升润滑油质量和收率。

2 案例1

该商业案例涉及利用LCO原料最大化生产柴油和提升柴油质量，加氢裂化反应器的柴油质量可以通过裂化深度来改进，在高转化率下，柴油十六烷值高、收率低（表1）。

表1 加氢裂化催化剂体系“A”的反应效果

转化率,%（体积分数）	30	40	50	60	70
十六烷值	23	26	28	30	34

以LCO为原料，经芳烃饱和，柴油质量也得以改善，然而，受到芳烃饱和生成的环烷烃限制，十六烷值仅能提升到一定水平。采用不同活性金属组分和分子筛添加剂的催化剂体系，可以实现转化率下降、柴油收率大幅提升。表2列举了加氢裂化催化剂体系“B”的反应效果。

表2 加氢裂化催化剂体系“B”的反应效果

转化率,%（体积分数）	30	40	50
十六烷值	30	32	34

该催化剂体系的经济效益通过增加高质量柴油生产、减少喷气燃料调和组分产量来实现。在市场需求转向石脑油时，该催化剂体系能够保持生产灵活性。

实现柴油收率最大化涉及对操作的技术理解，在这些研究中，生产商在最大化柴油收率的同时希望保持生产灵活性。测试表明，采用同样的催化剂体系，通过改变加氢处理和加氢裂化间的操作苛刻度能够实现柴油收率增加3%。在另一种情况下，柴油收率升高1%，但通过选择性裂化，十六烷值增加4个单位。

3 案例2

该加氢裂化催化剂装填包括采用改善产品冷流性质的催化剂。在先前的运转周期中，由于受到柴油的倾点和浊点指标要求，炼厂不得不限制加氢裂化转化率，直链烷烃是裂化最慢的分子，随着转化率的增加，直链烷烃浓度增加，导致柴油倾点和浊点升高。然而，可以通过其他手段进行改进，包括喷气燃料调和以及降低进入加氢处理装置的柴油物料的终馏点。

采用改善产品冷流性质的加氢裂化催化剂打开了提升装置盈利的窗口。首先，加氢裂化装置能够拓宽转化范围来满足市场需求；其次，大幅降低柴油倾点和浊点，从而避免采用喷气燃料进行调和；最后，柴油加氢处理装置能够加工较重的原料，这对催化裂化装置购买加工更多蜡油有利，但对扩大加氢裂化操作窗口和清洁产品生产产生不利影响。图 2 给出了前一周期和当前周期的催化剂体系性能，采用 Haldor Topsoe 公司优化的催化剂体系，柴油倾点和浊点大幅改进，同时柴油收率增加。

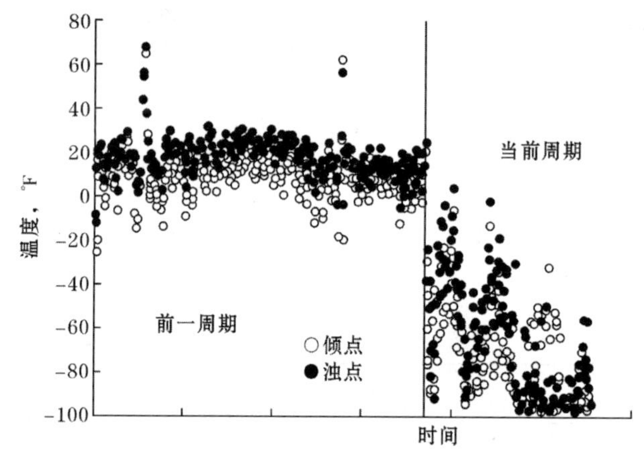

图 2　柴油倾点和浊点变化

4　案例 3

该案例涉及生产Ⅲ类润滑油的加氢处理催化剂和加氢裂化催化剂的进展，如图 3 所示，加氢处理催化剂逐渐改进，近年来未转化油（润滑油）黏度指数也有所增加。该案例在 3 个运转周期内采用同样的加氢裂化催化剂和装填量。黏度指数的改进归因于市场领先的 Haldor Topsoe 公司的加氢处理催化剂TK－609 HyBRIM™提升了芳烃饱和活性。

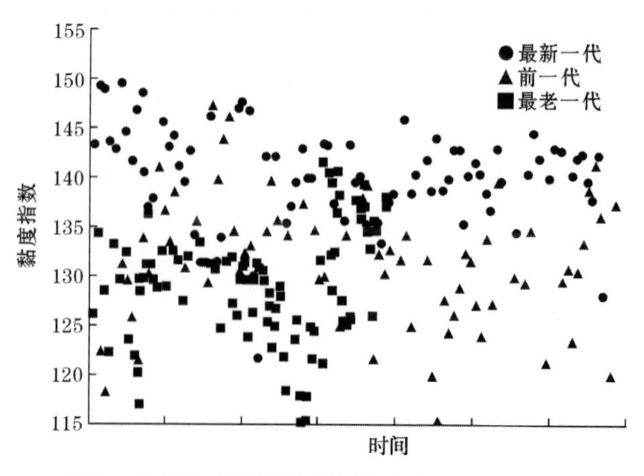

图 3　加氢处理催化剂对润滑油黏度指数的影响

图4给出了加氢裂化催化剂不断发展的影响，通常较低的转化率对应较高的润滑油收率。在该案例中，通过改进加氢裂化催化剂使润滑油收率提升了10%。

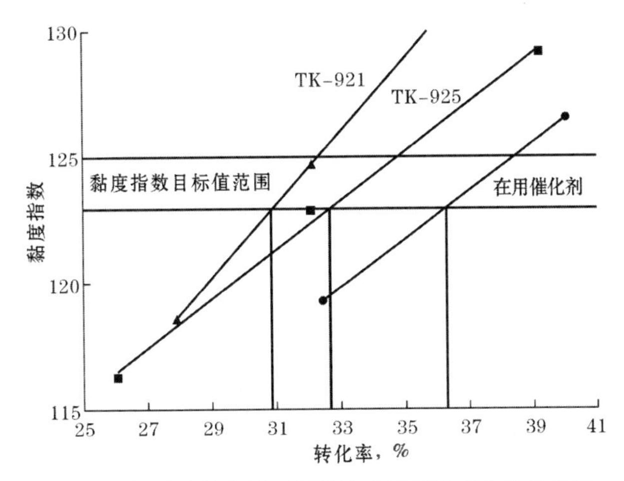

图4　加氢裂化催化剂对润滑油黏度指数或收率的影响

选择催化剂的另外一个重要关键因素是要在技术层面上理解污染物的影响。含氮化合物和氨的影响研究已经开展了多年，基本研究清楚。硫化氢也不是一个问题，但研究表明，高硫原料及循环气硫化氢含量达到一定水平将影响最终的柴油产品硫含量。一些装置设有循环气洗涤塔以直接从加氢裂化装置中生产超低硫柴油。随着生物燃料加工技术的出现，一氧化碳和二氧化碳在氢气中变得愈加普遍，需要弄清楚一氧化碳和二氧化碳的影响及能够接受的最大含量。一些催化剂能够完全消除一氧化碳和二氧化碳，而其他一些催化剂则使得循环气中的一氧化碳和二氧化碳浓度累积超过0.1%（体积分数）。

不论是在炼厂内，还是针对市场，加氢裂化装置存在巨大的优化机会，产品可以直接销售给用户或者其他炼油商。加氢裂化装置可以采用多种催化剂来优化盈利能力和提供市场灵活性，Haldor Topsoe公司已经开发了许多种加氢裂化催化剂技术方案，可以对每套加氢裂化装置提供优化解决方案。一种催化剂不能包打天下！生产车间具有专业性能的优秀团队将更具盈利能力，进而赢得市场。

AM－16－01

改造催化裂化原料加氢处理装置提高炼厂产品分布的灵活性

David Schwalje, Larry Wisdom, Mike Craig
(Axens North America, USA)
朱庆云　郑丽君　译校

摘　要　因墨西哥及南美地区运输燃料需求增加以及美国炼厂处理轻致密油的数量不断增加，近几年要求美国炼油企业多产中间馏分油的呼声越来越高。目前，炼油企业增加中间馏分油最普遍的解决方案包括：限定炼厂处理原油类型；限定原油处理装置及产品分馏塔切割点；降低催化裂化装置苛刻度以提高轻循环油产量；新建高柴油选择性和高转化率的加氢裂化装置；将现有催化裂化原料加氢预处理装置改造为缓和加氢裂化装置。这些选择方案中既包括低成本或不增加成本的方案，如改变产品切割点等，也包括高成本和长期解决方案，如新建加氢裂化装置。实际上，受预算限制、地区产品需求、炼厂装置结构以及处理原油类型等许多不同因素影响，对于每家炼厂的最佳方案也不尽相同。本文主要介绍以低成本、快速解决的方式将现有催化裂化原料加氢预处理装置改造为缓和加氢裂化装置的方案及实施效果。（译者）

1　市场分析

自2010年以来，要求美国炼油企业多产中间馏分油的需求稳步增加，目前产量已达到6.3×10^6bbl/d以上[1]。以下两种因素导致中间馏分油产量增加：一是与欧洲及南美的炼油企业相比，美国拥有轻致密油的原料优势；二是墨西哥及南美地区运输燃料需求增加。2015年第3季度，美国炼厂生产的超低硫柴油出口的几大国家分别是墨西哥（4.6×10^6bbl/月）、哥伦比亚（2.7×10^6bbl/月）、乌干达（2.0×10^6bbl/月）、智利（2.0×10^6bbl/月）和秘鲁（1.9×10^6bbl/月）[2]。柴油仍会继续出口至拉丁美洲，直至2020年，该地区车用柴油将一直以年均2.2%的速率递增[3]。另外，欧洲油品供需结构的不平衡导致汽油需求过剩需要出口，而柴油供应不足则需进口。

近期因美国原油出口禁令的解除，优于欧洲炼油企业的致密油原料优势预计会有所减弱，而由于一些项目延缓，南美及墨西哥的需求仍会持续走强[4]。长期来看，由于受发展中国家商业运输部门消费增长的影响，未来中间馏分油需求将会持续增长。

由于具备高柴汽比能力的炼油企业从2010年开始均已从柴油及汽油产品的价差中获益，因此，美国炼油企业已有改变炼厂柴汽比结构的计划或者试运行项目以多产中间馏分油。项目包括新棕地项目（国外直接投资，但母公司自己不新建厂房，而是购买或者租赁相关设施）、高转化率的加氢裂化装置、炼厂装置结构调整项目以及已计划的多套催化裂化（FCC）装置关停。

然而，以生产柴油从而替代汽油的诱因既不会持续整年，也不会出现在所有地区。在夏季，短期的汽柴油价差季节性的波动总是会历史性地偏向汽油，尤其是在 PADD 3 区以外油品利润受出口影响较少的地区。这种趋势在 2015 年夏季更为明显，这是因为较低的油品零售价格促使美国国内汽油需求增加。另外，因柴油需求降低也使汽油利润一直维持在较高阶段。图 1 为美国自 2010 年以来的柴油与汽油的平均价差[5]。需要强调的是，由于加利福尼亚州催化裂化装置的意外关停，该州汽油供应大幅减少，因此该州汽油利润仍然超过一般汽油的市场价值。

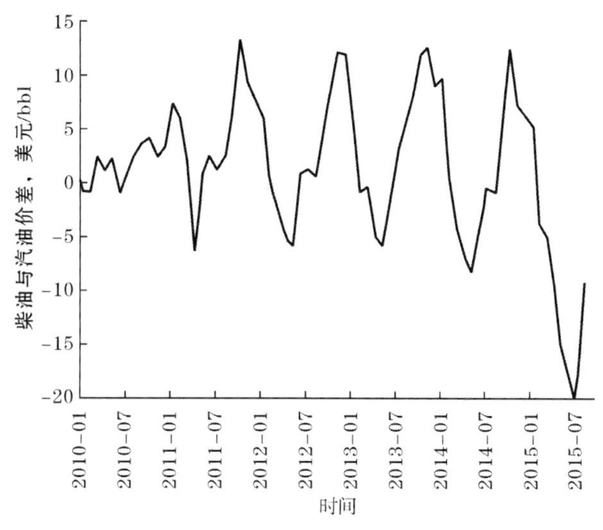

图 1　2010—2015 年美国柴油与汽油的月度价差

近 5 年的变化趋势非常明显，具体迹象为冬季利于柴油的销售，夏季则更利于汽油的销售。总体而言，柴油利润更高，季节性的变化一般维持在 10～20 美元/bbl 之间。炼厂利润季节性的波动不仅取决于原油获取成本，而且与每家炼厂快速应对柴汽比（能够带来最大利润的运输燃料）变化的特殊能力相关。

水力压裂技术的应用带来丰富的天然气供应以及与之相关的甲烷重整制氢成本的降低，炼厂的经济性得以进一步提高。有能力通过加氢裂化有效提高重馏分油和减压渣油转化率的炼油商已从中获得了最大化的经济效益。

2　产品方案灵活性的现场实践

Axens 公司在 2014 年 AFPM 会议上介绍了很多炼油企业可以灵活选择生产汽油和柴油燃料的论文（AM-14-21），题为《美国炼厂汽柴油供需矛盾加剧的解决方案》[6]。实际上，诸如预算限值、地区产品需求、炼厂装置结构以及处理原油类型等许多不同因素的作用，每家炼厂的最佳方案也不尽相同。最普遍的解决方案包括：

（1）限定炼厂处理原油类型。

（2）限定原油处理装置及产品分馏塔切割点。

（3）降低催化裂化装置苛刻度以提高轻循环油产量。

（4）新建高柴油选择性和高转化率的加氢裂化装置。

（5）将现有催化裂化原料加氢预处理装置改造为缓和加氢裂化装置。

这些选择方案包括低成本或不增加成本的方案，如改变产品切割点等，也包括高成本和长期解决方案，如新建加氢裂化装置。不同方案的简单总结会在以下部分进行阐述，接下来主要介绍以低成本快速解决的方式将现有催化裂化原料加氢预处理装置改造为缓和加氢裂化装置。

2.1 限定处理原油类型

根据经济性及装置结构，现代炼厂通常都具备处理多种不同类型原油的能力。不同的原油，其汽油馏分与柴油馏分的含量差别很大，这是调整柴汽比获取经济效益的第1步，例如，阿拉伯轻质原油的柴汽比高至1.12，而西得克萨斯中质原油的柴汽比约为0.85。表1为美国炼厂处理的5种主要原油的性质。

表1 原油性质

性质		西得克萨斯中质原油	布伦特	阿拉伯轻质原油	玛雅原油	阿萨巴斯卡沥青
API度，°API		39	38.6	33.4	22	8.4
硫含量，%（质量分数）		0.27	0.29	1.79	3.56	4.92
馏分，%（体积分数）	石脑油	34	30	25	17	2
	中间馏分油	29	29	28	22	14
	减压瓦斯油	21	29	30	27	34
	渣油	14	9	15	33	50
柴汽比		0.85	0.94	1.12	1.28	7.0

中间馏分油含量较高的原油，其硫含量、氮含量以及芳烃含量也都特别高，对现有炼厂装置结构而言，处理这些原油会受到一定限制。处理原油性质的变化会影响整个炼厂，因此需要对因处理不同性质原油的变化对各套工艺装置造成的影响做充分评估，尤其是对以往主要处理轻质、低硫原油，而现在需要处理重质原油的炼厂的主要二次转化装置能力进行评估。因此，很多炼厂只是增加一部分这种机会原油，不会超过炼厂处理能力的限制。

2.2 限定原油处理装置及产品分馏装置的切割点

对于既定的原油调和，炼油企业可通过调整分馏点进行调和，既可在原油处理装置进行，也可在下游产品分馏装置进行。炼油企业在损失重石脑油和/或减压柴油的情况下，希望常压塔底可最大化地产出中间馏分油。对于馏程轻质部分，操作人员必须考虑闪点问题、低重石脑油十六烷及常压塔的压力限值、产品输出泵、馏出油循环以及下游馏分油加氢处理装置。对于馏程重质部分，在大多数情况下，由于柴油产品要满足硫含量、终馏点以及冷流动性能等质量标准要求，因此柴油的终馏点实际上不能提高。在加氢处理或裂化装置后端的汽提塔和分馏塔都存在类似的限制。催化裂化操作者可最大化地从分馏塔出轻循环油，但是高芳含量的轻循环油的处理必须在馏分油加氢处理装置进行。

2.3 降低 FCC 苛刻度以提高轻循环油收率

炼油企业的另外一个选择是依靠改变催化剂和操作改变 FCC 装置的裂化选择性，以提高中间馏分油的收率。这个选择存在同样的限制，为使中间馏分油最大化而采用低苛刻度模式运行的催化裂化装置生产的轻循环油芳烃含量特别高、十六烷含量低，必须经过处理后方可进入超低硫柴油调和装置。炼油企业必须重点关注因降低汽油终馏点使分馏塔顶温度降低而造成的顶层塔盘中氯化铵沉积。另外，催化裂化改变收率的方式仅能提高百分之几的中间馏分油收率，因此，对于炼厂总柴汽比的调整作用甚微。尽管有论文认为从提高馏分油收率的角度出发比较有吸引力，但是在较低苛刻度下操作，汽油收率损失以及燃料油产量增加的代价巨大。因此，许多炼油企业选择在更适于汽油生产和降低汽油切割点的情况下操作，以提高馏分油收率。

2.4 增加多产柴油的加氢裂化能力

最近 5 年美国有很多加氢裂化项目，一些项目已经完成，一些项目处于设计或施工建设中。非常明显，很多炼油商愿意投资多产柴油的该类项目。固定床和沸腾床加氢裂化可使炼油企业在充分利用低成本氢气的情况下，将减压瓦斯油和渣油在很高苛刻度下转化为中间馏分油。大多数情况下，在全转化加氢裂化工艺的第二阶段直接生产出具有高十六烷含量的超低硫柴油，收率可高达 80%（质量分数）。然而，新建高压、高转化加氢裂化装置的投资巨大，从装置准备开建到开工运行的周期较长。在当今油价低迷的情形之下，投入巨资的项目越来越难，尤其对于炼化一体化企业。

3 将催化裂化原料加氢预处理装置改造为缓和加氢裂化

本文最后讨论的方案是将现有催化裂化原料加氢预处理改造为最大化产出减压瓦斯油模式，同时也增加了催化裂化原料加氢预处理量。美国大多数运行中的催化裂化装置的上游配有加氢处理装置。催化裂化加氢预处理装置的最初设计是为降低催化裂化原料中的硫含量、氮含量和残炭含量，以及通过饱和芳烃达到提高炼厂效益的目的，这些装置通常都在较低压力及高空速（反应压力小于 1000psi，液时空速大于 $1.5h^{-1}$）下运行，然而当原油变重时，有必要增加催化裂化原料预处理装置的氢气以保证催化裂化装置的转化率。许多最新设计的装置特意采用较高压力（大于 1500psi）及较低空速（液时空速小于 $1.0h^{-1}$）的操作条件，最大可能地饱和芳烃，增加体积收率，脱除主要杂质，这正是这些中高压装置改造为缓和加氢裂化最为理想的目标。

催化裂化原料加氢预处理装置改造为缓和加氢裂化具有以下益处：

（1）减少了未转化催化裂化原料中的氮含量，提高了催化裂化催化剂的活性。

（2）因催化裂化原料中芳烃得以饱和，催化裂化汽油的收率更高，液化石油气中的烯烃含量更高（可作为生产丙烯及烷基化油的原料），最终催化裂化装置的液收得以提高。

（3）降低催化裂化原料处理量，既可使炼厂催化裂化处理外来的减压瓦斯油，也可使炼厂提高催化裂化装置操作苛刻度以多产含有烯烃的液化石油气，以保证丙烯回收或使炼厂烷基化装置满负荷运行。

（4）可使炼厂多产中间馏分油，提高柴汽比。

（5）提高催化裂化原料加氢预处理分馏塔灵活性，多产重柴油，既可进入柴油调和装置增加柴油产量，又可进入催化裂化装置多产汽油。

（6）与新建装置相比，改造装置成本相对低，项目实施进程较快。

下面以量化的形式说明改造后的效果。

改造项目的范围及可行性各不相同，但总的原则是在1200psi压力以上操作的催化裂化原料加氢预处理装置特别适于以转化率最大化为目的进行的改造。目前，以直馏馏分以及裂化瓦斯油为原料、转化率为25%～50%的现有装置仅需要在反应部分做稍许改进即可。

催化裂化原料加氢预处理装置的改造包括催化剂系统的升级、现有装置设备的工程评价、安全系统的升级以及对包括催化裂化装置在内的炼厂影响进行评估4个阶段。

3.1 催化剂系统

纯催化裂化原料加氢预处理模式催化剂系统的优化主要集中在催化裂化原料的改进上，即脱硫、脱氮以及芳烃饱和。当操作条件合适，而且炼厂又需增加氢气的某些情况下，催化裂化原料加氢预处理可以增氢为目的进行催化剂系统的优化。催化剂的最大装载量取决于装置既定的目标，通常由1种或2种钴钼、镍钼或3种金属钴钼镍组成的加氢处理催化剂。

常规催化裂化原料加氢预处理操作中总有一些瓦斯油通过不同的加氢处理反应机理转化为柴油馏分，转化率取决于原料质量、催化剂类型以及操作苛刻度，一般转化率为5%～15%。这些催化剂均可提供包括提高芳烃饱和性能的极佳的加氢功能，采用主要起脱硫作用的钴钼、钴钼镍催化剂生成较低馏程的馏分较多，而采用镍钼催化剂则主要生成较高馏程的馏分。加氢处理固有的反应则一般倾向于柴油。

要进一步提高缓和加氢裂化的转化率需要对整个催化剂系统进行评估，包括加氢处理催化剂和加氢裂化催化剂的结合。改造的一个方面是使用现有催化剂系统的体积容量，必须降低加氢处理催化剂的装载量，以保证有足够的空间容量装载加氢裂化催化剂。因此，加氢处理催化剂的选择必须考虑最终产品质量目标以及在有机氮化物存在下加氢裂化催化剂的敏感性。为保证缓和加氢裂化装置令人满意的运转周期，通常先使用活性很高的镍钼加氢处理催化剂，之后采用对加氢处理部分未能脱除的氮化合物具有极高容忍度的加氢裂化催化剂。催化裂化原料加氢预处理和缓和加氢裂化操作模式的催化剂组配情况如图2所示。需要重点强调的是，一些加氢裂化催化剂具有很高的加氢处理性能，因此在低苛刻度操作（最大化汽油模式操作）运行期间装置操作的灵活性极佳。

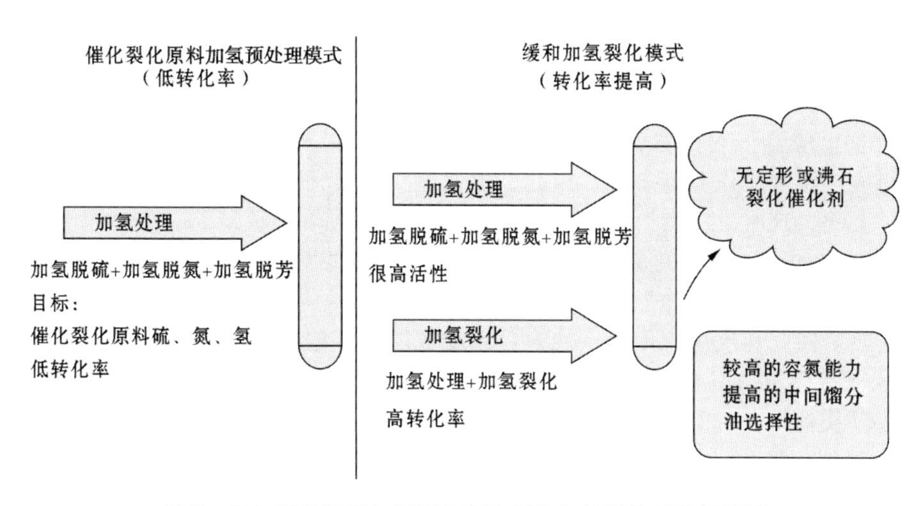

图 2　催化裂化原料加氢预处理和缓和加氢裂化催化剂组配

加氢裂化催化剂的选用主要取决于两方面：一是要求的总转化率；二是要求的柴油与汽油的选择性。经过对现有装置项目改造考虑改善柴汽比的研究表明，具有很高选择性的裂化催化剂更倾向于多产柴油。因此，提高可满足装置多重目标和要求、具备高选择性和活性的加氢裂化催化剂占比的组合催化剂更为重要，如图 3 所示。

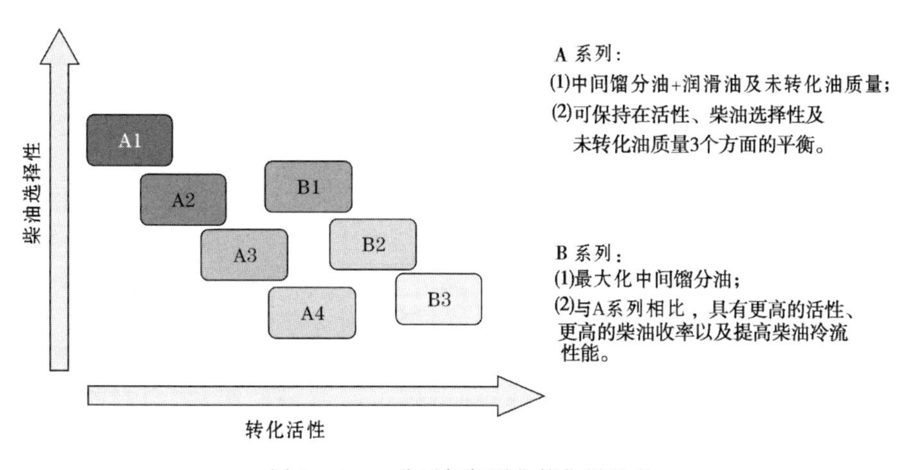

图 3　Axens 公司加氢裂化催化剂组成

选用的加氢裂化催化剂必须同时具备很高的耐有机氮能力，以充分发挥加氢裂化催化剂的活性和柴油选择性。Axens 公司通过中试装置试验和工业化装置原料充分研究了催化剂应用过程中有机氮对催化剂活性及操作稳定性的影响，该领域研究的范例可参见 2015 年 AFPM 年会论文 AM－15－23（题为 “Extend Your Hydrocracking Operating Envelope without Compromising Safety or Yields”）。

3.2　设计评估

改造（图 4）包括对以下部分的评估，而改造程度的确定取决于现有装置设备和现场特定条件的限制：

(1) 评估反应器加热炉以确保加氢裂化反应要求的温度。由于裂化催化剂装载在反应器的最后一个床层，运用气淬控制即可按需调整反应器床层的温度，因此该部分几乎没有改造要求。

(2) 评估反应器压降和塔盘水力学。因加氢裂化反应和较高温度操作，反应器物流中的气相物组成比常规操作要高一些，因此，要保证反应器压降在循环压缩机可接受的限定范围之内非常关键，现有反应器内构件将继续提供满意的径向分布。

(3) 由于增加了加氢脱硫及加氢脱氮功能，因此需要对冲洗水设备及反应流出物空冷进行评估。另外，反应流出物空冷负荷的要求有可能增加，但不要求对空冷进行改造，这是因为流出物热量回收和反应流出物空冷入口温度增加（有限效益）所致。

(4) 氢耗将会增加，必须对补充氢压缩机进行评估以保证新装置正常运行。大多数情况下，改造以及备用设备的应用可以避免采用新设备。

(5) 由于裂化轻质气体的增加会提高循环压缩机的功率，因此必须依据循环气压缩机的功率以及循环气组成对循环压缩机进行检查。

(6) 评估产品汽提塔顶部，以保证在液态及气相负荷增加情况下塔盘有足够的空间。

(7) 对于仅配有汽提塔的装置，要求增加 1 台新产品分馏塔。对于配有分馏塔的装置，因为装置煤油及柴油产量增加，必须对分馏塔的容积、塔盘以及相关设备进行检查。

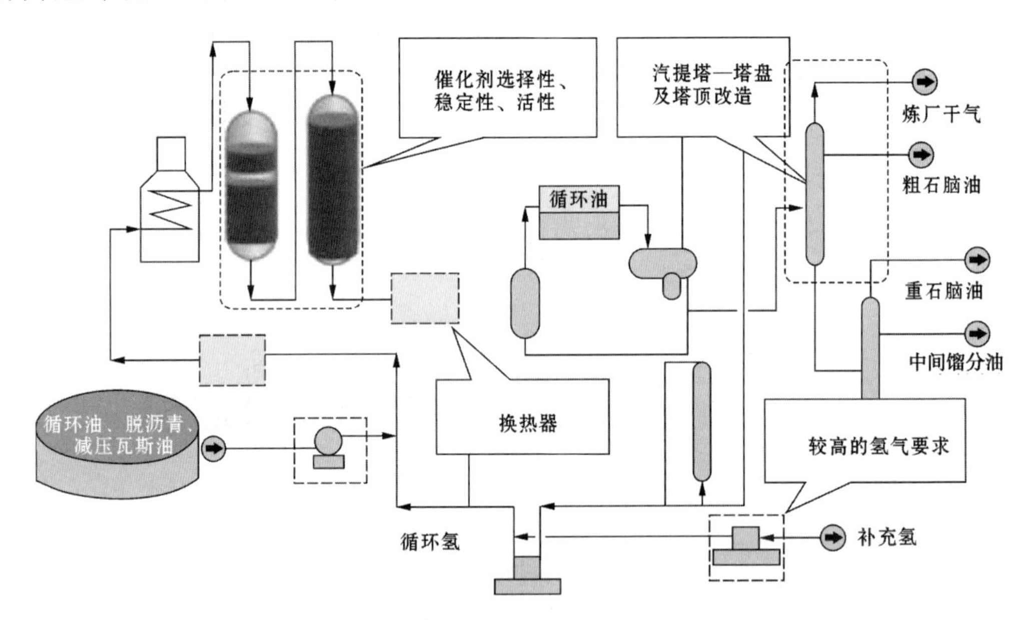

图 4　集中改造区域

新产品分馏塔及其相关设备（原料加热炉、物料进出换热器的泵、空冷以及流出油设备等）的增加是改造成本最高的部分。然而，因原油常减压蒸馏装置分离效果较差，很多进入催化裂化原料加氢预处理装置的原料中含有 8% ~12%（体积分数）柴油馏分，因此分馏塔成本取决于裂化原料性质及其原料中柴油馏分的回收情况。在一些柴油利润高且原料中柴油馏分含量高的情况下，原料中柴油馏分的回收决定着分馏塔的成本。回收原料中的中间馏分油可使改造后催化裂化原料加氢预处理装置的转化率提高 50% 以上。

3.3 安全系统

由于加氢裂化反应操作温度较高以及存在反应失控风险，加氢裂化装置自身需要的控制水平要高于常规加氢处理装置，因此，这些装置反应器的每个床层都设计了很多温控点，这缩短了温控点间的距离，同时装置配有自动应急降压设施。尽管目前缓和加氢裂化的操作苛刻度低于高转化率装置，但作为缓和加氢裂化改造的一部分，其安全系统必须升级。在多数情况下，增加的测量点可以安装在现有反应器中，而不必在反应器外壁新增喷嘴或进行其他改造。现代灵活的温差电偶允许在一个护套内有多个探测点存在，因此增加的测量点可以安装到现有喷嘴中，包括催化剂卸载喷嘴。在不影响反应器外壁或覆层机械整体性的情况下，新增的测量点采用低温点焊到反应器外壁的方式进行。

现有的典型催化裂化原料加氢预处理装置配有手动降压设施，因此，装置改造需要在 PLC 部分增设因反应器高温引发的自动降压设施，增加的降压孔在某些时候用于保证安全泄压的速率。

4 对炼厂影响：Axens 公司一家炼厂的范例研究

为了应对之前描述的市场需求，Axens 公司开展实例研究以量化分析将催化裂化原料加氢预处理装置改造为缓和加氢裂化后的经济效益以及改造动机。Axens 公司将其北美一家催化裂化原料加氢预处理装置的操作数据定义为“典型的”催化裂化原料加氢预处理装置，作为缓和加氢裂化装置改造的一个备选装置，并非所有装置都能作为备选，操作压力低于 1000psi、较低催化剂体积容量（液时空速大于 $1.5h^{-1}$）的炼油装置不在此考察范围之列。该结果为经过分析过滤后的数据，数据分析表明，北美催化裂化原料加氢预处理装置的平均压力为 1500psi，平均空速为 $1.0h^{-1}$，平均运行周期略低于 3 年，脱硫目标为 2000μg/g。很多装置处理一定比例（平均为 25%）的裂化瓦斯油，裂化瓦斯油来自于渣油加氢裂化或焦化装置。

研究范例的炼厂处理原油由美国西得克萨斯中质原油、西得克萨斯含硫原油（WTS）和加拿大西部精选原油（WCS）按照 30：30：40 的比例组成，处理原油产量为 12.8×10^4bbl/d［调和后原油 API 度为 23.3°API，硫含量为 2.6%（质量分数），氮含量为 0.23%（质量分数）］。简化的炼厂装置结构如图 5 所示。汽油池由直馏石脑油、重整油、烷基化油以及后处理过的催化裂化汽油组成；柴油池基本由柴油加氢处理汽提塔来的柴油组成。简化起见，研究范例的炼厂生产全馏程的柴油，不产喷气燃料产品。

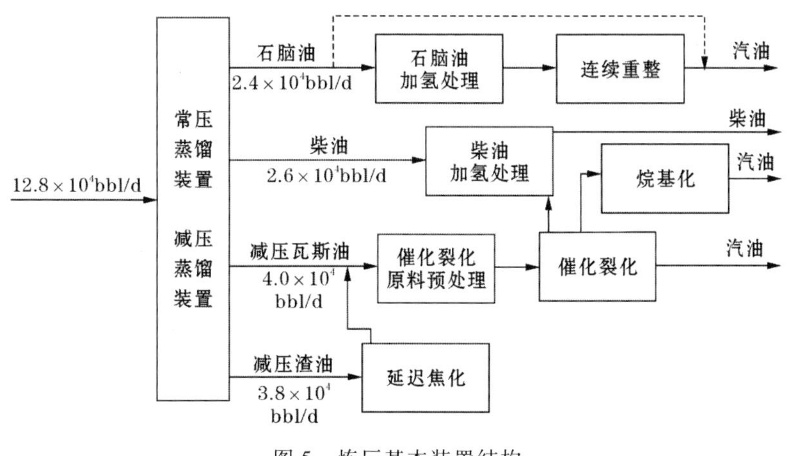

图 5 炼厂基本装置结构

常压蒸馏及延迟焦化装置的运行，使催化裂化原料加氢预处理装置处理量达到 5×10^4bbl/d，操作条件见表2。因氮的存在会严重影响加氢裂化催化剂酸性中心的活性，所以高氮含量原料的选择更为保守。

表2 催化裂化原料加氢处理原料性质

性　质		催化裂化原料加氢预处理
流速，bbl/d		50000
焦化瓦斯油，%		20
API度，°API		19.1
硫含量，%（质量分数）		3.0
氮含量，μg/g		2000
残炭，%（质量分数）		0.4
芳烃含量，%（质量分数）		55
柴油进料（650℉以下），%（体积分数）		12
馏程，℉	初馏点	465
	30%	718
	50%	793
	70%	871
	终馏点	1072

根据运行的催化裂化原料加氢预处理装置数据选定的操作条件见表3。设计的基准装置配有产品汽提塔，而没有产品分馏塔，因此瓦斯油产品的切割点在480℉以上，在催化裂化装置内的重柴油裂化为汽油。

表3 催化裂化原料加氢预处理装置操作条件

性　质	操作条件
反应器入口压力，psi	1500
液时空速（总），h^{-1}	1.0
循环气比，ft^3/bbl	2000
循环周期，月	36
瓦斯油产品硫含量，μg/g	2000
瓦斯油产品氮含量，μg/g	700
催化裂化原料实沸点蒸馏馏分	480℉以上

对炼厂整体评估包括对所有处理装置建模，最后归结为3种催化裂化原料加氢预处理操作模式。

范例1：基准模式——对于常规操作的催化裂化原料加氢预处理装置，通过催化剂选择和操作温度调整（480℉以上催化裂化原料）可使装置达到最大化脱硫及最小化转化的双重目标。

范例2：将催化裂化原料加氢预处理改造为缓和加氢裂化，并以高转化率模式运行——催化裂化原料加氢预处理装置经过改造后可以实现最大化减压瓦斯油和高—中间馏分油选择性的目标。装置增加产品分馏塔以保证回收催化裂化原料加氢预处理装置来的全馏程柴油，结果是催化裂化装置处理的原料为650℉以上馏分。

范例3：将催化裂化原料加氢预处理改造为缓和加氢裂化，并以生产汽油模式运行——该项改造已开始进行，装载催化剂如范例2。在夏季汽油需求旺盛时，降低反应器苛刻度以最小化减压瓦斯油生产。在新建分馏塔调整切割点以使催化裂化原料（480℉以上催化裂化原料）最大化。

所有研究模式都采用标准的催化裂化汽油和轻循环油切割模式，表4为范例研究结论。

表4 范例研究结论

性质		范例1	范例2	范例3
		基准情形	最大化柴油	最大化汽油
是否改造		否	是	是
反应苛刻度		基准	高	低
缓和加氢裂化减压瓦斯油转化率,%（质量分数）		10	27	13
缓和加氢裂化收率,%（体积分数）	石脑油	1	4	1
	柴油	23	36	25
	未转化循环油	77	63	75
催化裂化原料硫含量，μg/g		2，000	600	1900
催化裂化原料初馏点，		>480	>650	>480
催化裂化汽油收率,%（体积分数）		基准	+5.4	+1.6
炼厂车用燃料收率（以原料为基准）,%（体积分数）		92.9	93.9	93.1
炼厂汽油产量，bbl/d		70200	-8400	+570
炼厂柴油产量，bbl/d		49169	+9656	-320
炼厂柴汽比		0.70	0.95	0.69

基于以上范例进行经济分析，产品定价基于2014年EIA超低硫柴油及经过对不同汽油修正后的常规汽油的月度平均现价。根据月度产品定价，对增加的氢气、公用工程成本以及改造后的操作、操作条件按照生产汽油或柴油两种方式进行了分析研究，表5所列为假定新增产品分馏塔后的结果。该分析表明，即使需要适当投资，装置操作的灵活性也能使投资快速回本。附表1为月平均汽柴油价格。

表5 改造经济性

项目	改造效果
年增收益，百万美元	32
操作成本年增加，百万美元	7
改造投资成本，百万美元	30
回报期，a	1.2

注：投资成本包括1台新产品分馏塔，操作成本包括公用系统增加以及氢耗。

图6比较了案例研究的运输清洁燃料组成。

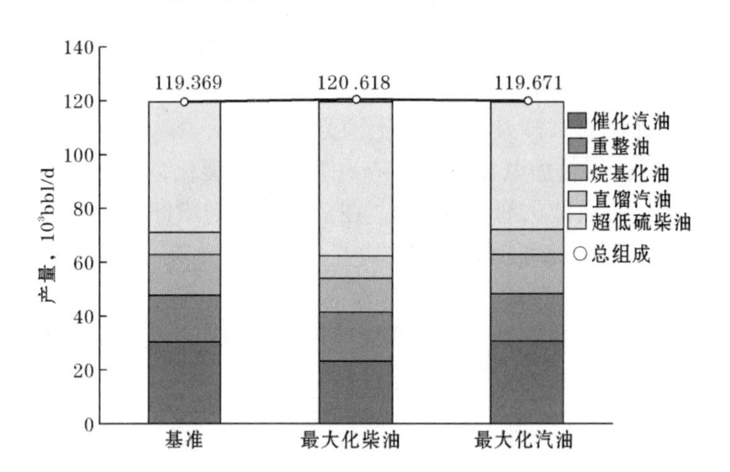

图6　范例研究的汽柴油调和组分的组成结构

研究结果证实，装置操作的灵活性为企业带来经济效益。特别地，Axens公司具有极高选择性的缓和加氢裂化催化剂提高了中间馏分油产量，而不给炼厂带来处理大量低辛烷加氢裂化石脑油的麻烦，具备加氢脱硫、加氢脱氮及加氢脱芳等性能的加氢裂化预处理催化剂，在不牺牲催化裂化原料质量的情况下，允许炼厂在低苛刻度下最大化生产汽油。最后，设计精良的产品分馏塔允许炼厂通过调整瓦斯油（蜡油）初馏点，最大可能地按照需求进行催化裂化汽油和缓和加氢裂化柴油之间的切换。

5　超低硫柴油挑战：加氢处理与Axens公司HyC－10™联合

尽管将催化裂化原料加氢预处理装置改造为缓和加氢裂化能够大幅增加中间馏分油收率，但其非通用解决方案，对于中压及空速受限的现有装置来说，该方案不能直接生产超低硫柴油。缓和加氢裂化柴油的硫含量通常为30～150μg/g，在大多数情况下，超低硫柴油标准在开工初期能够满足，但到运行末期产品就不能满足。更为苛刻的十六烷标准限值要求（如加利福尼亚州柴油标准或欧洲柴油标准等）也会使缓和加氢裂化装置直接生产超低硫柴油的能力受限。对于以下情况，炼厂通常有3种选择：

（1）通过现有加氢处理装置生产超低硫柴油。

（2）将低硫产品销售到船用柴油市场。

（3）依据其他柴油调和池情况，将不合规的柴油调和到柴油池中。

针对很多炼厂因现有柴油加氢处理能力受限以及只有部分市场需要船用柴油而造成的利润较低现状，Axens公司开发了工业化技术HyC－10™，通过将改造部分的反应器并入现有缓和加氢裂化装置中，从而生产满足超低硫柴油要求的产品（图7）。

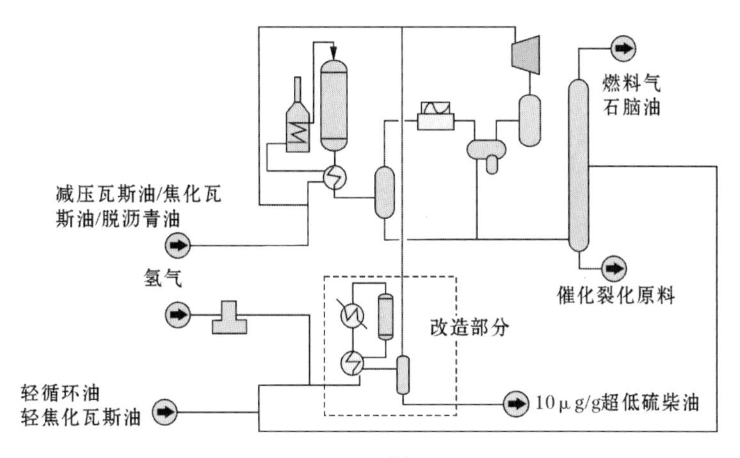

图7 HyC-10™工艺流程

HyC-10™工艺中，缓和加氢裂化柴油改造部分接收所有补充氢，用于改造部分和缓和加氢裂化部分，按照一次通过配置方式操作。专有的一体化流程比新建柴油加氢处理装置的设备要少一些，改进了项目的回收期。在多数情况下，现有补充氢压缩机可以按照新流程进行改造。流程的其他优势包括：

（1）由于低气相流速（一次通过氢气）运行，因此改造部分反应器的规模要小。

（2）高氢分压使得芳烃饱和最大化（十六烷值得以改进），因此生产的柴油质量很高，相比十六烷助剂，这种选择提供的是长期解决方案。

（3）两个部分的热联合作用使得公用工程消耗降低。

由于改造部分的工艺过程是在高压下运行，其可与其他工艺联合用于其他难以处理的原料，如轻循环油或焦化瓦斯油（HyC-10+™工艺），用于最大限度地提高柴油的十六烷值。目前，处理裂化原料的运行装置用于生产欧V超低硫柴油（十六烷值大于50）。

HyC-10™工艺工业化运行已10多年（图8）。

6 工业化案例研究

希腊Motor Oil Hells（MOH）炼厂于2005年建成一套HyC-10™装置。装置最初的设计是在缓和加氢裂化部分采用专门设计的100%加氢处理催化剂，该装置处理直馏瓦斯油、脱沥青油、重焦化瓦斯油，达到减压瓦斯油15%（质量分数）的转化率。整个改造部分处理来自缓和加氢裂化、轻循环油、直馏重柴油以及减黏石脑油的原料，生产高十六烷值、满足欧V标准的超低硫柴油。

为了应对市场变化，2010年MOH炼厂要求Axens公司对该装置进行改造，在保证该装置运行周期31个月的情况下最大化生产中间馏分油，同时降低催化裂化原料硫含量。

Axens公司对该项目按照3个阶段进行开发：安全性研究，包括催化剂中试的工艺研究及工程设计包。改造装置从2013年开始运行，尽管原料是具有较低API度及较高硫含量的减压瓦斯油，通过采用无定形HDK 786缓和加氢裂化催化剂以及保护剂HR504钴钼镍预处理催化剂，反应向着极利于中间馏分油选择性的方向进行，减压瓦斯油转化率达到30%（质量分数）（裂化柴油与石脑油的体积比为10:1）（图9）。

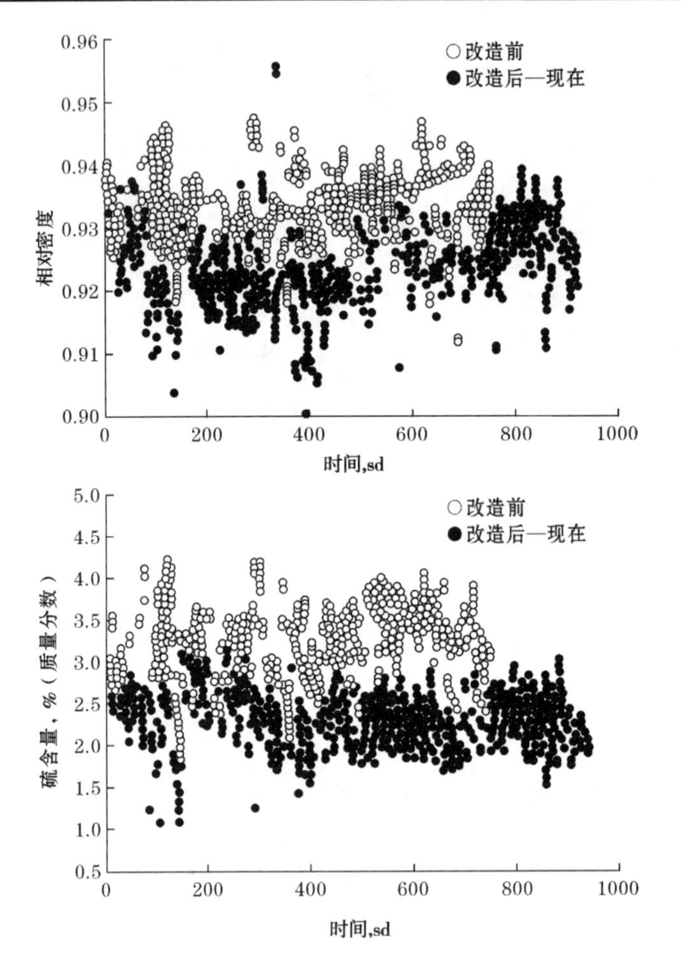

图8　工业化应用结果

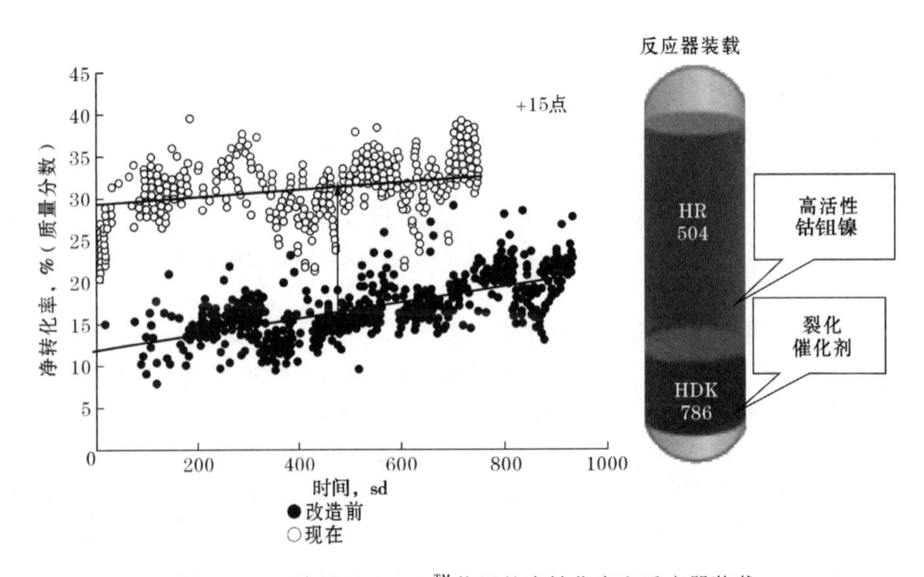

图9　MOH炼厂 HyC－10™装置的净转化率和反应器装载

由于催化剂性能得以改进，这项改造可在延长装置运转周期的前提下达到提高减压瓦斯油转化率的目标，而且改造之后能够保证生产欧Ⅴ柴油（表6）。

表6 工业化改造结果

项 目	基准操作	改造结果	净增加
减压瓦斯油净转化率	15%（质量分数）	30%（质量分数）	15%
缓和加氢裂化装置生产欧Ⅴ柴油	9000bbl/d	14300bbl/d	60%
使用周期	31个月	36个月（预期）	5个月

另外一家欧洲炼厂与Axens公司接洽，以提高催化裂化原料加氢预处理装置的转化率，该装置的设计完成于1992年，之后经过改造，处理能力增加30%。Axens公司提出在尽最大可能减少投资成本要求下分阶段提高装置转化率的措施。第1阶段是在因装置自身条件受限而不能对任何设备进行改造情况下，装载加氢裂化催化剂以达到最大转化率25%的目标；第2阶段进行极少改造使装置净转化率达到32%；第3阶段为改造设备及反应器内构件，转化率达到41%（体积分数）。分阶段改造方法可使炼厂提高盈利能力，并可减少后续改造的投入。另外，分步改造装置可在更换催化剂期间不延长停工周期的情况下，完成装置改造工作。

7 结 论

炼厂有很多方法可以达到灵活调整柴汽比的目标，在综合考虑回报期、投资成本以及装置建设周期等因素的前提下，将催化裂化原料加氢预处理改造为灵活的缓和加氢裂化在多数情况下是最佳选择，在不必投建新装置的情况下提高减压瓦斯油的转化率，不仅可以提高柴油收率，而且可以改善催化裂化装置运行效果，允许炼厂的催化裂化装置可以处理外来的减压瓦斯油，提高液化石油气收率以及总氢体积收率，因此提高了炼厂总经济效益。由于装置在运行过程中可以调整转化率和产品切割点以满足市场需求，灵活的缓和加氢裂化改造项目为炼厂应对不断变化的柴油及汽油市场需求提供了灵活且经济可行的独立方案。缓和加氢裂化装置增加的生产柴油的改造部分，对于炼厂短期之内增加中间馏分油加氢处理能力非常有吸引力。

参 考 文 献

[1] US Energy Information Agency. Weekly Refinery Net Production data for Diesel and Kerosene. http：//www. eia. gov/dnav/pet/pet_ pnp_ wprodr_ s1_ w. htm（accessed 02 January 2015）.

[2] US Energy Information Agency. Distillate fuel oil, 155 ppm and under Sulfur by Destination. http：//www. eia. gov/dnav/pet/pet_ move_ expc_ a_ epdxl0_ eex_ mbbl_ m（accessed 02 January 2015）.

[3] Axens projection.

[4] Sotolongo, Kristen. USA：Refiner to the World. FUEL June 2015：pg. 26－33. Print.

[5] US Energy Information Agency. U. S. Refiner Petroleum Product Prices. http：//www. eia. gov/dnav/pet/pet_ pri_ refoth_ dcu_ nus_ m. htm（accessed 02 January 2015）.

[6] Wisdom, et. al. A Step－Wise Approach to Meeting the Growth Imbalance between Diesel and Gasoline Production. Presented at the AFPM Annual Meeting 2014（AM－14－21）.

[7] Wisdom, et. al. Extend Your Hydrocracking Operating Envelope without Compromising Safety or Yields. Presented at the AFPM Annual Meeting 2014（AM－15－23）.

附 录

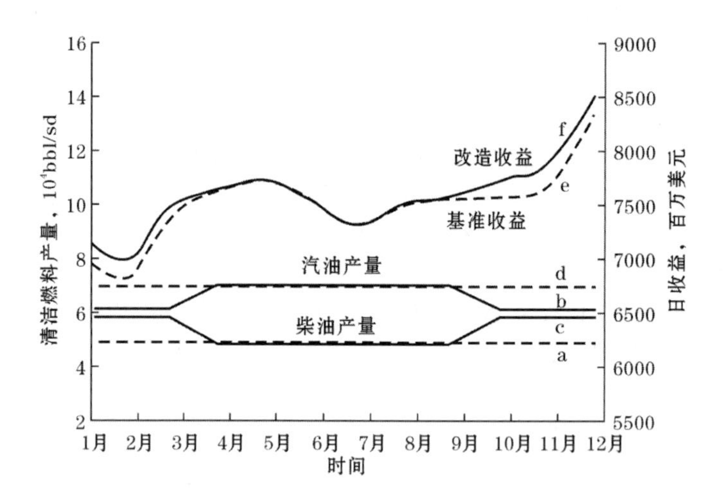

附图 1 每月油品价格及产量合计

a—基准柴油；b—改造汽油；c—改造柴油

d—基准柴油；e—基准收益；f—改造收益

附表 1 月平均汽柴油价格

时间	常规汽油			超低硫柴油			合计收益
	价格 美元/bbl	产量 bbl/d	收益 百万美元/d	价格 美元/bbl	产量 bbl/d	收益 美元/d	美元/d
2014 - 01	55.53	61793	3431	64.60	58825	3800	7231
2014 - 02	53.10	61793	3281	62.93	58825	3702	6983
2014 - 03	61.71	61793	3813	62.42	58825	3672	7485
2014 - 04	65.59	70772	4642	61.60	48849	3009	7651
2014 - 05	67.50	70772	4777	60.95	48849	2977	7754
2014 - 06	66.79	70772	4727	58.43	48849	2854	7581
2014 - 07	63.02	70772	4460	59.03	48849	2883	7343
2014 - 08	63.09	70772	4465	62.88	48849	3072	7536
2014 - 09	63.85	70772	4519	63.13	48849	3084	7603
2014 - 10	61.40	61793	3794	66.91	58825	3936	7730
2014 - 11	59.36	61793	3668	72.01	58825	4236	7904
2014 - 12	67.06	61793	4144	74.33	58825	4372	8516

注：为保证汽油池的辛烷值，各家炼厂的重整苛刻度有所不同，价格数据由 www.eia.gov 提供。

AM-16-64

利用卓越运营原则实现加氢裂化装置最大化利用

Robert Ohmes（KBC Advanced Technologies，Inc.，USA）
任文坡　黄格省　译校

摘　要　近年来，炼油商一直在进行加氢裂化装置优化以实现最大化利用。传统的优化方法如改变操作参数等虽然能够产生一些改进，但可能会忽视影响装置运营和实现盈利的因素。利用卓越运营原则，炼油商能够识别和优先考虑影响装置运营和实现盈利的关键因素，是提升加氢裂化装置和所有设备安全、可靠和盈利的长期解决方案。本文详细介绍了加氢裂化装置操作运营、市场趋势以及面临的挑战，重点回顾了卓越运营标准，以及示范卓越运营在加氢裂化装置中的应用，并分享针对实际情况进行示范的一些案例和经验教训。卓越运营管理可以帮助炼油商实现装置运转可靠性、安全性和盈利能力，但在实际应用过程中，炼油商必须结合自身实际并采取有针对性的措施，以实现装置可持续的性能改进。（译者）

1　概　述

过去10年，炼油商依据产品需求建设炼厂，为生产中间馏分油以及实现燃料油质量升级需要配套建设加氢裂化装置。考虑到建设加氢裂化装置和相关辅助设施资金成本高，以及加氢裂化装置带来的高利润，炼油商不断努力以实现加氢裂化装置的最大化利用。

以前常用的优化技术集中在调整少量操作参数或者一些小的投资项目来增加装置利用率。虽然这些优化技术能够产生一些改进，但炼油商可能会忽视制约装置操作和盈利的关键因素，如操作培训、工作流程和工具，或者风险识别和削减方法，都对装置操作和盈利具有较大的影响。因此，需要更多的整体优化技术来对主要区域进行明确的改进。

通过卓越运营原则的应用，炼油商能够识别和优先考虑影响装置利用和盈利的关键因素。本文将回顾卓越运营标准，以及示范卓越运营在加氢裂化装置中的应用，并分享针对实际情况进行示范的一些案例和经验教训。

2　加氢裂化装置卓越运营能够取得的收益

在介绍卓越运营细节及其在加氢裂化装置应用之前，需要了解加氢裂化装置操作和盈利间的关系以及应用卓越运营的价值和影响（图1）。

如图1所示，加氢裂化装置运转率和利润曲线存在3个不同的区域。在装置运转率低于

50%和低加工负荷条件下，装置基本处于不可持续操作区域，需要进行极大的改变才能维持装置和炼厂的操作。在一些基本原则问题解决之前，只能开展部分卓越运营工作。

在更为宽泛的实际操作区域，应集中关注可持续的可靠性操作。在装置存在严重的可靠性问题和不能连续生产时，许多公司耗费了大量的资源用于不同的优化领域，如原料选择、苛刻度和原油构成等。关注可持续的可靠性操作并不是说要终止所有的优化活动，而是要优先关注可靠性。通常来说，保持装置运行和可靠胜过大多数优化操作。

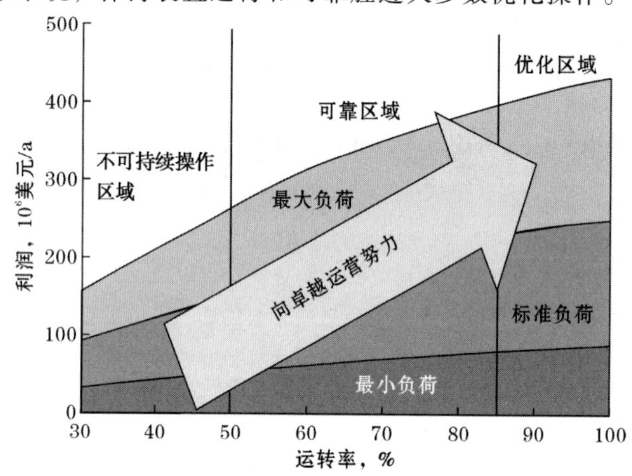

图1　加氢裂化装置运转率和利润曲线

最后一个区域是卓越运营希望的状态。在装置可靠性高的前提下，可以集中提取下一个利润增长点。该区域的关键是在推进装置或设施操作超出该区域时要避免将资产置于风险过程中。权衡利润和可靠性是顶级公司的高明所在，装置从最小运转率到优化区域很容易实现2～3倍的利润。

3　加氢裂化市场趋势

在过去10年，炼油业倾向于建设转化能力，尤其是焦化和加氢裂化，将燃料油转化为可供出售的产品。考虑到全球范围内的乘用车柴油化，大多数新增的转化装置是加氢裂化装置，极少的投资用于以汽油生产为主的装置，如催化裂化和重整。虽然加氢裂化技术在20世纪30年代开始应用于炼油工业，但直到60年代现代加氢裂化装置才开始受到追捧，加工能力缓慢增加。作为近期建设增长阶段的一部分，加氢裂化装置加工能力迎来一个大幅增加。过去10年，催化裂化加工能力仅以年均1%的速率增长，而加氢裂化加工能力年均增长5%（图2和图3）。

催化裂化加工能力增长放缓，仅有的增长发生在本土汽油生产严重短缺的区域。加氢裂化加工能力稳健增长以满足日益增长的馏分油需求，自现在开始，加氢裂化仍将是炼油商快速响应市场至关重要的资产。尽管存在大众柴油车排放丑闻，柴油车仍将是公路运输的一部分，柴油仍将是道路和一些船运的燃料。如果关于税收优惠和环境排放法规的立法发生变化，这一趋势将受到影响。基于KBC能源咨询公司预测（以下简称KBC公司）[2]，全球柴

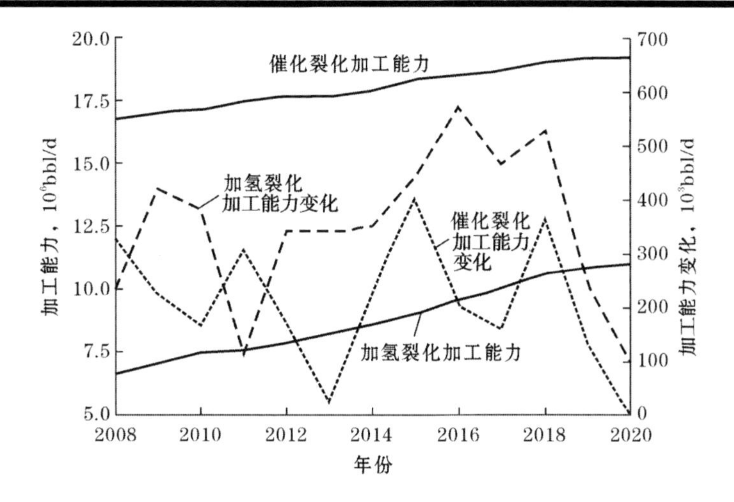

图 2　全球加氢裂化和催化裂化加工能力变化[1]

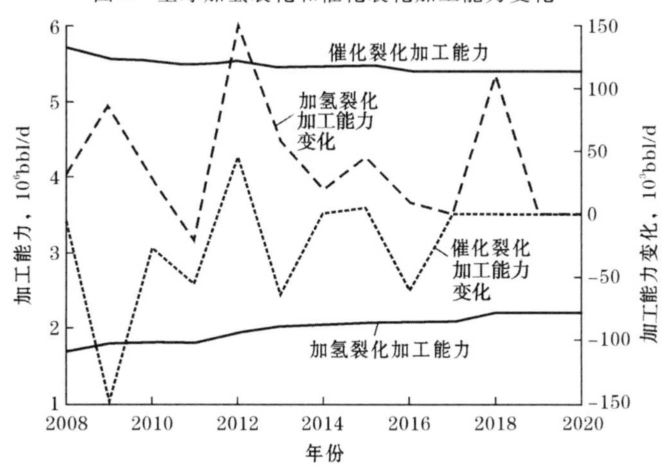

图 3　北美加氢裂化和催化裂化加工能力变化[1]

油需求将以年均 0.7% 的速率持续增长，近期随着全球经济疲软增速有所放缓。此外，全球航空燃料需求继续增加，尤其是随着中国和印度在航空运输方面的市场扩张。上述两个趋势继续支撑加氢裂化技术的应用。

相比于其他转化技术，炼油商对许多已建的或计划建设的加氢裂化装置并没有丰富的技术经验，因此，许多炼油商仍在努力将加氢裂化技术融入他们的正常操作中。由于大多数加氢裂化装置投资成本为 10000～15000 美元/bbl，除了与制氢装置、胺系统和硫黄回收有关的成本外，通常需要 10 亿美元投资方能促使炼油商从加氢裂化装置中提取最大价值，尤其是要满足判断投资合理的资本收益率要求。

4　加氢裂化装置价值最大化面临的挑战

根据 KBC 公司与拥有加氢裂化资产的炼油商共事或交流的经验，发现存在一些典型的问题：

（1）在对装置可靠性和运转周期不产生不利影响的情形下，如何增加装置能力和苛刻度？

（2）对当前的运转周期为何最终选择了错误的催化剂装填，现在不能够满足生产目标、加工量、收率、利润等要求？

（3）为什么设备“X”持续影响和伤害运转率和运转周期？

（4）为什么操作团队不能够满足计划团队设定的生产目标，为什么计划团队不能够为操作团队设置现实的目标？

（5）组织如何错失了催化剂高失活速率，导致装置因催化剂置换而停工？

（6）为什么不能够恰当地界定完整性操作窗口（IOW），导致设备损坏或者由于过度约束资产丧失重大机会？

（7）为什么不能够灵活地利用市场条件，要么选择原料，要么改变产品分布？

（8）应该最大化生产馏分油或者石脑油么？应该最大化加工量或转化率么？假如改变这些策略，整个炼厂将受到怎样的影响？

（9）为什么团队不能够理解操作、维护、计划、工程、可靠性等在提升加氢裂化装置利润和可靠性方面扮演的角色？

（10）如何最小化装置催化剂置换和检修次数？

（11）如何避免异常工况和非计划停车？如果发生了这些情况，如何最小化影响以及快速恢复？

最终，正在被询问的问题是：如何以安全可靠的方式实现加氢裂化装置价值最大化？

这些都是比较复杂的问题，没有简单的答案。面临的挑战主要集中在以下4个方面：

（1）满足利润目标。

（2）管控风险。

（3）必备能力。

（4）明晰管理。

通常炼油商采取的解决这些问题的方法比较零碎，特殊的问题、挑战通常一次呈现一个或者处于小团体中，根本的原因并未弄清楚或者被解决。当这个方法有一些短期收益时，需要考虑创造提升加氢裂化装置和所有设备安全、可靠和盈利的长期解决方案，这个方案就是应用卓越运营原则。

5 利用卓越运营应对挑战

KBC公司将卓越运营作为实现装置达到世界级性能的手段，通过调配人员、体系和工具，在确保所有重要利益相关者收益的同时推动生产安全、可靠进行。通过集成业务经营模型和组织模型，规定清晰的决策权和管理权，以及由绩效系统监测和提升业绩来实现上述目标。如何实现上述目标是卓越运营的核心。

5.1 KBC公司卓越运营模型

卓越运营模型包括业务如何运营和监控以及全体员工如何相互影响业务相关的过程、实践和程序（图4）。模型概括了业务愿景、目标，规定了业务运营模型和持续改进过程，明晰了任务、行为、行为准则以及全体员工参与业务的管理办法。如同一些好的实践方案，卓越运营模型和方法不断调整以满足资产、组织和业务的独特属性。

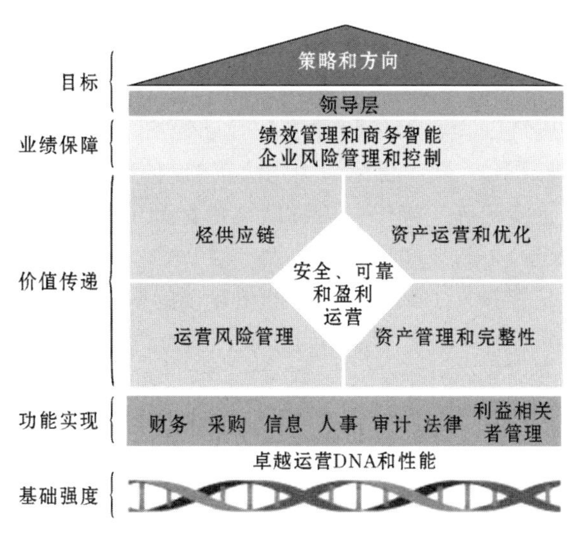

图4　KBC公司卓越运营模型

5.2　实施方法

卓越运营实施方法的第1步“定义和发现”（图5），包括当前运营模型状态、运营愿景、装置性能、组织角色和责任。通常通过一次评估来完成上述活动，为推动这些阶段，组织必须对如何实现持续的价值有一个清晰的认识。

图5　卓越运营实施方法

为实现安全、可靠和盈利运营，必须在人员、技术、资产和业务策略之间进行调配，通过绩效管理来提供调配的反馈和度量。组织中的每位人员能够清楚他们的行为和活动与系统中具体组成的关系，实现业务的最终目标——创造价值。

利用KBC公司的样例作为参考，评估应该强调核心体系、实践、工具、组织、岗位职责和过程所需要的所有变化。下面列举了在现有设施中整合一套新的加氢裂化装置所面临的一些挑战：

（1）是否已经完成装备危害性分析以理解加氢裂化装置和辅助装置的日常和预防维护的优先性，以及推动团队活动的可靠性？

（2）捕获和更新操作程序的系统是否准备好纳入初次运行的所有变化和经验以将标准许可程序转化为内部标准程序？

（3）是否有足够的操作和维护培训材料用于这些装置上的新员工培训，以及合并应用新技术时发生的快速学习循环？

(4) 过程安全管理技术信息团队能否更新工艺流程图（PFDs）、管道和仪表流程图（P&IDs）、热和物料平衡（H&MB），以及转换许可方和承包方材料以确保过程安全信息在组织中正在普及应用？

(5) 相比于传统的加氢处理催化剂是否改进催化剂选择工作流程以进行更加复杂和有效的催化剂选择？

(6) 生产规划和供应链流程、工具和方法是否已经更新，用来快速反映系统内资产的实际性能以改善原油定期采购、操作目标和优化决策的制定？

(7) 随着装置并入正常的炼厂操作，关键绩效指标和 IOW 是否已经正确定义、跟踪和更新？

(8) 检修计划团队是否并入了该技术需要的更复杂的检修计划和执行方案？

这份评估通常最好由内部跨职能工作小组完成，要考虑外部意见，该方法有助于结果的接纳以及能够更清晰地定义发生的变化。

在开发阶段，定义和发现阶段的结果可用于制订计划来解决所有强调的行动。

了解到组织受到资源和主动性约束，团队需要对差距进行分类。应用风险矩阵或其他优先级方法是筛选工作的一个很好的选择，虽然所有项目似乎都是至关重要的，优先级应该着重于实现安全可靠生产。

在这一阶段，组织可以关注这些变化将如何被纳入现有的工具、标准、实践和过程。这些更新提供了重新审视核心操作模型、关键角色和职责，以及整个组织愿景的一个自然机会。例如，添加新的资产自然影响到总体战略和新的供应链。因此，需要关键的战略、目标和指标来适当地提升业务。

在交付阶段，实施前一阶段的变更和修改。在这个阶段，跟踪和完成组织变化管理（MOOC）是至关重要的。与变更管理（MOC）过程安全类似，MOOC 有助于组织识别、编录、跟踪和消除大的组织变化所带来的影响。

MOOC 过程的主要活动之一是绘制关键活动地图，在该活动中，组织识别中的关键代表和每个关键活动的风险评估可能会受到组织变化的影响。正如标题所指出的，注意力应该集中在关键活动上，因此定义方法是必要的，以避免过度训练冲淡了努力目标。

下面是典型的 MOOC 过程和关键活动地图的一些陷阱案例：

(1) 过程过于关注工作交接和错失更大的局面。

(2) 缺乏一个完整的过渡计划。

(3)“变化拥护者”未被识别和用到。

(4) 组织成为活动集中以及战略上集中。

除了这个最后阶段，组织应该回到正常维持或连续改进过程以管理全供应链的加氢裂化装置操作。

5.3 卓越运营实施案例

为帮助展示卓越运营方法如何用于增加加氢裂化装置价值，在先进决策制定和催化剂生命周期管理等方面介绍了下面一些示例。

5.3.1 先进决策制定

加氢裂化装置的主要优势之一就是灵活性。装置可以加工很宽范围内的原料，只需妥善管理污染物和切割点，基于操作条件和催化剂的变化，装置可以选择性地转向汽油和柴油生产。所有这些可能的调整，可以成为工程和规划部门的“仙境”以及操作、维护和可靠性部门的“噩梦”，两个部门争着来定义正确的操作策略。虽然部门间正面积极的竞争可以推动最好的结果，但炼厂领导层应该帮助这些部门之间找到恰当的平衡点。

图 6 总结了传统方法和卓越运营方法在优化重点区域时如何获取资产的价值。

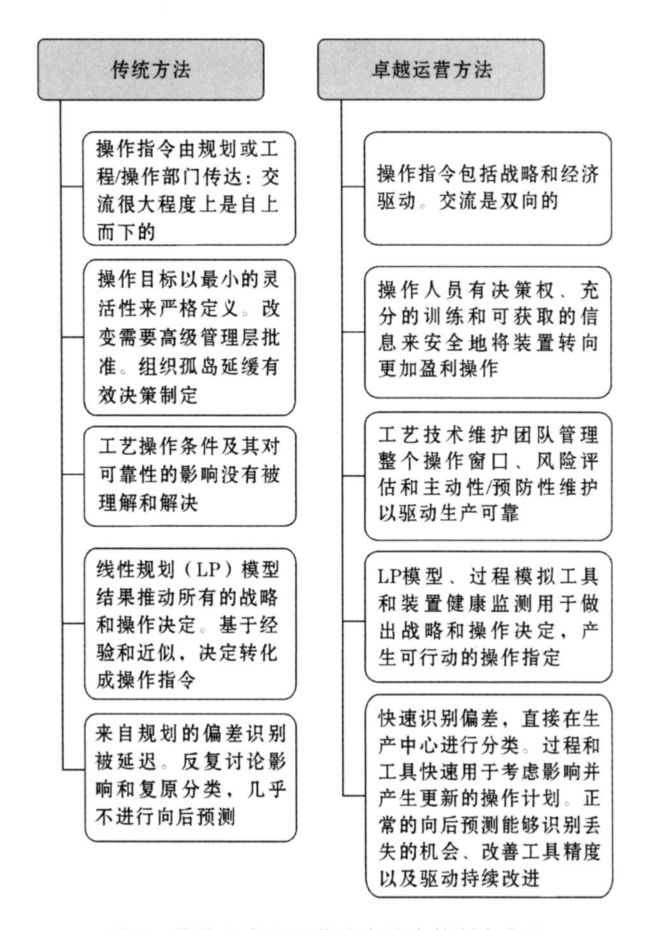

图 6 传统和卓越运营的先进决策制定方法

下述卓越运营技术和方法用于获取理想状态：

（1）虽然 LP 是决策制定过程的核心，过程模拟工具等用于设置操作目标和将 LP 策略转换成真正的操作目标。

（2）通过为员工提供信息和赋权来提高盈利能力，团队效率有效提升。

（3）通过跨职能团队推动操作一致性来定义合适的关键性能指标和 IOW。

（4）组织要关注运行可靠性，每个员工要有明确的岗位职责。

生产管理流程和责任如图 7 所示。

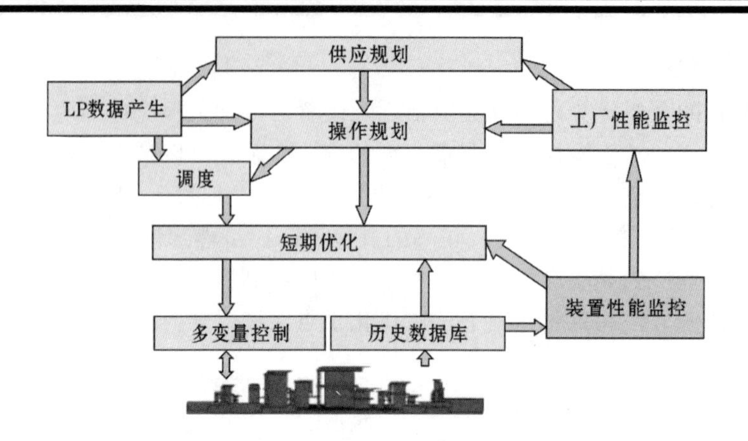

图 7　生产管理流程和责任

图 8　操作窗口相互关系件

5.3.1.1　操作窗口清晰

每个过程单元都有一组独特的操作区域，如图 8 所示。许多组织在定义这些区域时面临挑战，需要清晰地提供正确的操作区域以满足加工、可靠性和盈利目标。

若干技术和方法可用来理解不同操作窗口的相互关系：

（1）建议措施，如 API 584，为组织建立和实施一个完整的操作程序提供指导。

（2）定义不同的操作窗口高度依赖于具有适当技能的组织，没有合适的业务专家，IOW 以及安全限制可能会限制盈利能力或导致可靠性差。

（3）跨职能过程技术维护（PMT）团队可以帮助推动过程，只要团队的角色和责任是一致的。

（4）清晰地理解所定义的操作窗口和运营团队偏差后果是至关重要的，员工能力结构化的发展计划，如图 9 所示，有助于推动有效的技能发展和组织的知识获取。

5.3.1.2　转化目标示例

典型的优化机会是确定正确的转化率水平。对于大多数加氢裂化装置，转化率的预期目标是达到95%以上，假设未转化油（UCO）相比回炼处理未被高度重视。虽然少量的加氢裂化装置将 UCO 低价销售或与重油调和，但大多数炼厂将 UCO 供给催化裂化装置。因此，真正的经济性在于 UCO 作为加氢裂化对比催化裂化原料带来的收率增量。鉴于 UCO 氢含量高、污染物含量低，可以作为优质的催化裂化原料。

基于 KBC 公司拥有许多炼厂经验，炼油商为追求非常高的转化率，决策制定往往是次优的，以下是一些缺陷和需要吸取的教训：

（1）分析方法不精确。

（2）缺乏工厂性能对决策工具结果的检验。

（3）过度约束可用的操作旋钮。

(4) 在决策过程中未考虑真正的操作约束。

蜡油主要加工手段是催化裂化原料加氢处理和催化裂化，优化过程相对直接（加氢价值对比催化裂化原料加氢处理装置运转周期）。然而，在装置配置中加入加氢裂化装置，优化机会和复杂性呈指数增长。

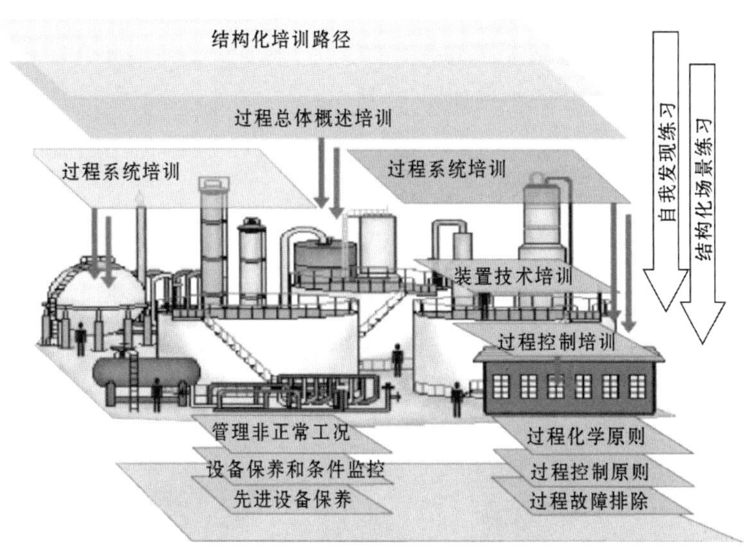

图 9　KBC 公司快速的性能开发模型

举例如下：一个配置两套加氢裂化装置和一套催化裂化装置的亚洲炼厂希望优化加氢裂化装置和催化裂化装置间的总体转化率水平。一套加氢裂化装置是全转化（转化率约为 95%），另一套加氢裂化装置是部分转化（转化率约为 70%）。

炼厂曾试图联合使用 LP 模型、工厂数据和经验来优化这个问题，效果相对较好。然而，若想达到另一个性能水平，有必要采取一种不同的评估方法。

KBC 公司利用自身 Petro - SIM™ 软件完成动力学模型校准和案例研究，以确定另一种操作策略是否会更有利可图。通过降低全转化加氢裂化装置 3% 的转化率和增加部分转化加氢裂化装置的转化率以维持催化裂化装置总 UCO 进料速率（表 1），装置的整体收率选择性得以改善，年盈利增加约 300 万美元。虽然部分转化装置的运转周期下降，但拥有了剩余产能，全转化装置产生的剩余产能创造了额外的优化潜力，这种优化只可能通过使用先进的决策工具产生。

表 1　加氢裂化装置转化率优化

参　数	优化前	优化后
总液化石油气 + 石脑油	基准	-1.9%
总馏分油	基准	+0.6%
部分转化失活速率	基准	+3.4%
全转化失活速率	基准	-4.8%

5.3.2 催化剂生命周期管理

在装置配置中引入加氢裂化装置，围绕催化剂生命周期管理的工作流程变得更加复杂。考虑到催化剂决策决定了未来 2～4 年的装置操作，催化剂的选择在很大程度上影响产率选择性、运转周期和能够加工的原料。与催化裂化不同之处在于，催化裂化催化剂可以在运转周期中进行更换，而加氢裂化催化剂的装载和操作要直到装置达到运转约束末期，在运转过程中更换催化剂成本高昂并带来生产组织上的问题。因此，炼厂需要开发和执行加氢裂化催化剂生命周期管理的工作流程，示例如图 10 所示。

图 10 加氢裂化催化剂生命周期管理流程

下面提供的建议和经验教训显示如何使这一过程与整体卓越运营计划相一致，而不是关注催化剂生命周期管理的所有技术方面。基于 KBC 公司工业方面的经验以及在这些活动上与炼油商的合作，目的是避免在开发和执行这个过程中所面临的一些挑战。

5.3.2.1 业务计划开发

组织要做得更好，这一步最具挑战性。通常，催化剂选择的业务计划推动者是过程工程团队、规划和经济团队及内部领域专家（SMEs）的支持，这些团队需要无缝对接来定义这个业务计划，因为它将决定余下的过程。

通常，争论发生在下述区域：

（1）装置是以馏分油还是石脑油为生产目标？

（2）保持固定的进料调和或是采用新原油是否将影响进料质量？

（3）是否建设加氢裂化装置外的资本项目，是否会影响加氢裂化装置策略（进料、产品质量目标、苛刻度等）？

（4）在下一个检修周期是否释放装置约束以增加装置能力？

下述卓越运营要素可用于帮助管理催化剂生命周期：

（1）回顾当前和前一个周期的性能，能够理解性能差距和寻找机会。

（2）确保适当的利益相关者进入业务计划决策过程，包括二级利益相关者，如可靠性、原油贸易、项目和操作。

（3）利用全套评价工具（LP、动力学模型、过程模拟）来理解对潜在情形在操作上和经济上的影响。

（4）在签订催化剂订货合同和开始确认供应商之前至少1年要开始该过程。

（5）确保考虑潜在的机械完整性影响，以避免设定IOW之外的操作情形。

5.3.2.2 催化剂招标准备和评价

大多数炼厂拥有准备和评价催化剂报价的程序，对没有加氢裂化装置的炼厂，用于加氢处理催化剂的方法可以作为起始点，但是需要改进以充分体现加氢裂化的复杂性。

从卓越运营视角来看：

（1）在指定的主要情况下，考虑拥有2～3个操作场景进行催化剂供应商评价，做出潜在操作窗口框架，存在一个单一的情况能够严重影响下一个生命周期的装置灵活性。

（2）如果预期进料不能用于实际的实验室测试，则利用过程模拟或原油分析分馏模型来提供更好的质量信息。

（3）包括任何可靠性、过程完整性或安全相关信息，影响催化剂供应商的报价。

（4）明确与催化剂最终选择有关的角色、职责和决策权，在这方面缺乏透明度，通常使决策过程陷入困境。

（5）确认使用再生对比新催化剂体系的内部战略。

5.3.2.3 风险评估和削减

通常在这一步中，倾向于只关注所选择催化剂供应商的中试装置试验，组织不应忽视这一步的总体意图——评估和管理所选择催化剂的潜在风险。在考虑市场中的新催化剂体系时，这一步是特别重要的。

从卓越运营视角来看，风险矩阵和风险等级方法是很好的工具，可用来捕获与催化剂选择相关的更广泛的风险以及帮助组织做出一致的决定。如果没有这个方法，个人观点和强烈个性将会促进决策。

下述可能是一些会被忽视的关键性风险：

（1）过程安全信息（如PFDs和H&MB）将如何更新，以使组织在催化剂置换（改变活性）管理前后的准备工作中使用正确的信息？

（2）操作程序和操作员培训材料进行更新和执行培训了么？

（3）如果正在进行再生催化剂与新催化剂的评估，然后风险影响如何被纳入决策经济性，尤其在考虑性能差异时？

5.3.2.4 催化剂选择和置换准备、停工、卸载、装载和开工

在最后的这些步骤中，催化剂管理过程与检修计划和维护过程存在强交互作用。正如大多数组织将有一个检修计划一样，关键问题是将加氢裂化技术整合到这一过程。考虑到围绕这一技术的一些特殊注意事项和预防措施，未能解决这些问题将导致检修延长或催化剂置换。

在这些阶段应该突出考虑下述问题：

（1）组织需要确定是否有正确的停工、催化剂卸载、催化剂装载、开工程序和过程。

①明晰与分包商的角色划分是至关重要的，尤其是在催化剂卸载和装载时，利益相关者协调会议是可用的不错的技巧；

②工程、操作和维护，每一个都需要理解其在活动中的岗位职责避免空白和重叠，在反应器封闭和催化剂装载核验前要重点检查，良好的实践检查表可以帮助解决这一挑战。

(2) 外部资源，如催化剂供应商、授权商和其他第三方，可以在活动准备和执行前提供指导、辅助，以及良好的实践，尤其是在催化剂装卸和反应器分布器安装验证方面。

(3) 检修范围审查工作过程应提供机制来明确在催化剂置换（每2年）对比全厂检修（约每4年）期间需要哪些设备和维护活动，本文还可以帮助维护利益相关者一致性。

作为这个领域的整体总结，结合利益相关者协调会议，良好的实践文件、附加的外部专业知识、风险矩阵和风险等级方法，以及坚实的业务计划开发可以确保管理整个催化剂生命周期以满足总体目标。

KBC公司已经与几个客户应用了这些卓越运营技术，观察到切实的回报。一个北美客户，应用这些方法与历史表现相比降低了50%实际检修时间；一个欧洲客户，通过减少1周的计划时间避免了失去一些市场机会和相关的1000万美元维护成本。

6 避免卓越运营实施陷入困境

对于已经开展卓越运营的炼厂，我们经常听到以下声音：

“我们已经有卓越运营标准，但我们仍不能维持装置运行以及得到我们想要的回报——是什么错了吗?”

一个潜在的答案在于合规循环（图11）。

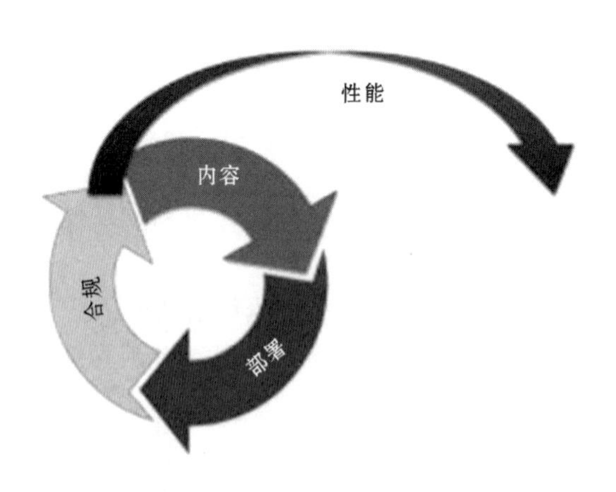

图11 打破合规循环

如上所示，许多卓越运营项目最初专注于生成活动内容、在组织内部署活动内容以及确保组织符合标准，然后重复这个过程，作为持续改进的一部分。而自然过程的一部分，如果组织从未离开过该轨道以及开始实现真正的性能改进，该方法可能会产生问题；否则，该组织将被困在一个永恒的合规循环，而不是专注于真正的目标——保持明显改善。

基于 KBC 公司的经验，以下是一些典型的没有实现真正性能改进的原因：

（1）生产管理系统（OMS）设计或 OMS 实施计划构建效果不佳，由于组织集中力量在初始开发阶段，在验证和推广努力方面失去了动力。

（2）企业大事件所做的努力是将焦点转移到健康、安全、环保合规而不是业务整体改善。

（3）“勾选框”心态，而不是利用体系和过程来驱动持续改进。

（4）失去对核心生产基础的关注，特别是工厂领导。

（5）班组失去对操作基础的关注，而关注纸面上的规范。

组织理解它处于什么位置的方式是完成一个成熟的评估（图 12）。

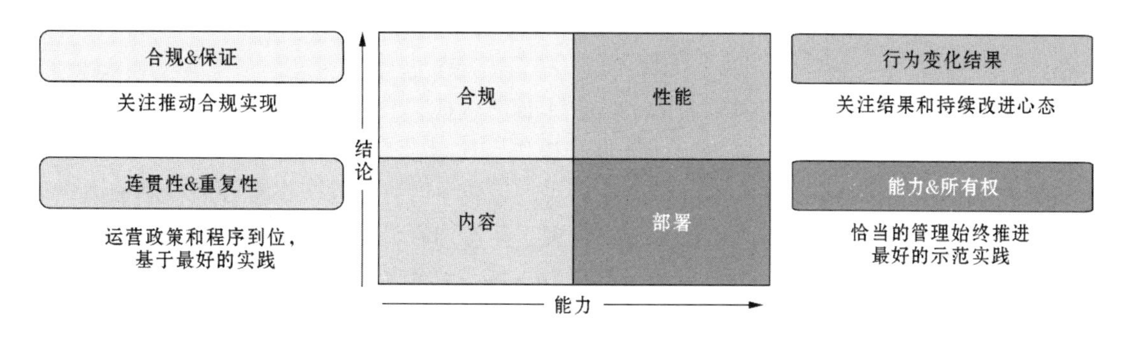

图 12　卓越运营成熟评估

该过程的第一阶段是审查 OMS（或同等系统）内容，如果内容与公认的最佳实践（已经调整适用于每一个独特的组织、业务和设施）不一致，则不能期望实现卓越运营。因此，遵守糟糕的实践将不会产生主要性能。通常，组织试图直接使用最佳实践而没有依据他们自己的特殊情况进行定制。

第二阶段是评估 OMS 标准部署是如何准备和完成的。在这个阶段，组织面临挑战的关键方面是：（1）组织的准备情况以及接受和利用公认的实践的能力；（2）明确过程和标准的所有权。在组织应用 OMS 标准前，附加的员工发展、培训和组织调整是必需的，然后，组织必须拥有标准的所有权以及更改系统实现真正改善的决策权。如果所做的努力被视为一个“自上而下”的计划，该组织不会沿着卓越运营的道路发展。

第三阶段与标准一致。在成熟演化的某一时刻，组织必须开始遵守标准和保证完成验证练习；否则，该组织仍将处于不断发展的模式中，从来没有真正转变性能。这一阶段的挑战是避免完全合规文化的陷阱，将严重限制组织发展到最后的期望状态。

最后阶段是所有组织终极期望的目标，即朝向卓越运营的道路——实现并保持真正的性能改进。为达到这一层次，组织必须在前面 3 个阶段做得很好，以及必须打破自身的合规循环。如果组织切实关注真正的行为变化，这个目标可以实现。所有的系统、工具、过程和方法都可使用，但如果从下到上的员工不接受通过观察他们的动作和行为如何影响安全、可靠和盈利生产所做的努力，整个工作将停滞不前。该组织将得到一些改善，但不是期望的水平。

我们所看到的是，卓越运营系统通常用于风险削减等方面。如果或当另一个健康、安全和环境事件发生时，该公司主要对内开发新的实践，然后部署和实施合规。打破合规循环，需要驱动一线的行为变化，聚焦能力和治理上的挑战。

7 结 论

一个运转良好的围绕价值传递的卓越运营方法将提升加氢裂化资产的必要性能，因此，需要开展如下工作：

(1) 烃供应链分析融入资产业务。

(2) 维护资产完整性，同时保持风险可控。

(3) 通过IOW、关键绩效指标、程序升级和功能性强的检修计划和实施来最大化运转性能。

(4) 为员工提供知识、工具、过程和权利来提升性能。

(5) 在一个共同愿景下，与领导团队保持操作、规划、工程、维护和可靠性一致。

本文提出的许多例子和方法可以帮助炼厂实现运转中的可靠性、安全性和盈利能力，需要从新资产中提取最大价值和偿还技术上的投资。即使拥有最好的卓越运营组件，组织也必须进行“定义”和改变组织行为以避免合规循环，实现真正可度量、可持续的性能改进。

参 考 文 献

[1] KBC Advanced Technologies, “Outlook for the World Refining Industry 2015”, October 2015.

[2] KBC Advanced Technologies, “World Long - Term Oil and Energy Outlook 2016”, December 2015.

通过加氢裂化技术提高炼厂的生产弹性

David Pappal (Valero, USA)
Joe Flores (Criterion Catalysts & Technologies, USA)
余颖龙　翟绪丽　译校

摘　要　加氢裂化技术是现代炼厂重要的炼油技术之一，可显著提高全厂生产弹性。Valero公司对加氢裂化技术提出具体的选择标准和目标要求，并与技术商密切合作，使位于美国的两座加氢裂化装置在第1周期实现了最低的投资和既定的技术目标。在此基础上，在第2周期Valero公司要求进一步挖掘装置潜力，通过采用新一代的催化剂技术和优化的装置操作参数，使两套加氢裂化装置的加工能力提高了约50%。（译者）

1　概　述

精制石油产品的市场需求不断变化，迫使炼油行业灵活转变，及时响应市场变化，以保持盈利和竞争力。Valero公司于21世纪10年代中期开始评估下属炼厂的投资方案。汽油需求逐渐下降，部分原因在于原油价格居高不下和替代燃料乙醇的存在。随着世界经济持续扩张，柴油需求稳步增长。考虑到市场环境和今后预期，侧重于馏分油生产的减压蜡油加氢裂化项目成为首选目标，下述经济和操作因素对Valero公司决定推进加氢裂化装置项目至关重要：

（1）加工利用优质减压蜡油原料。

（2）提供满足全球最严格质量标准的优质馏分油产品以扩大市场。

（3）将氢气转化为液体产品，如天然气制合成油（天然气制氢气的成本很低，在美国许多地区都有一定的利润空间）。

（4）通过重要的扩能改造增加产能。

（5）最小化基础设施的资金成本。

（6）保持性能的长周期可靠性和可预测性。

（7）在原料成本基础上最大限度提升产品价值。

2　统一的加氢裂化装置设计和技术许可选择标准

在基础建设项目中，设计人员能够以最高的效率和性价比满足经济和技术指标设计装置。这一过程的核心是Valero公司的加氢裂化项目采用“统一”的理念，不仅是设计单一装置，更是在两个不同地点使用相同的设备建造相同的加氢裂化装置。采用这种理念具有多重效益：采用相同的设计方案使得工程造价减少约50%；采用相同的设备和设计的两套装置，通过相互学习和经验分享，在操作和维护方面均可获得收益。共享备品备件和最佳实践经验，也是这一理念的优势，其中的价值不可低估，这意味着Valero公司为两个项目选定同一个技术许可方，因此，作为技术选择基础的技术选择标准是十分重要的（表1）。

表1　技术选择标准

安全性和可靠性	技术和技术能力
设计方式	执行力
具体项目团队	与Valero公司的合作经验
操作经验	反应器内构件
催化剂	产品收率
许可工艺包	培训计划和技术支持
专利税和无形资产	工程造价

一些选择参数为可被量化的硬性参数，相对硬性参数来说，另一些参数为弹性参数。硬性参数用于对样本进行定量排序，而弹性参数则对样本进行层次划分，然后对所有参数进行整体考量以得出结论。

基于这个标准，Valero公司建设的2套统一标准的加氢裂化装置最终选定了Shell全球解决方案。技术选定后，在Shell公司的阿姆斯特丹实验室开展中试试验，验证阿瑟港和圣查尔斯2个加氢裂化装置方案中的预期液收。两阶段中试研究的结果确认达到了预期液收。此外，在中试试验过程中获得的重要认识可优化设计负荷以进一步提升性能。

Valero公司定义的设计标准（表2）直接与装置长周期的安全性、可靠性、盈利能力和可操作性有关联。

表2　统一的加氢裂化装置设计标准

设计标准	设计目标
两级闭环设计	实现减压重瓦斯油（HVGO）馏分选择性裂化
单段设计	限制设备数量，将占地和连接管道要求降至最低以实现基建投资最小化
选择可靠性高的转动和固定设备	最大限度降低意外停机和维修次数
较高运转周期目标：最低运行2年，目标3年	将计划性停工检修期造成的经济损失、催化剂再生装填和装置维修的成本降至最低
680℉（360℃）以上馏分转化率高于95%	最大化产品收率且柴油/循环油的切割点设定符合产品质量要求
石脑油、煤油和柴油在全周期内满足质量标准	石脑油无须额外处理即可达到催化重整要求；柴油满足国内和出口质量标准

与此同时，设计原料基准确定为阿瑟港和圣查尔斯两地的预期加工难度最大的原料

（表3）。

表3　统一加氢裂化装置设计原料基准

项　　目		数　　值
API度，°API		15.8
硫含量，%（质量分数）		3.5
氮含量，μg/g		3500
馏程，℉（℃）	10%	770（410）
	50%	900（482）
	90%	1030（554）

这些原料性质是基于一种加工难度较高的美国墨西哥湾的高硫、高氮的HVGO原料确定的。HVGO中较高的柴油含量不利于原料加工，并导致加氢裂化装置第二段的选择性裂化程度降低。这表明原油常减压装置操作应将HVGO原料中柴油含量降至最低，以最大限度利用加氢裂化装置对减压馏分的裂解能力并实现产品升级。

3　催化剂选择

在工艺设计期间，在投入足够时间考察新产品的同时选定催化剂。在Criterion公司和Shell全球解决方案的紧密配合下，Valero公司重新考虑了一个良好运转周期所需的关键目标和催化剂要求。在适当的规划和实验后，Valero公司制订了一项新体系以提供更高防护等级和性能。在第1周期，关键目标如下。

（1）液体收率最大化。

（2）中间馏分液收最大化。

（3）满足产品质量标准。

（4）满足运转周期要求：最低2年，目标3年。

（5）满足转化率目标：680℉（360℃）以上馏分转化率高于95%。

为达到上述目标，对多项催化剂要求开展调研和中试试验，最终确定了由6部分组成的催化剂体系（表4）。

表4　催化剂体系的描述

催化剂体系	特　　点
SENTRY™提质催化剂	适当的管控污垢热阻和压降
OptiTRAP™/ASCENT™脱金属催化剂	金属负载需要严格的方法，催化剂最初是为渣油升级开发的
CENTERA™预处理催化剂	最高的加氢脱氮活性以满足处理HVGO原料的要求
加氢裂化开环预处理催化剂	预处理催化剂具有稳定的加氢脱氮性能以保证裂化系统在中后期稳定运转
一段Zeolyst催化剂	采用第2代催化剂以获得高的馏分油收率
二段Zeolyst催化剂	采用第2代催化剂以获得最大的馏分油收率

4 周期 1：开车和关键操作性能

2 套加氢裂化装置同时建造，2 个项目的完成时间相距约 6 个月。阿瑟港加氢裂化装置于2012 年12 月开车，圣查尔斯加氢裂化装置于 2013 年 7 月开车。2 套装置均已成功完成第 1 周期操作。

第 1 周期的初始性能达到预期要求，并且很快通过了性能保证试验。此时，Valero 公司认识到最大量生产馏分油的市场机遇，开始考虑增加进料量以考察装置的极限。

平均来说，每套装置的新鲜原料进料量显著高于设计基准（表 5）。运行过程中，圣查尔斯加氢裂化装置的平均加工能力提高了近 35%，阿瑟港加氢裂化装置的平均加工能力提高了近 20%。

表 5　第 1 周期的计划和实际数据汇总

项　　目	圣查尔斯		阿瑟港	
	设计值	实际值	设计值	实际值
进料量，10^3 bbl/d	50	66	50	59
转化率，%（体积分数）	97.5	93	97.5	89
运行时间，月	38	30	38	32

以单位质量催化剂加工能力为基准，2 套装置均达到了预计运行周期。另外，以日加工量为基准，2 套装置的稳定进料量均高于设计值的 50%（图 1）。

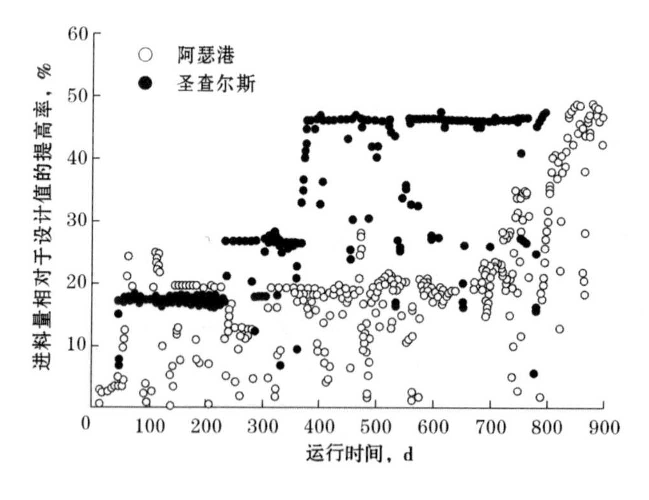

图 1　阿瑟港和圣查尔斯加氢裂化装置进料量相对于设计值的提高率

在第 1 周期中，Criterion 公司和 Valero 公司发现，在原料管理和对经常性波动（如原油变化、转化率要求、压降管理、杂质监控、多环芳烃管理等）的操作反馈方面有相当多的学问，尽管存在很多上下波动，2 套装置操作足够稳定，达到了要求的性能（图 2 和图 3）。

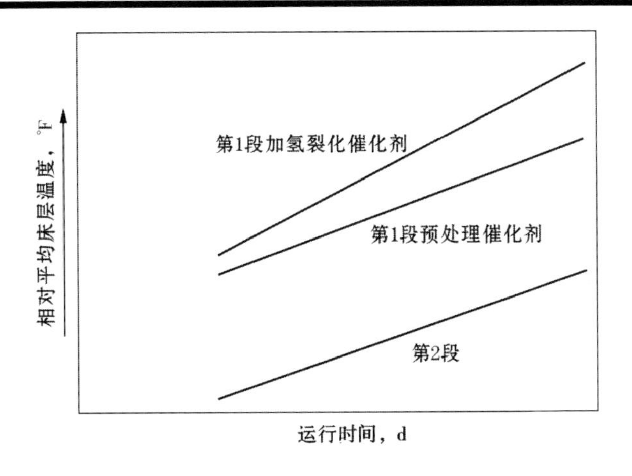

图 2　阿瑟港加氢裂化装置第 1 周期

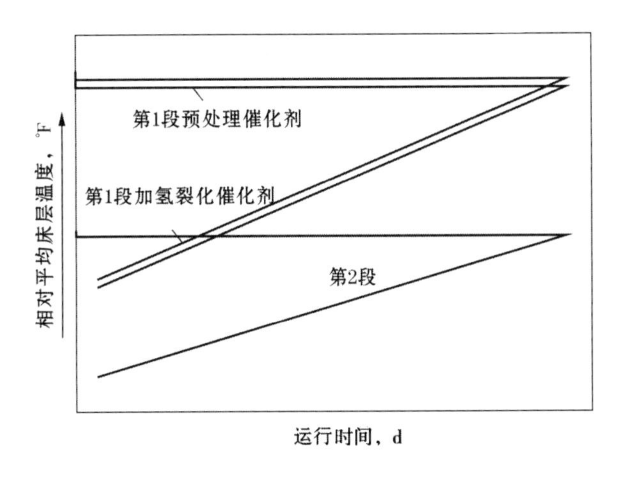

图 3　圣查尔斯加氢裂化装置第 1 周期

随着整个运行周期进料量的提高，催化剂体系反馈良好，转化率和失活速率在催化剂操作指南规定的范围内。在整个操作周期内，催化剂体系经历了几次计划内停车、非计划内停车和装置扰动。尽管装置扰动对催化剂活性存在影响，但催化剂体系经受住了考验，并未对整个操作周期造成显著的负面影响。

两段加氢裂化装置操作的一个关键因素是要持续监测多环芳烃在第 2 段进料中的积累，这些稠环芳烃的积累会导致第 2 段催化剂加速失活。第 2 段进料仍执行常规分析，其结果与装置进料的性质关联在一起，并使稠环芳烃含量不超过目标值。

5　第 1 周期催化剂的收率指标

收率保证是工艺包的一项重要组成。当催化剂活性进入稳定期后，开展了装置标定试验，在连续 24h 运行期间，对完整的运行数据、液体和气体产品进行了检测以获得关键分析数据。装置的物料平衡区间要求在 100% 附近的很小范围内，以保证试验的有效性和数据质量。操作数据经过了标准化处理，使其可对比设计条件和实际商业运转之间的差异。纳入对比的参数有原料性质、第1段和第2段的进料速率、第1段转化率、第2段单程转化率和装置总转化率。

测试运行的试验结果（表6和图4）表明，2套装置均满足收率要求。每套装置要求只能开展1次测试运行，并使试验有效，取得可信的收率、产品质量和装置运行等数据。测试运行结果显示，所有参数均达到并超过了性能保证值。

表6 保证试验收率结果

装　置	项　目	馏分收率,%（体积分数）
圣查尔斯加氢裂化装置	建议值	77.1
	试验结果①	75.7②
阿瑟港加氢裂化装置	建议值	77.1
	试验结果①	75.6②

①测试运行切换到建议原料和操作条件。

②全部满足达到保证值。

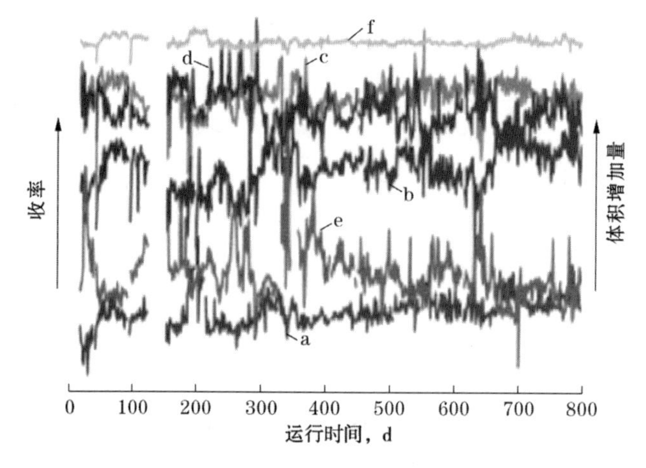

图4 切割点馏分段收率及体积增加量

a—IBP～180 ℉时收率；b—180～330 ℉时收率；c—330～500 ℉时收率；d—500～680 ℉时收率；e—680 ℉以上时收率；f—体积增加量

6 第2周期新的目标需要新的催化剂体系

（1）液体收率最大化。

（2）中间馏分液收最大化。

（3）满足产品质量标准。

（4）满足运转周期要求：最低2年，目标3年。

（5）满足转化率目标：680 ℉（360℃）以上馏分转化率高于95%。

（6）进料量提高50%。

在实际生产中已证实加工能力可比原始设计的进料量提高50%，如果将第2周期的加工量相比第1周期提高50%，则需要活性更高的催化剂体系和全新的污垢热阻管控，以满足运行周期的要求。Criterion公司已对预处理和裂化催化剂进行了几项改进，在提高反应性能的同时保持了中间馏分油的高选择性。表7对催化剂体系的6个变化进行了描述。

表7 第2周期中催化剂体系的描述

催化剂体系	周期2	特点
SENTRY™提质催化剂	基准	保持了污垢热阻和压降的管控水平
OptiTRAP™/ASCENT™脱金属催化剂	基准+	重金属耐受力更强，处理能力更高，污染物容纳能力更大
CENTERA™预处理催化剂	基准++	活性更高并为装入更多脱金属、提质催化剂让出空间，并保持了在最大进料量情况下的运行周期；第2代CENTERA™催化剂
加氢裂化开环预处理催化剂	基准+	改进了加氢脱硫、加氢脱氮活性，以满足全周期最大量生产高质量国际出口柴油的目标；改进型Zeolyst开环催化剂
一段Zeolyst催化剂	基准++	在保持相同选择性的基础上提高反应活性以适应最大进料量的需要，同时最大限度降低多环芳烃前驱体的含量；第3代Zeolyst催化剂
二段Zeolyst催化剂	基准+	中间馏分油选择性最大化和多环芳烃最小化；第3代Zeolyst催化剂

确保新催化剂体系可实现所有技术目标和要求的关键一步是开展中试验证试验。对于像Valero公司一样的两段加氢裂化装置，这意味着首先要验证预处理催化剂的性能，将整个第1段系统运行起来，然后再将第1段产出的油注入第2段系统。阿瑟港和圣查尔斯两地的加氢裂化装置存在一些不同的要求，因此需对不同催化剂开展测试。最终，优化的催化剂体系能够达到在最大进料量时所需的性能，足够低的初始反应温度可实现运行周期的目标。

多环芳烃对转化率不利，尤其是在反应条件接近周期末期，因此，实现更高加工量的一项关键措施就是最大限度降低多环芳烃的产生。催化剂优化包括，最大限度降低第1段操作中多环芳烃前驱体的产生，以及尽可能降低第2段循环过程中多环芳烃的生成。

另一个关键措施是采用Zeolyst专利技术制备的改进型三叶草形（ATX）大直径催化剂，与直径相当的三叶草形（TL）催化剂相比（图5），新催化剂具有更大的孔隙率，可使压降降低25%。5年前Criterion公司已将ATX应用于加氢裂化组合催化剂，成功实现了在提高加工量的同时降低装置的总压降。保持较低的系统压降对维持气体循环量十分重要，足够的气体循环量可提供足够的氢气，强化加氢反应并保持催化剂稳定性。

除改善压降问题外，ATX催化剂也改善了扩散性质，如图5所示，A，B，C区域相比D区域具有更短的扩散路径，而D区域的扩散路径最长。更短的扩散路径可使反应物分子到达活性位点后发生所希望的裂化反应，并在发生二次裂化反应前及时扩散。相比采用TL或圆柱形的催化剂，ATX催化剂具有更高的中间馏分油（液体）收率和更低的轻质产品（气体和轻石脑油）产率。总之，ATX催化剂对预期液体产品的选择性更高，符合Valero公司加氢裂化装置的全部要求。

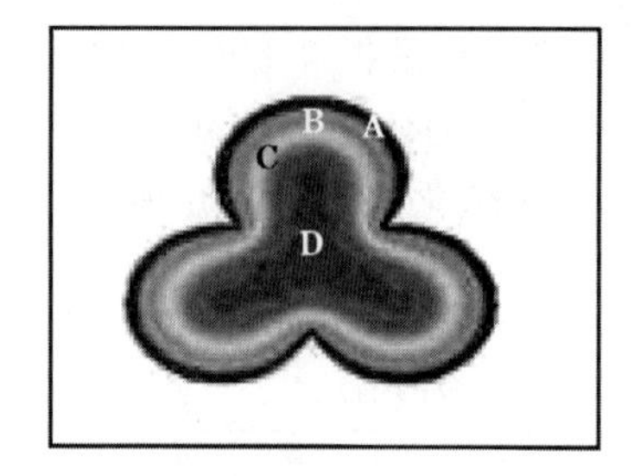

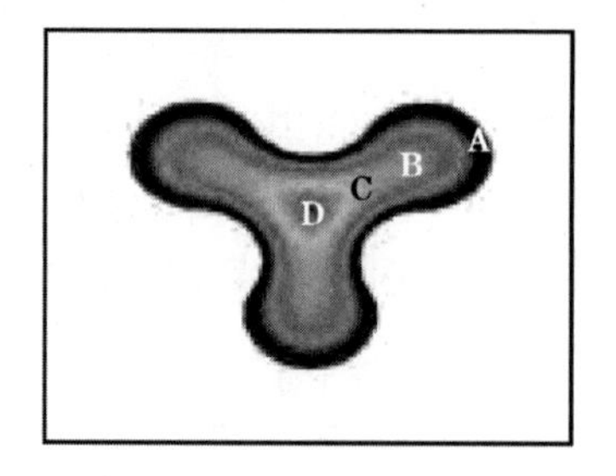

图 5　TL 和 ATX 形状的催化剂扩散路径对比

7　持续向前发展

阿瑟港和圣查尔斯两地的加氢裂化装置的第 2 周期运行良好。Valero 公司和其他炼油商已提升了处理难以加工原料的能力，同时保持了炼厂的灵活性、可靠性和可操作性。这就要求提高装置处理能力，尤其是加氢处理装置。对生产的影响程度取决于原料性质和产品目标、装置自身的灵活性以及应对增加处理量，同时保持收率和目标性质的能力。

在进行重大举动如新建装置时，合适的设计和技术选定需要对装置有深入的理解和模块化设计思路，同时需要对原油来源和加工要求有深刻的认识。随着持续改进和劣质原料的比例提高，相关知识需要不断完善以确保尽可能少地发生操作意外。Shell 全球解决方案以及 Crterion 公司开发的更高水平的催化剂和技术将持续支持本项目的发展。

AM－16－05

快速应对变化的炼油市场及法规

Laura Kadlec（UOP，A Honeywell Company，USA）
Andrew Moreland（Valero，USA）
由慧玲　谭青峰　译校

摘　要　美国环境保护署推出国家汽车排放和燃料标准 Tier 3，强制要求到 2017 年必须进一步降低汽油中的硫含量。为了满足新汽油标准的要求，许多炼厂有必要新增加氢装置或者对已有的加氢装置进行升级改造，提高已有装置的操作苛刻度，并提高氢摄入。另外，汽车柴油化及高油价的长期趋势将对那些拥有加氢裂化装置的炼厂更为有利，取决于已有的基础设施和全厂配置。本文介绍了包括位于路易斯安那州的美国 Valero 能源公司 Meraux 炼厂在内的许多炼厂所面临的一系列挑战。

Honeywell UOP 公司为 Valero 公司开发了一套具有创新性的、成本经济的解决方案，以便迅速增加其炼厂的盈利能力，并在新的市场需求和联邦法规下保持竞争力。UOP 公司与 Valero 公司密切合作，快速跟进了其已有的 UOP Unionfining™和 Unicracking™工艺的升级改造工程，经过改造和试车之后，于 2014 年成功投入使用。经过对 UOP 工艺和催化剂技术的改造或升级，成功提高了常压蜡油、减压蜡油以及脱沥青油的转化率，最大化生产柴油并优化运行周期。

本文详述了 Meraux 炼厂加氢裂化装置改造的原因、Valero 公司与 UOP 公司的合作以及改造过程中涉及的设计、执行和装置的重新开车情况。

1　Meraux 炼厂

Valero 公司的 Meraux 炼厂原油加工能力为 13.5×10^4bbl/d。在 2014 年装置改造之前，炼厂已拥有加氢处理能力，包括 3.4×10^4bbl/d 的 UOP Unicracking 装置、4.1×10^4bbl/d 的 UOP Unionfining 馏分油高压加氢处理装置以及 1.2×10^4bbl/d 的 UOP 脱沥青油（DAO）Unionfining 装置。炼厂还拥有 2.1×10^4bbl/d 的 ROSE 渣油超临界抽提装置以及 1 套 3.8×10^4bbl/d 的催化裂化（FCC）装置。

如图 1 所示，已有的 Unicracking 装置和 DAO Unionfining 装置为平行运行模式，共用分离及分馏单元。整套装置最初是为催化原料预处理，以满足 Tier 2 标准的汽油硫含量要求，从而可避免 FCC 产品的后处理精制程序。加氢裂化装置部分仅处理常压蜡油（AGO）和减压蜡油（VGO），而且转化率只有 35%（体积分数）。其中的柴油产品无法达到超低硫柴油标准，因而还需在馏分油加氢处理装置中进行再度处理。自从装置首次开工以来，由于众多因素，整套装置在过去一直处于短周期运行中，这些因素包括极端劣质的原料，如终馏点和金属含量较高的 VGO 和 DAO 等。

2 存在的挑战

为了维持FCC的运转，Meraux炼厂需建设一套新的洗涤塔和汽油脱硫装置，而这将是没有直接回报的投资。另外，市场对柴油的需求正在不断上升而对6号油的需求不断下降，而Meraux炼厂的当前条件于此不利。相比于新操作装置的投资建设，Valero公司倾向于更加切合实际以及经济的解决方案，即对已有的加氢处理装置做相对较小的改造，来获得和维持未来的盈利能力。考虑到现有的汽油导向产品构成，Meraux炼厂的挑战在于如何充分抓住现有机遇，而且整个施工最好能在2～3年完成。

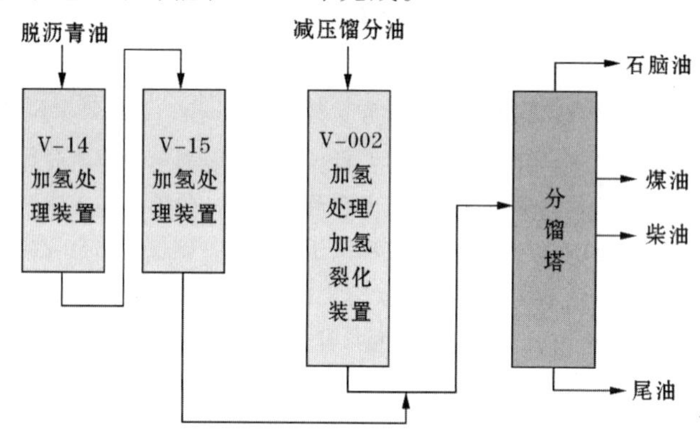

图1 已有操作装置的简易流程

3 解决方案

UOP公司协助Valero公司对众多可能的方案进行评估，并进一步完善和完成其目标。考虑到较短的施工时间，Valero公司和UOP公司进行密切灵活的合作以实现这一极具挑战性的目标。合作从集体研讨开始，双方的技术专家提出大量可能的解决方案，目的是处理现有的原料，比如AGO、VGO和DAO等。UOP公司负责评估每套方案的工艺与所需设备、成本以及施工可能性的排名，Valero公司则负责每套方案大致的经济核算，并决定下一个需要处理的方案。

Valero公司要求实现最大化的加氢裂化转化率和柴油选择性，并保证最少2年的运行周期。Valero公司有一套新的加氢裂化反应器，但要求利用已有的循环气和补充气压缩机。在所有的解决方案中，必须安装新的反应器内构件以保证最优的反应器分布和催化剂性能的最大化。作为改造的一部分，Valero公司亲自评估了新一代的UOP Uniflow™反应器内构件在此次改造中的可用性。

3.1 方案1

方案1流程如图2所示，尽量保留了原有的配置，为一段一次通过。在使用馏分油选择性催化剂和转化率80%（体积分数）的情况下，仅能处理AGO和VGO，这套方案的成本和改造程度最低，因此可以保证运行周期约为2年。但是，DAO只能出售用作6号油的混合原料或者运往Valero公司的另一座炼厂进行加工处理。

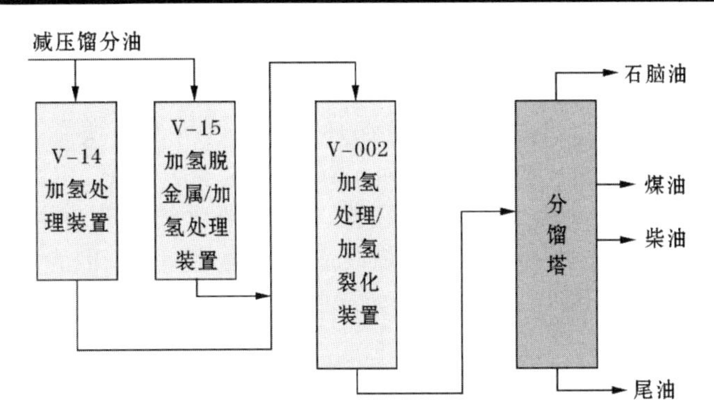

图 2　方案 1 的一段一次通过流程

3.2　方案 2

方案 2 流程如图 3 所示，为了增加催化剂装填量，需要增加 1 台新的裂化反应器，为一段循环工艺。进料与方案 1 相同，仅处理 AGO 和 VGO，使用更高选择性的 UOP Unicracking 催化剂时，转化率可提高到 97%（体积分数）以上，运行周期延长，柴油选择性提高。然而，与方案 1 相比，方案 2 由于新增了设备，其成本和改造的难度会有所增加。

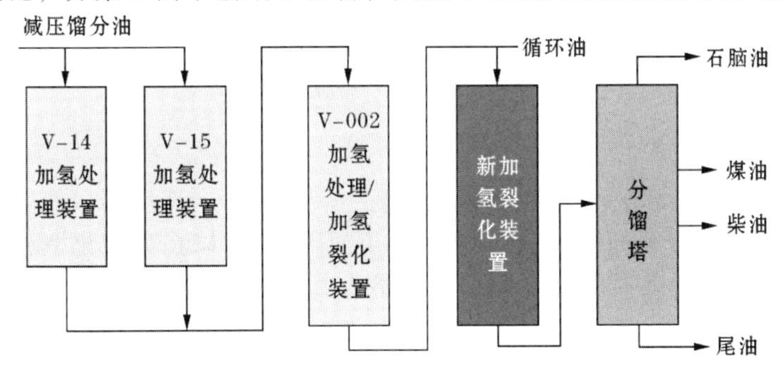

图 3　方案 2 的一段循环流程

3.3　方案 3

方案 3（图 4）为两段工艺，在加工处理 AGO 和 VGO 时，在更长的运行周期时也能够达到很高的转化率，在使用 UOP 两段专用催化剂时，其柴油选择性更佳。方案 3 新增了 1 台裂化反应器，在成本和改造程度上与方案 2 相似。基于这套方案，UOP 公司还评估了加工处理掺入少量 DAO 的可能性，由此可提高经济性。然而，这有可能导致运行周期缩短，由于需处理重多环芳烃，成本将增加。

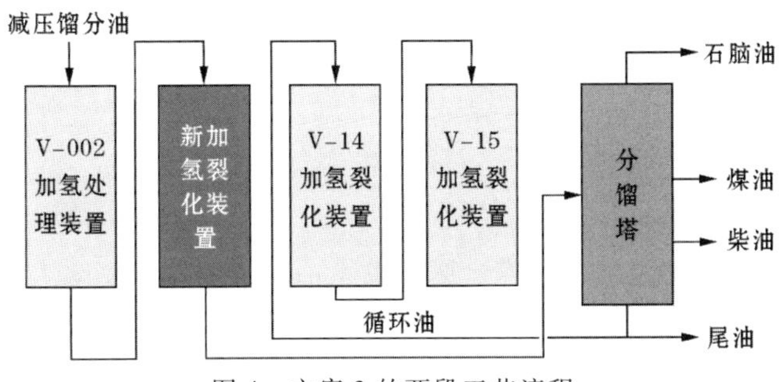

图 4　方案 3 的两段工艺流程

3.4 方案4

方案4流程如图5所示，为单独的一段循环工艺，与方案1类似，仅利用已有的反应器，因此成本较低，且只能加工处理AGO和VGO。在这套方案中，对AGO和轻VGO分别进行加氢处理，以减少进料中柴油馏分的裂化、降低裂化的苛刻度并使转化率增至97%（体积分数）以上。该方案成本相对较低，但改造稍微复杂，这是因为循环油以及管道输送需要额外的加热器，而且一旦实施该方案，未来将无法灵活地进行扩建。

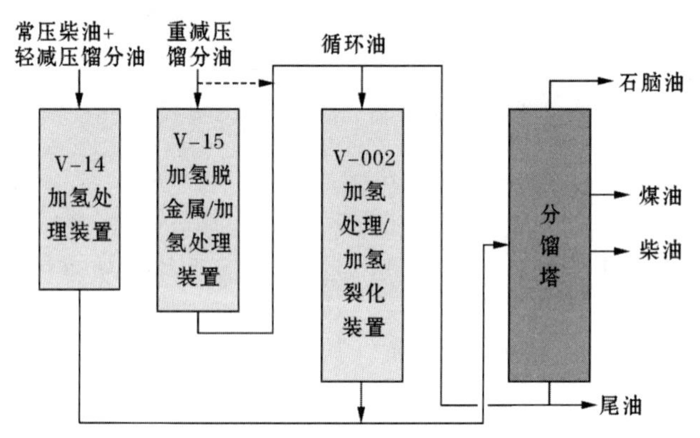

图5　方案4的单独一段循环工艺流程

3.5 方案5

方案5流程如图6所示，为单独的两段工艺，新增了1台反应器以便增加第1段的处理和裂化催化剂用量。该方案处理AGO，VGO和DAO时，可以在高转化率和柴油选择性下运行2年，但是该方案成本大幅增加，改造幅度最大。

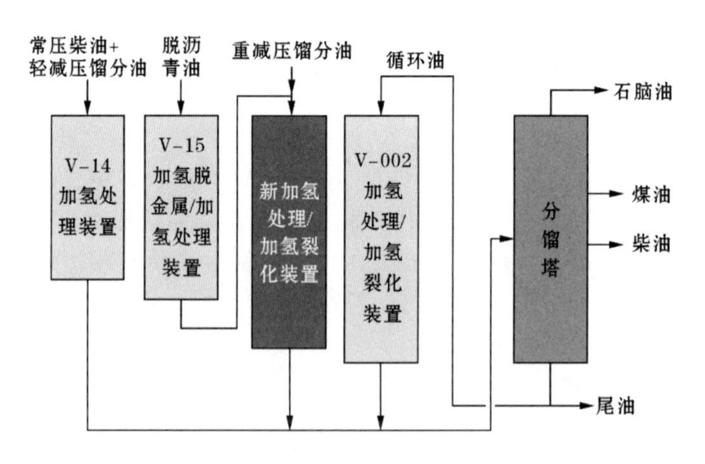

图6　方案5的单独两段工艺流程

3.6 方案6

最终被Valero公司所选定的是一段一次通过工艺，该方案新增了1台反应器，流程如图7所示。该方案不仅能够处理所有的AGO，VGO和DAO，而且可实现转化率80%（体积分数）、柴油产率的最大化以及最少2年的运转周期。DAO会在原有的加氢处理反应器中单独处理，但是随后经处理的 DAO 与 AGO 和 VGO 同时在加氢裂化装置中转化。这套解决方案的成本稍高于方案 1 和方案 4，但是改造难度仅仅是略高一点。该方案比较经济，不仅是因为满足了 Valero 公司的基本要求，而且可加工处理其包括 DAO 的所有原料油。然而，当进料中含大量 DAO 时风险仍然存在，因为在新的加氢裂化预处理反应器入口对碳和氮含量有要求。另外，世界范围内仅有少量的加氢裂化装置能掺杂 DAO 比例超过 25%。

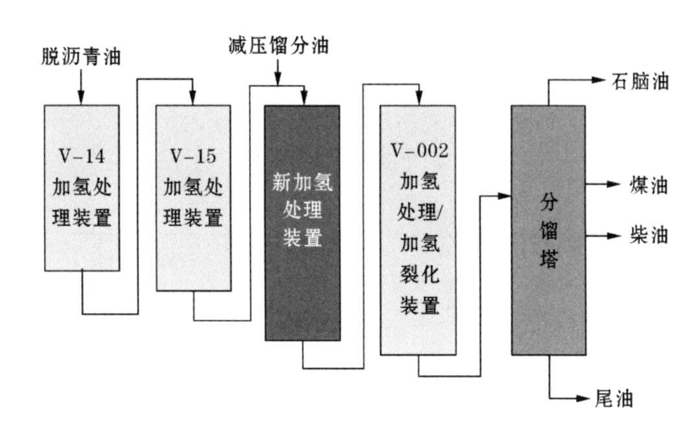

图 7　方案 6 的含新反应器的一段一次通过流程

4　方案执行与启动

2012 年初结束了技术方案的研讨和评估，UOP 公司完成了一套基本的工程设计包。Valero 公司的技术人员在工程设计过程中与 UOP 公司密切合作，由 UOP 公司提供设计包的各部分，在已有装置关停之前提供详细的设计。依据这个方法，Valero 公司首先尽量完成改造的基础工程并组建新的反应器结构，这将有助于按计划完成目标。UOP 公司在 2012 年底完成了基础工艺包，并在 2014 年初完成了详细的工程工艺包。在整个改造工程中，UOP 公司的工程师与 Valero 公司的技术人员、EPC 工程承包商一起，将失误降至最低并使得计划稳步进行。在完成计划的前 5 个月，UOP 公司为 EPC 承包商提供现场支持以确保承包商完全了解工程设计的意图，这有助于减少最后某些项目可能需要修正而带来的项目延迟。

改造工程在 2014 年的最后一季度完全结束，并在 2014 年底成功投入使用，由此 Meraux 炼厂的 FCC 装置正式停车。

5　反应器内构件选择

Valero 公司了解反应器内构件的重要性，它对反应器内部气相和液相的均一分布有着重要的作用，而这也是使得催化剂性能最大化的重要因素。当最终技术方案被确定时，Valero 公司对此进行了详细的调查和评估，最终选定在每个反应中都使用 UOP Uniflow™反应器内构件。为了设计最新的反应器内构件，UOP 公司构建了数学模型并采用了商业规模的冷模试验，这些技术可测量并评估不同分散器在微观和宏观上的分散性能。Uniflow 分散器是一种新型设计，它通过了 UOP 公司严格的测试，在苛刻条件下也具有优异的性能，具有操作灵活性和较好的安装、维护性能。

6 成功改造

改造后的装置在重新投入使用后运行正常，所有承诺的性能指标均已达到或超过，比如产率指标、柴油产品性质以及 Uniflow 反应器内构件性能；基于 UOP 公司的最大化柴油选择性的 Unicracking 催化剂，改造后的操作装置能够达到甚至超过既定的活性、稳定性和产率性能指标；DAO 的转化是 Meraux 炼厂主要的经济驱动力，因此目前 DAO 的掺杂比例已经超过了初始设定值，达到了12% ~15%，图 8 显示了对 DAO 进行加工处理而带来的经济效益。

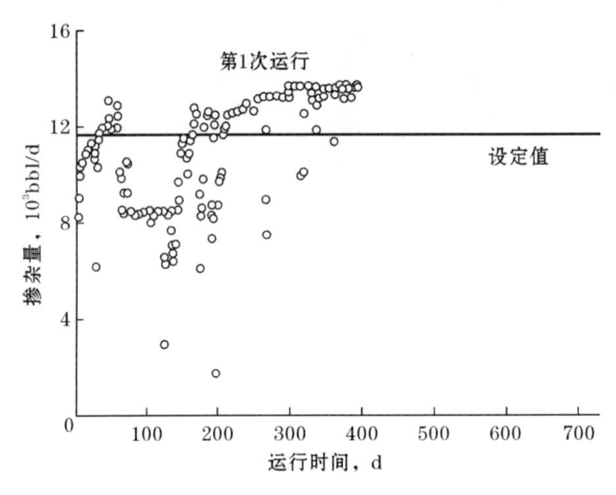

图 8 脱沥青油在进料油中的掺杂量

甚至在增加 DAO 掺杂比例的情况下，催化剂的活性在整个运行周期内仍然能保持稳定（图 9）。

与此同时，柴油产率已经超过了初始设计的预计值，为炼厂带来了更大的经济效益（图 10）。

Uniflow 内构件为整个催化剂床层提供了优异的物流分布，图 11 对比了改造前后所使用内构件的情况。

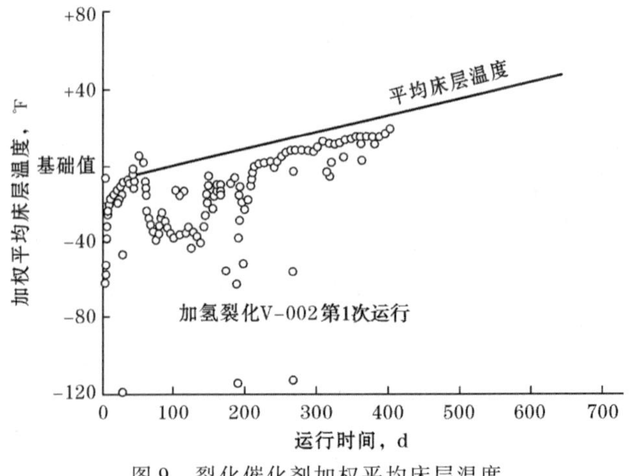

图 9 裂化催化剂加权平均床层温度

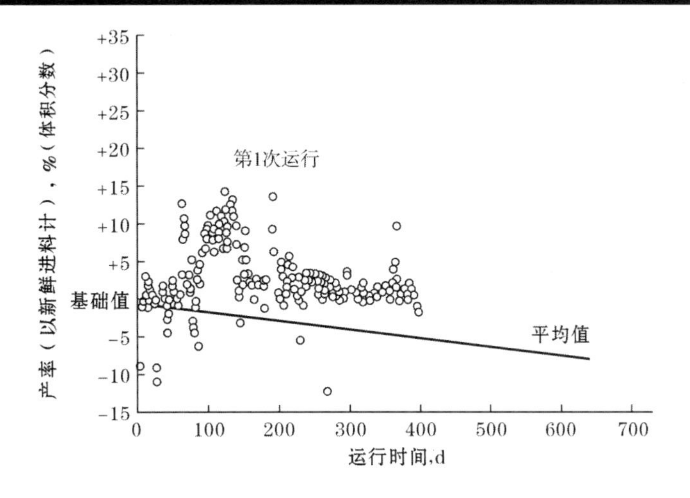

图 10　柴油产率

催化剂床层	顶部径向温差，℉	底部径向温差，℉
床层1	Uniflow HRI内构件:1	Uniflow HRI内构件:1
	原内构件:3	原内构件:18
床层2	Uniflow HRI内构件:4	Uniflow HRI内构件:3
	原内构件:2	原内构件:6
床层3	Uniflow HRI内构件:4	Uniflow HRI内构件:3
	原内构件:5	原内构件:6
床层4	Uniflow HRI内构件:4	Uniflow HRI内构件:3
	原内构件:12	原内构件:36
床层5	Uniflow HRI内构件:4	Uniflow HRI内构件:4
	原内构件:11	原内构件:45

图 11　Uniflow 加氢裂化反应器内构件性能

7　结　论

由于市场趋势变化及政策法规升级，炼厂需要紧跟时代要求并保持竞争力以应对各种挑战。Valero 公司的 Meraux 炼厂与 UOP 公司合作，成功快速地开发了一套创新性技术方案以满足新的汽油标准 Tier 3，改善和维持了其盈利能力。

渣 油 转 化

劣质减压渣油加氢裂化技术

Theo Maesen, Jifei Jia, Matt Hurt, et al
(Chevron Lummus Global, CA)
袁晓亮　王延飞　译校

摘　要　本文讨论了原料难转化组分的本质和加氢裂化最优化技术，如减压渣油加氢生产汽柴油。为满足渣油加工升级的持续需求，针对不同含量重焦化瓦斯油及减压瓦斯油等原料，采用渣油高转化技术与目前技术相结合，CLG公司开发了系列相应转化技术；针对高含量重多环芳烃原料，CLG公司开发了一系列共沉淀催化剂平台的加氢处理催化剂。针对不同的原料，选择合适的转化技术和催化剂使中间产物最大限度转化为产品，在渣油转化中具有重大意义。　（译者）

近5年来，由于廉价原油、渣油原料的管理加强以及高硫燃料油、石油焦、汽油和柴油的价格差异等因素，减压渣油转化为高价值液体燃料呈逐年上升趋势。

渣油原料经脱碳或加氢过程转化为不同性质的瓦斯油产品，炼厂需要详细了解重焦化瓦斯油（HCGO）转化为催化裂化（FCC）原料所需的催化剂及工艺技术。比较棘手的是，减压瓦斯油（VGO）和HCGO混合原料生产中间馏分油的加氢转化过程，需要仔细选择催化剂体系、工艺流程和操作条件等。CLG公司针对不同HCGO含量原料的加氢裂化装置已有多套工业化，其中几套正在运行中。

相比HCGO，渣油加氢后的VGO转化更棘手。CLG公司的VGO转化技术已工业化，其中VGO包含95%以上的加氢渣油。其中，一套渣油加氢裂化与VGO加氢裂化联合装置的设计和工业运行更具有挑战性，从2007年运行至今，该套装置使CLG公司有了应对更严峻挑战的丰富经验，渣油最大化加氢裂化后的VGO几乎完全转化，类似于最大化渣油加氢裂化（LC - MAX）和悬浮床加氢裂化（LC - SLURRY）技术。

本文讨论了原料难转化组分的本质和加氢裂化最优选择，如减压渣油加氢生产汽柴油。

1　概　述

由于轻重原油、高硫燃料油和车用燃料的价格差异，以及重质燃料油标准的不断严格规范，重油加工升级保持着持续的热度。有时候，化工原料、石油焦和针焦的价格也都是影响因素。结合原料的灵活型、低投资费用和低操作成本，最新的突破就是渣油最大化转化技术。

为满足渣油加工升级的持续需求，CLG公司，即Chervon与CB & I联合公司，也扩展了相应的组合技术。目前，CLG公司开发了市场上最完整的重油升级解决方案组合技术，这些解决方案包括延迟焦化、减压渣油加氢脱硫（VRDS）、沸腾床渣油加氢裂化（LC -

FINING)、溶剂脱沥青、LC-MAX，以及针对像玛雅和哈姆艾卡的减压渣油和沥青这些劣质原料而开发的LC-SLURRY技术，转化率可超过95%。这些技术的组合提供了从深度碳转化到深度脱碳，或两者兼有等一整套可选工艺。深刻了解每套技术的特点和优势，而且知道如何将一套技术应用到炼厂结构中，是选择正确组合技术的关键。

重油转化升级方案的经济性主要在于脱碳、碳转化或者组合技术所生产的目标产物。渣油加氢VGO若能进一步加氢转化，将获得高的经济效益。尽管渣油生产的瓦斯油的综合性质很普通，有时和高氮、高硫直馏乌拉尔VGO性质相似，但这种VGO明显更适合加氢处理，需要详细制订催化剂和工艺过程。

2 HCGO加氢裂化

最近70年中，CLG公司设计了60多套多种操作模式的装置，因此，CLG公司深刻了解炼厂结构和炼厂复杂体系中焦化组合工艺。尽管高硫石油焦的需求降低，但延迟焦化需求一直很高。近4年中新建了4套装置，而且目前还有7套装置处于不同阶段的工程和建设中。部分丰富经验已经工业化，而且原料范围很宽，包括加氢裂化尾油和溶剂脱沥青油的中试数据。CLG公司的一项改进是延迟焦化装置生产生焦，这样可使利润更大化。生焦可用来生产阳极针焦而不是石油焦。

HCGO焦化或者减黏裂化产生的瓦斯油，由于汽油中含有大量烯烃、有机氮、硫化合物、多环芳烃以及含硅抗泡剂产生的灰分和残炭，是加氢过程中的大挑战。HCGO随着终馏点的升高，加工难度以指数形式增长。对于目前的加氢裂化厂商，CLG公司要求终馏点不超过1000 ℉。

尽管HCGO加氢处理难度大，CLG公司仍然应用了很多套加氢裂化装置，尤其对于不同HCGO含量原料的全转化设计，有些装置已经运行了几十年。HCGO加氢处理需要特殊的“优化部分转化”，即OPC两段循环加氢裂化，该设计主要是为了减少将氮含量高的HCGO几乎完全加氢转化所需的反应器体积（图1）。

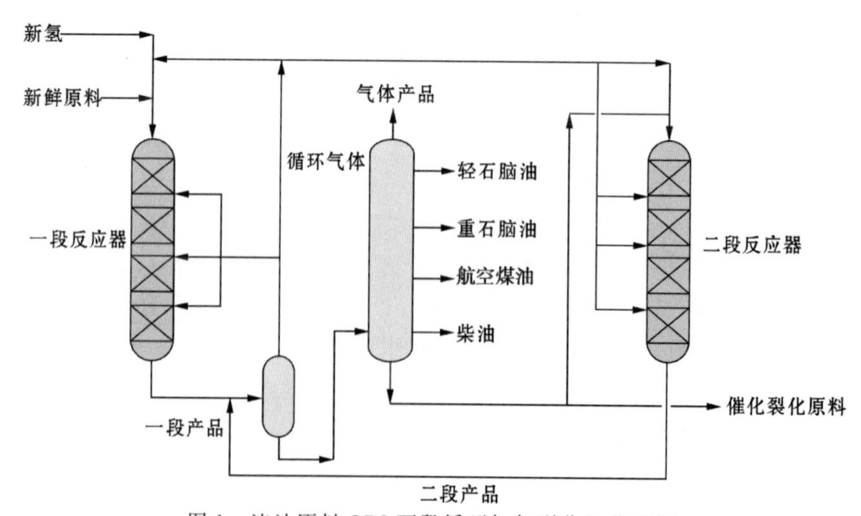

图1 渣油原料OPC两段循环加氢裂化工艺过程

稳定、经济运行的关键是氢分压高和第一反应器催化剂活性高；加氢转化性能高，需要足够的急冷、床层高度和加氢活性不断升高的催化剂体系设计。第1段产品经过分离进入第二反应器，未转化油可在相对清洁的环境中以相对低的温度和较少的催化剂进行反应。低温保证了重多环芳烃(HPNA's)饱和，同时避免其沉积。2台反应器之间的分馏（或汽提）保证了第二反应器相对没有级间分馏减少了2/3左右。第2段尾油循环至中间分馏塔（或汽提塔），这样一是可以优化产品结构和质量；二是可提供最大量生产柴油和最大量生产航空煤油的灵活性。

3 RDS VGO 加氢裂化

40多年前，一套高效转化单段加氢裂化与渣油加氢处理联合装置工业化，这套联合装置可将原料（掺入体积分数为40%的VGO的加氢渣油）完全转化为体积分数50%的优质柴油（硫含量小于4μg/g，十六烷值为58）。这套循环加氢裂化的中试试验和工业化运行也证实了渣油加氢VGO转化相当困难，必须严格降低循环油中的HPNA含量，从而避免催化剂失活和装置冷却部分的HPNA沉积。

4 LC－FINING VGO 加氢裂化

在过去的40年中，CLG公司建设了几乎每天可加工上万桶能力的LC－FINING工艺装置。LC－FINNING工艺需求不断提高，例如，过去10年中已建设了约50%的能力，也就是5套装置。CLG公司大量的工业化经验证明，LC－FINING技术平台很强大，装置在3～4年的运行过程中，转化率几乎稳定维持在60%～80%之间，有的装置甚至可达75%～80%。

2007年，一套两段加氢裂化和LC－FINING联合装置实现工业化，处理原料为HCGO，这套联合的两段装置命名为OPC装置。深入了解这套设计后更证实了渣油加氢后的瓦斯油比HCGO或RDS VGO性质更恶劣，因此，OPC装置更需要详细设计（图2）。

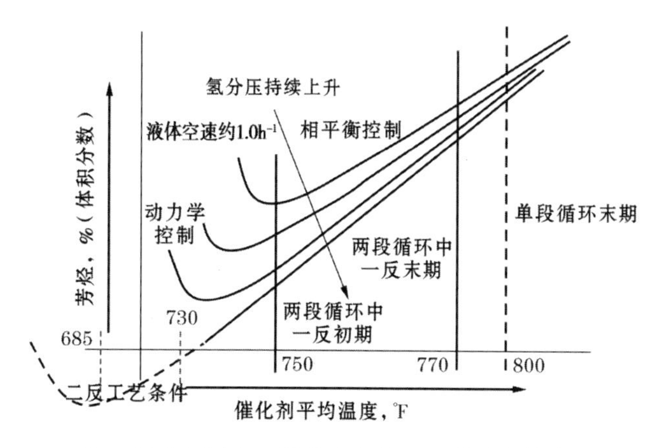

图2 渣油原料加氢裂化典型的OPC单元操作窗口

选择高的氢分压，挑选具有高饱和度的催化剂，与HCGO相比，更高混合比例的未转化油，较低的边界终馏点（对于LC－FINING VGO为900℉，而不是HCGO的约1000℉），这样确保一定范围内欧V柴油的持续生产。

5 HPNA管理

一般来说，密度和有机氮含量可用来衡量整体芳烃含量。但由于总芳烃含量无法体现原料的劣质程度，因此，在测定芳烃含量的同时测定其质量，多环芳烃指数（PCI）就是一个芳烃质量参数的例子。PCI是一个衡量原料热解程度，即重多环芳烃含量的参数。尽管密度、有机氮含量和PCI能很好地评估直馏原料的质量或测定加氢过程中芳烃饱和度，但它们无法体现不同来源原料或者合成原油的差别。比如，渣油脱碳（像HCGO）和碳转化（像LC－FINING）的瓦斯油，传统的参数表明，HCGO比LC－FINING VGO更难加工，因为HCGO具有更高密度、高有机氮含量和近似的PCI（图3）；只有全范围的LC－FINING VGO显示其PCI高于HCGO。

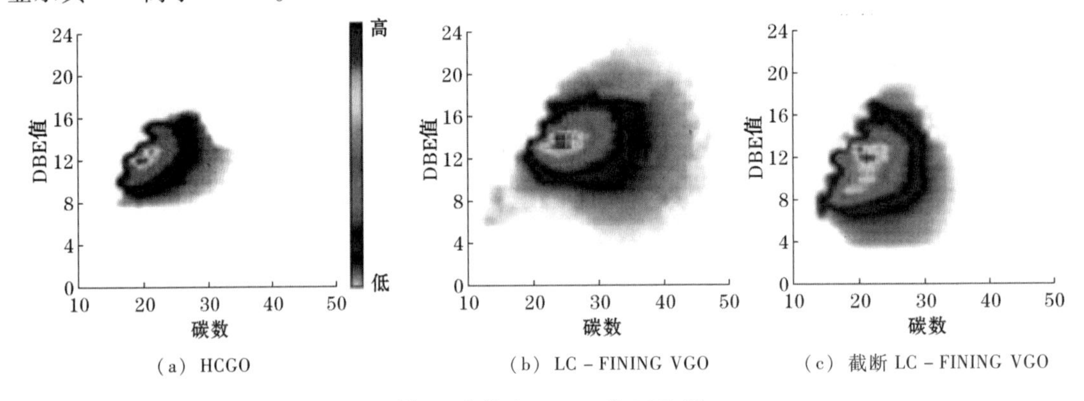

（a）HCGO　（b）LC－FINING VGO　（c）截断LC－FINING VGO

图3　产物中HPNA的DBE值

这就需要更高级的分析手段（如高分辨率质谱）来解释为什么HCGO比LC－FININGV-GO更难加工。

高分辨率质谱根据碳数（CN）和双键等价物（DBE）来分辨瓦斯油组成：

$$DBE = C - H/2 + N/2 \tag{1}$$

式中，C表示碳原子；H表示氢原子；N表示氮原子；DBE值高表明更多的芳烃分子。当比较HCGO和LC－FINING VGO中的芳烃馏分（液相色谱分离）时（图3），延迟焦化（高温分解）要求HCGO中HPNA的DBE值不大于17；而900℉左右断链保证渣油加氢裂化后的产物中HPNA的DBE值不大于17。HCGO中的化合物有以下特点：（1）CN范围窄（与馏程范围一致）；（2）DBE范围窄。

与LC－FINING VGO进行比较，HCGO含有DBE值不小于17的芳烃化合物，如苯并（芘）、二萘嵌苯（DBE值为17）和蔻（DBE值为19）。可以说，焦化反应消除了焦炭前驱体，如苯并二萘嵌苯和蔻，但在渣油加氢裂化中（LC－FINING）却保留下来。对比两个反应，焦化反应减少了焦炭前驱物，但保留了有机氮化合物；LC－FINING保留了焦炭前驱物，但减少了有机氮化合物。这些过程的综合特性解释了脱碳反应（像焦化或溶剂脱沥青）和碳转化过程（像 LC－FINING 或 LC－SLURRY）联合具有非常明显的优势[1,2]。

不需要产生 DBE 值不小于 17 的焦炭前驱物的渣油高转化过程，像 LC－FINING，因为在低转化率像 RDS VG 渣油转化中，产物中已含有苯并（芘）、二萘嵌苯（图 4）。当 RDS VGO 在两段加氢裂化装置中几乎完全转化为车用燃料时，DBE 值为 17、CN 值为 22～23 的化合物很难加氢转化，就积累在循环系统中。

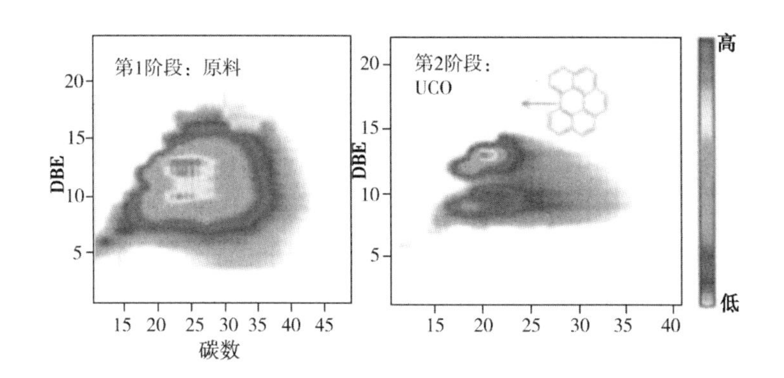

图 4　加氢处理后渣油产品（RDS VGO）含有 DBE 值为 17 的苯并（芘）、二萘嵌苯

这些难转化的焦炭前驱物为甲基苯并（芘）、芘和苯并、二萘嵌苯，防止苯并、二萘嵌苯（和蔻）等化合物的过渡积累就需要考虑上述 OPC 设计。

防止渣油转化装置中焦炭前驱物影响加氢产品的一个方法就是降低 OPC 装置原料的终馏点约为 900 ℉。质谱分析表明，这种降低其实是将焦炭前驱物如（甲基）苯并（芘）、苯并二萘嵌苯（终馏点大于 920 ℉）降低到环保水平（从 100μg/g 到个位数甚至更少），例如瓦斯油差不多像 HCGO 水平。

瓦斯油最大量转化如 LC－SLURRY 工艺中，断键尤为有利。对一些客户来说，追踪渣油到车用燃料或石化原料中的焦炭前驱物将在 HPNA 管理（尤其是 OPC 装置）中具有重大意义。

6　降低 HPNA 含量的催化剂体系

在 20 世纪 60 年代，Chevron 公司是第 1 家提供渣油加氢裂化催化剂和装置的全球运营公司。早期的渣油原料加氢裂化技术核心是利用自主研发的共沉淀技术合成的非晶态合金催化剂（比如 ICR 106，ICR 120）[3-5]，这些非晶态共沉淀催化剂具有大孔结构，使得原料中重馏分（馏程较高）先行加氢。得益于共沉淀技术，这些自主研发的催化剂展现了非常好的加氢活性（与浸渍或者负载的无定形催化剂相比），使得 HPNA 饱和能力显著提高[3,5]。大孔结构和良好的加氢活性使得共沉淀催化剂能稳定持续地加氢脱沥青油、高 HPNA 原料，如加利福尼亚的焦化蜡油、脱沥青油甚至煤液。为保证再生催化剂能处理高 HPNA 原料，Chevron 公司最近对一系列共沉淀催化剂平台的加氢处理催化剂（如 ICR1000 和 ICR1001）

进行了工业化。

高HPNA原料加氢处理受益于高的加氢活性和分子筛，分子筛催化剂通过将活性位隐藏在一些小孔中（直径约1nm），阻止了焦炭前驱物的接近从而抗HPNA中毒[6]。分子筛的酸密度和酸性位分布进一步提高了分子筛催化剂处理劣质原料长周期运行的能力。传统的加氢处理催化剂（芳烃饱和较容易）、ICR共沉淀催化剂（HPNA脱除）和分子筛催化剂（降低馏程），使得CLG的客户们可处理无数种劣质原料。

7 结 论

70多年来，渣油转化技术需求呈持续增长趋势，持续的环境压力和需求、全球人口情况以及中产阶级收入使得炼油方向向多产车用燃料和石油化工原料转化。本文列举了渣油高转化技术与目前技术（或者新技术）相结合，炼厂需要仔细研究转化技术选择和催化剂技术。先进的分析手段解释了为什么最初的渣油转化技术平台的中间产物更劣质化，这些手段强调需要对操作尺度进行详细的了解，以评估将这些渣油转化的中间产物最大限度转化为产品的优势。这些考虑都是建立在实验室和工业规模上不同原料和操作下的加氢处理经验上，不断增长的市场需求和提高操作利润的压力使得渣油转化在21世纪具有重要作用。

参考文献

[1] Sieli, G. M.; Faegh, A.; Shimoda, S. Hydrocarbon Processing 86 (9), (2007) 59-60, 62, 64.

[2] Baldassari, Mario; Mukherjee, Ujjal; Jung, Steve, AFPM Annual Meeting 2012, San Diego, CA, United States, Mar. 11-13, 2012, 506-519.

[3] Howell, R. L, Sullivan, R. F., Hung, C, and Laity, D. S. "Chevron Hydrocracking Catalysts Provide Refinery Flexibility," Japan Petroleum Institute, Petroleum Refining Conference, Tokyo, Oct. 19 - 21, 1988.

[4] Sullivan, Richard F.; Scott, John W., The development of hydrocracking ACS Symposium Series (1983), 222 (Heterog. Catal.), 293-313.

[5] Bridge, A. G., Cash, D. R., and Mayer, J. F., "Cogels—A Unique Family of Isocracking Catalysts," 1993 NPRA Meeting, San Antonio, Tex., Mar. 21 - 23, 1993.

[6] Zhan, B. Z.; Maesen, T.; Parekh, J.; Torchia, D. Hydrocarbon Engineering (2013), 18 (11), 48-50, 52.

AM－16－30

焦炭塔气体排放的环境解决方案

John D. Ward, Richard R. Heniford, Scott Alexander
(Bechtel Hydrocarbon Technology Solutions, USA)
张东明　娄立娟　译校

摘　要　现有的和新的延迟焦化装置已成为美国环境保护署审查的重点，最近几年，美国环境保护署特别关注焦炭塔局部冷却及随后向大气中排放的气体情况。本文介绍了几种系统的应用，可解决焦炭塔用水冷却焦炭结束时向大气中排放气体的问题，同时还介绍了一种新的系统设计，以尽量减少排放和危害。

1　流程描述

1.1　主要工艺方案

在一个典型的延迟焦化装置中（图1），进料在焦化加热炉中加热至930℉左右，进入下游焦炭塔中发生裂化和缩合焦化反应。经过加热的进料先送至一对焦炭塔中的一个，当这个焦炭塔内充满了焦炭，达到安全高度，加热后的进料切换到另外一个空焦炭塔。充满焦炭的焦炭塔被隔离出来，用蒸汽进行吹扫。蒸出的气体首先进入分馏塔，再到放空系统；冷却水进入放空系统；焦炭塔部分充满水；塔顶气体排放至大气中；然后排水。排放后焦炭塔顶部和底部的封头将被打开，用高压水切削塔中的焦炭。焦炭和切焦水进入一个混凝土坑/垫，

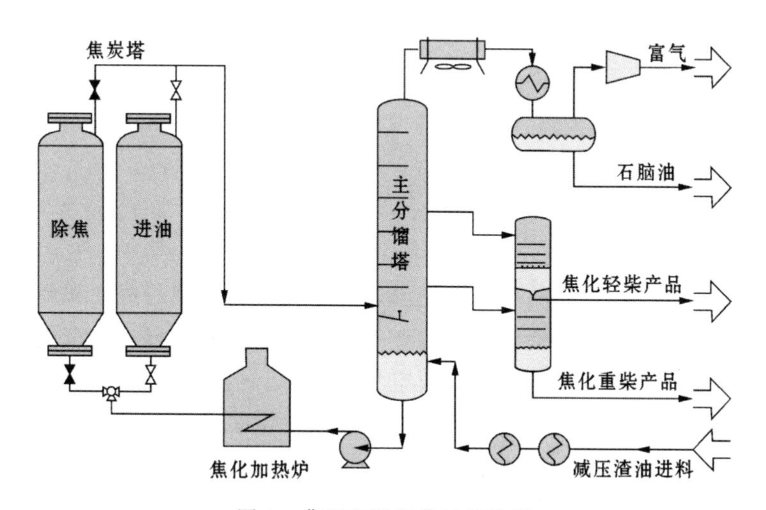

图1　典型延迟焦化工艺流程

在进行后续的工艺操作前对焦炭进行脱水处理。空焦炭塔随后用蒸汽加热和吹扫，然后用在线焦炭塔中热油气预热空焦炭塔。至此，空焦炭塔已经准备好接收加热后的进料油，继续循环。油气从焦炭塔进入分馏塔，部分冷凝分离成轻、重蜡油。塔顶气体送至气体工厂，生产焦化石脑油、液化石油气和天然气。

在整个循环中，焦炭塔用水冷焦，产生的气体排放到大气中，这一阶段的操作是本文讨论的重点。

1.2 放空系统

一个典型的延迟焦化装置放空系统由急冷塔、放空冷凝器和沉降罐组成（图2）。该系统设计的目的是处理来自离线焦炭塔的不同操作步骤时产生的污水。焦炭塔离线后，该系统将处理从焦炭塔来的蒸汽和烃类蒸气。在水冷焦过程中，该系统处理由水冷时产生的更大量的蒸汽，并伴有一些从焦炭床来的烃类蒸气。焦炭从焦炭塔上切下后，空焦炭塔进行升温预热操作，该系统也要接收油气、蒸汽和冷凝水。通常情况下，急冷塔有一股连续循环的重油流保持足够的热量，用于闪蒸冷凝油和水。多余的重油返回回炼。冷却塔顶冷凝器用于冷凝冷焦操作所产生的大量蒸汽以及轻烃蒸气。沉降器将水从轻质油中分离，并将水送至酸性水汽提器。轻油也进行回炼，不产生污油。沉降器中的蒸汽也返回到主过程。

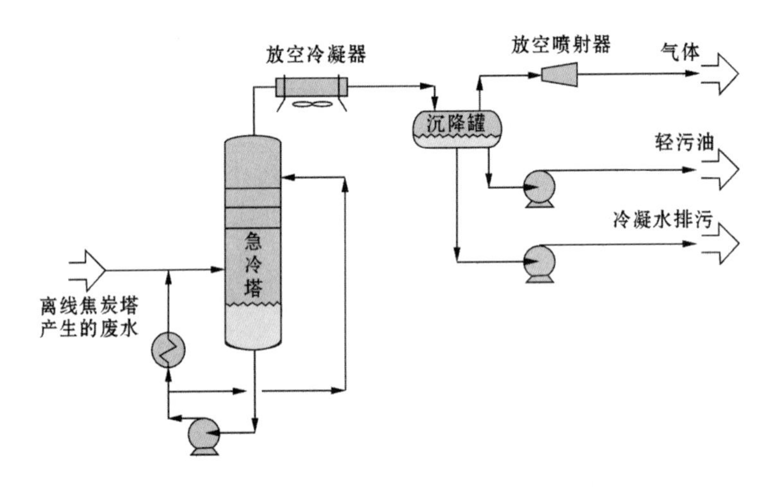

图2 延迟焦化装置放空系统

1.3 水冷却操作

如图3所示，在水冷却操作的初期，高温所产生的很大比例的蒸汽和烃类蒸气送到放空系统进行压缩和回收。此操作接近结束时，产生的蒸汽量要低得多，只有微量的烃类蒸气产生。在这一点上，焦炭塔压力基本上等于放空系统压力。当水冷却完成后，焦炭塔压力要降至环保法规要求的压力，从放空系统分离并排放到大气中。在一些老的延迟焦化装置，焦炭塔压力在放空之前介于5~20psi之间，随后的放空操作不仅噪声很大，而且最近被美国环境保护署认定为含有对环境和操作人员有害的排放。

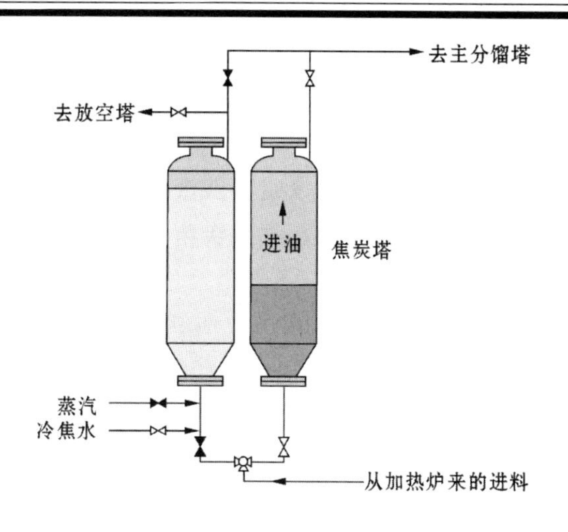

图 3　水冷却系统

2　焦炭塔通风规范的历史发展

1997 年 4 月，加利福尼亚南部地的执法人员注意到一座地方炼厂延迟焦化装置的可见排放。可见排放的源头追溯到一个焦炭塔被打开移除焦炭之前，气体排放到大气中。这一事件引发了有关加利福尼亚南部海岸 Air Basin 石油精炼厂焦炭塔大气排放的调查。

随后，2003—2006 年该地区员工在地方炼厂进行了源测试，最初是为了量化挥发性有机化合物成分和排放颗粒物，后来扩展到从焦炭塔排放的硫化合物和有害空气污染物。

2008 年 6 月 24 日，美国环境保护署提出一项规定，要求新建或改建的炼厂延迟焦化装置中焦炭塔排气到大气前压力不超过 5psi。经过各种请愿和澄清，该规定于 2012 年 9 月 12 日成为一项联邦法规。

自 2008 年以来，除了焦炭切割操作和冷焦水的排放测试，美国环境保护署和其他人员一直继续测试这些排放蒸汽。上述两种排放源问题不是讨论的重点，但涉及一些冷却选择。

2013 年 5 月，南海岸空气质量管理区在加利福尼亚通过了 1114 号法规，要求新的和现有的延迟焦化装置中焦炭塔排气到大气之前压力为 2psi。这项法规的生效日期是 2013 年 11 月 1 日。这项法规还要求继续监测和记录操作数据，以确保该法规被严格执行。这项法规在加利福尼亚现在是合法的。需要注意的是，如果该地区的炼厂到 2013 年 11 月 1 日无法满足此要求，将有一系列的具体要求，在能满足这些具体要求的前提下，允许炼油企业经过几年的时间最终实现这一目标。这些具体要求在 1114 号法规中有详细规定。

2015 年 12 月 1 日，美国环境保护署在《联邦公报》发表的文章“炼油行业的风险和技术审查以及新污染源执行标准；最终条例”中，讨论了实践方法和技术，并于 2016 年 2 月 1 日生效。美国环境保护署最终限制，现有的延迟焦化装置，以 60 日一周期计，污染源排放标准为 2psi，新的焦化装置排放标准为 2.0psi（数值差异在于，对于新焦化装置的限制增加了 1 位有效数字）。

在该文件中，美国环境保护署认可在水冷后期塔的溢流操作，温度确定为 218℉，与非溢流系统中2.0psi情况下相当。

该文件中，美国环境保护署重视过热蒸汽排放到大气的问题。同时指出，溢流系统通过管道连接到水罐中，当溢流水的温度超过220℉时，管道与水罐的连接处必须低于水罐中的液位，以充分利用水的冷效应。该文件中，表明当供水温度保持低于210℉时，可以使用双冷却或双排水，即焦炭塔中冷却水液位刚刚超过焦炭床层高度时，就开始排出部分冷却水，再重新给水冷焦。

目前正在设计的新建或改造装置都要求在压力达到或小于2psi之前排放，因此这些应符合现行联邦法规。

然而，在过去的1年中，美国的一些地区对于新建设项目的批准，正在考虑更严格的要求。

图4显示了估算的2010年美国炼厂年排放量与焦炭塔压力排放关系。可以看出，焦炭塔排放了大量污染物，大多数排放物是甲烷和乙烷，但甲烷和乙烷一直被美国环境保护署确定为对大气光化学反应的影响可以忽略不计，因此这个数据集中在其他排放。虽然美国环境保护署承认，甲烷是一个重要的温室气体排放，这些测量都集中在有助于大气中形成臭氧的组分（尽管如此，甲烷是一种重要的污染物，在这些试验中没有被测量）。白色代表非甲烷、非乙烷挥发性有机化合物，黑色代表颗粒物，灰色是硫化氢。没有黑色显示的地方指测量中并没有对颗粒物进行分析。在一些焦炭塔水冷却后期，将硫化氢脱除剂注入焦炭塔顶部，然而在排除气体中仍然出现硫化氢。在所述的焦炭塔压力范围内，在本测试所选场址内，排放中的各组分浓度为非甲烷/非乙烷挥发性有机化合物（50～4000）$\times 10^{-6}$（体积分数）、硫化氢（70～2000）$\times 10^{-6}$（体积分数）、颗粒物9～47g/（$ft^3 \cdot d$）。

其他公布的行业数据也收集了部分焦化排放测试数据，如在洛杉矶地区和SCAQMD的URS公司、St. Croix and Citgo、Corpus Christi等一些焦化装置。这些试验数据也显示大量的碳氢化合物在焦炭塔降压阶段排放。正如图4所示，这些排放量的测量有相当大的变化，部分原因是因为涉及一些难点。

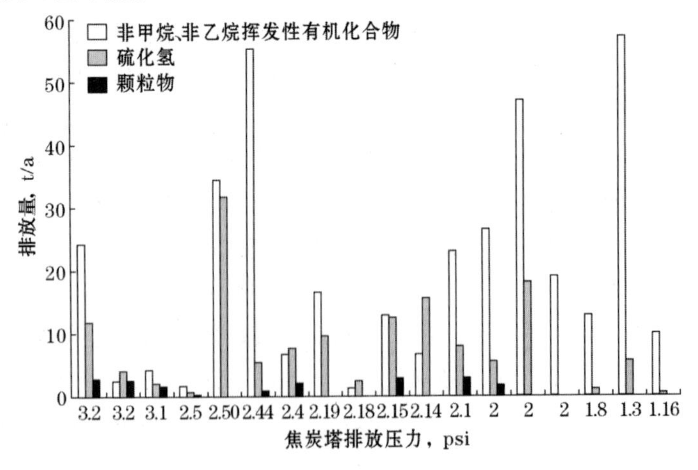

图4　2010年美国炼厂排放量与焦炭塔排放压力关系

气体排放量是从一个高流量随着时间的推移下降为0，但是，如果排气之前降低焦炭塔压力，排放气体的体积和流速都将降低。因此，从监管的角度来看，认为降低焦炭塔压力再排放是非常可取的。排放气体中污染物的浓度可以使用在线分析仪测量，分析不同时间排放气体样本。美国环境保护署开发了一些方法，用于瞬时测量与测量时间加权的排放率及污染物质量，每周期和每年周期数量用于确定年度排放量。

我们已经从其他2家炼厂收集到其他测量排放数据，该数据能合理反映行业平均水平。需要注意的是，根据这些数据发现，很大一部分排放发生在排气的后半阶段，压力甚至低于2psi。

3 降低焦炭塔压力前排气的选择

只要焦炭塔顶压力高于放空系统压力，就可以向放空系统泄压排放。但是，当焦炭塔顶压力与放空系统压力平衡时，以降低焦炭塔压力为除焦做准备，操作人员就必须开始向大气中排放气体。根据美国环境保护署调查，这时有大量的污染物从焦炭塔顶部排至大气中。减少温室气体排放的最好办法是将焦炭塔顶部空间的蒸汽在排放至大气之前最大限度地排入排污系统。

实现这一目标有几种选择：

（1）一种选择是将焦炭塔部分排水以降低压力，同时在焦炭塔（压力排水或双排水）的顶部加入冷焦水。这是通过一些炼厂的成功实践总结的，但需要延长冷焦时间以使压力达到2psi。美国环境保护署对这一做法持保留意见，正如前面所提到的，只要排出的水不超过210℉，这种做法可以被美国环境保护署接受。

（2）如果有一个火炬气回收系统，其备用容量和能力能够降低焦炭塔压力超过2psi，那么这是一个低成本的选择。

（3）一个主要的选择是焦炭塔顶放空系统使用压缩机或蒸汽喷射器，从而降低汽包内压力尽可能接近环境压力，减少排放到大气中。每一个选择都有它自己的优点和缺点。压缩机，它是一种复杂的设备，通常由电动机驱动，不产生任何废物流，但具有较高的投资、经营和维护成本。蒸汽喷射器成本低，具有较低的维护和运营成本，但产生的酸性水作为废水需要处理。然而，因为工作时间短，相对于焦化装置总增量的酸性水，从喷射器产生的酸性水量很小。目前，优先选择配备蒸汽喷射器减小焦炭塔压力，减少对除焦周期时间的影响。

（4）最近开发的另一种选择，是用一个液体驱动的喷射器来降低焦炭塔的操作压力。这个选择没有直接的经验，存在的问题是这种类型设备以比较经济的方式达到要求容量的能力。

（5）另一种选择是从焦炭塔溢出冷焦水，但现有的系统处理溢出冷焦水或者有很大的安全问题，或者简单地迁移排放点。除了1个或2个产生弹丸焦的延迟焦化装置外，焦炭塔顶溢流的实践通常被限定于海绵焦生产。这些焦炭塔溢流水中可能含有较少的油颗粒和焦粉。

4 新的最大限度地减少排放和危害的计划（申请专利）

简单地说，这里介绍的新的正在申请的专利中，提出了排放前焦炭塔这一封闭系统的操作压力为0的极限。这个系统的设计目的是为应对最坏情况下焦炭塔内有弹丸焦时溢流操作的需要。这种情况下，焦炭塔内排放的焦炭粉和油的含量明显高于生产海绵焦时的工况。

该计划采用了一种新颖的方法，结合现有设备和系统，图5显示了该选项的主要特点。

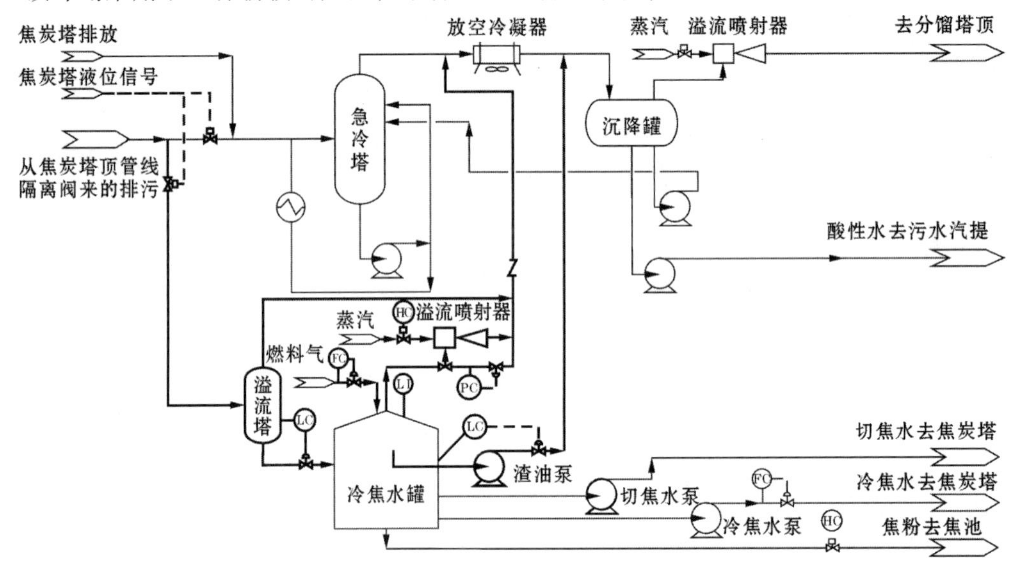

图5 新型放空系统

图5显示了新、老放空系统的关系，细线代表现有的系统，而粗线代表新的选择。

该计划的简要描述：从焦炭塔顶隔离阀到急冷塔，通常称为排污总管线。焦炭塔液位高时，水从塔顶管线溢出到溢流塔，并关闭该阀切断到冷却塔的管线。溢流塔处理大量的油气和蒸汽，经过放空冷凝器、沉降器和喷射器，最终压力减少到1～2psi。塔内的水依靠重力作用流到冷焦水罐，其压力通过一个蒸汽喷射器控制，实现零表压。其中的油、水和焦炭的处理可以解决在溢流和焦炭塔排水操作之前的问题。切焦水从这个水罐进入焦炭塔，对于2个焦炭塔，切焦水必须具有较好的质量。但对于有4个或6个焦炭塔的焦化，那里有更多的重叠离线塔操作，可能需要有1个单独的、额外的水罐，确保有最小细粉含量的优质水用于切焦操作。

蒸汽从溢流喷射返回到排污冷凝器，油或油/水混合物经过冷却水箱脱油，返回沉降罐。焦粉通过定期排水进入焦池，是许多焦化装置常见流程。

这是该计划的一个基本描述，但可以看出，为了实现减少排放量的目标，不仅可以从焦炭塔排放到大气中，还可以从溢流系统实现。

要求在合理的时间内完成溢出操作，需要更大的冷却水箱和冷却水泵。预期延长周期时间取决于几个因素，包括焦炭塔大小。为了实现一个溢出的焦炭塔温度为190～200℉，现在最大的焦炭塔可以调整溢流操作的时间从1h到2h。现在的装置可以设计成整个焦炭塔循环。对于改造装置，经济上是否可行取决于焦炭塔中可用的时间周期。

5 新的溢流方案优势

（1）不仅满足降低焦炭塔压力的要求，还能最大限度地冷却焦炭。

（2）用于产生弹丸焦以及海绵焦焦化装置。

（3）2个焦炭塔的焦化装置可以使用冷却水箱，尽量减少对切焦水质量的影响，也避免了开放式冷却水箱的排放问题（最近受到关注）。对于一套新建装置，增加的成本是比较小的。对于现有装置，改造冷却水箱再利用（如果可行）可最大限度地降低成本，但冷却水箱的改造对墙、屋顶、喷嘴内部有更高的要求。

（4）不只是转移排放，而是真正减少排放。

（5）焦炭塔溢流排放到大气之前，零表压放空被证明是可以实现的。

（6）最大限度减少井喷（切割焦炭操作时局部热点造成）。

（7）结果是目前最好、最干净安全的焦炭塔。

6 结　论

更严格的环保要求推动了炼油商考虑焦炭塔排放的所有选择，特别是对新建装置，其中提出的选择要解决的基本问题，是如何实现最大限度地冷却焦炭；减少焦炭塔对大气的排放；最大限度地符合安全和环境要求。重要的是，注意将焦炭塔充满时的适当的操作条件是确保不产生热点的首要任务。如果这些条件是合适的，那么这里所描述的系统提供了最大的能力来完成一个安全周期。此外，也没有显著的排气流，该装置应当保持清洁，这是另一个重要的安全保障。

清洁生产及炼厂运营

AM -16 -45

对炼厂硫回收装置性能进行优化的尾气硫黄回收方法研究

Laurent Thomas, Bruce Kendall
(Shell Global Solutions, Canada)
于建宁　张子鹏　译校

摘　要　分析了炼厂尾气中硫化氢（H_2S）和二氧化硫（SO_2）回收工艺原理和工艺方法，对比了含有 H_2S 和 SO_2 的可回收尾气处理工艺，并根据酸性气体性质及其中氨的含量，着重研究了这些尾气处理工艺对硫回收装置设计及操作的影响。基于炼厂中存在的酸性气体和酸性污水汽提气体的性质，评估了两个具有代表性的实际案例，对硫回收处理装置的投资及运营成本进行了对比。（译者）

1　概　述

随着原油资源的减少和油品规格的要求越来越苛刻，为了达到由环保局颁布的严格的硫化物排放要求，炼油企业正面临着越来越大的挑战。这些挑战包括炼油企业常用的针对二氧化硫（SO_2）排放限值要求的硫回收装置，由于 SO_2 排放限值要求硫回收效率超过99.9%，因此，硫回收装置需要更严苛的尾气处理方法。

本文对不同的可处理 H_2S 和 SO_2 的可再生尾气处理工艺进行了对比，并根据酸性气体性质及其中氨的含量，着重研究了这些尾气处理工艺对硫回收装置设计及操作的影响。

本文基于2座不同炼厂的情况对两种处理技术进行了对比，在酸性污水汽提塔尾气负荷和整体的氨硫比等不同方面均具有代表性。

2　回收装置

在炼厂硫回收装置中，由原油中的硫和氮所形成的 H_2S 和氨气最终会进入硫回收装置中：

（1）胺再生装置中的酸性气体。

（2）酸性污水汽提塔的尾气。

在硫回收装置中，H_2S 主要转化为可用于销售的硫黄（液体或固体），而氨气则通过加热消除（图1）。

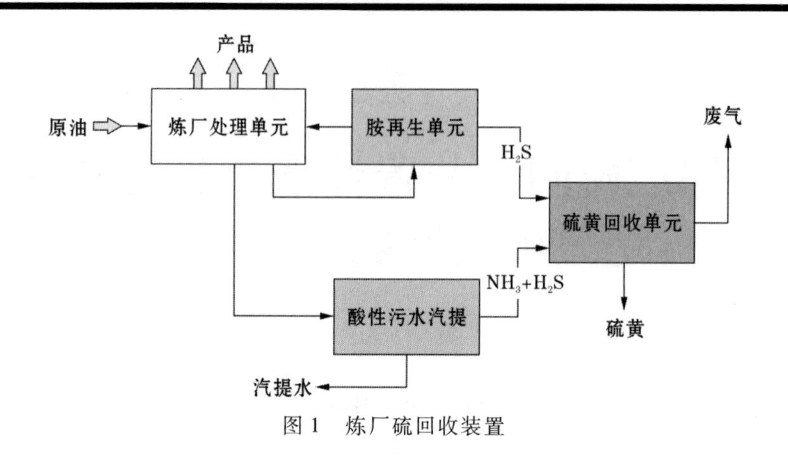

图 1　炼厂硫回收装置

硫回收装置主要是基于改进的克劳斯法将 H_2S 转化为硫：H_2S 与 SO_2 反应形成单质硫，其中反应中所需的 SO_2 来源于原料气的部分燃烧，在此燃烧过程中约 1/3 的 H_2S 转化为 SO_2。

$$3H_2S + 1.5O_2 \longrightarrow 2H_2S + SO_2 + H_2O \tag{1}$$

$$2H_2S + SO_2 \longrightarrow 3/xS_x + 2H_2O \tag{2}$$

因为反应（2）是热力学控制，因此初始热阶段转化率限制在 50% ~70% 之间。

在冷凝器中从气相成分中回收单质硫，然后转送到下一步流程并储存，同时转化率在催化阶段会进一步提升，此催化阶段主要包括 1 台气体再热器、1 台催化反应器以及 1 台冷凝器。额外的催化步骤虽然提升了整体的硫转化率和回收率，但是最佳收益却随着处理步骤的增多而降低。

典型的硫回收装置主要包括 2 ~3 个催化步骤，从而保证整体转化率达到 94% ~98% 。

氨分解为氮气和水发生在热阶段，这一过程往往需要超过 2300℉ 的温度环境，从而保证下游催化步骤即使在很低的残留氨浓度（通常体积分数低于 150×10^{-6}）的情况下依然可行。

3　尾气处理

尽管克劳斯装置的硫回收率已经达到 98% ，然而环保部门对硫氧化物排放的要求越来越严格，通常硫回收效率必须高达 99% ，甚至 99.9% 。

美国炼厂目前的硫排放指标为 250×10^{-6}（体积分数）（干法，不含氧气），然而世界银行的 SO_2 排放标准为 $150mg/m^3$（50×10^{-6}，体积分数）。

额外的催化单元可以进一步净化尾气（例如，低露点技术或者选择性直接氧化），从而使总转化率达到 99% 。为了满足更加严格的环保法规，就需要针对尾气进行深度的硫回收处理。

加氢或者硫氧化这两种可再生的尾气处理方法都可以满足高硫回收效率的要求。

3.1　尾气中 H_2S 和 SO_2 净化方法

目前应用最广泛的下流式和上流式硫回收装置尾气处理技术当属壳牌克劳斯尾气处理技

术（SCOT）。SCOT 单元的操作方式与炼厂的其他胺装置非常类似，不同之处在于前者是在低压下运行。来自尾气中的硫物种在催化反应器中经过加氢转化为 H_2S，在最终的 SCOT 吸附塔反应前需要先在冷却塔降温并除去水分。随后来自 SCOT 吸附塔的气体会被送往热氧化单元，从而实现 H_2S 的最终氧化以及废气的分散（图 2）。多种类型的氨基吸附剂都适用，并且有时这些种类的吸附剂和其他炼厂胺单元也是可以通用的。除了使用多重吸附剂外，还开发了数种加氢催化剂以达到更高的转化率、更低的操作温度或压降。

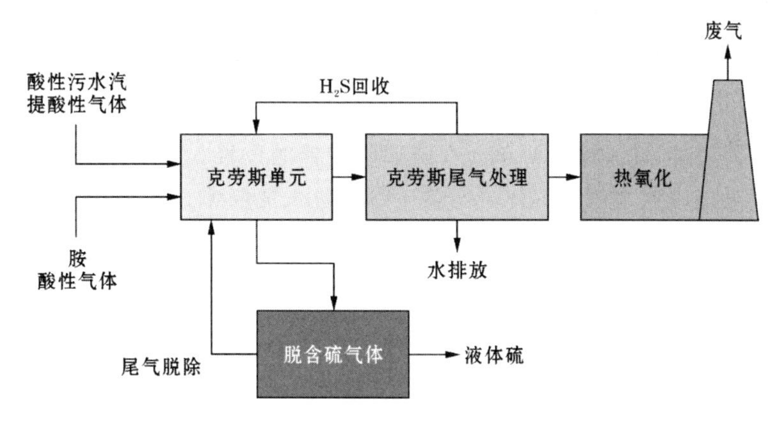

图 2　硫回收装置与克劳斯尾气处理相结合示意图

在氧化法尾气处理方案中，CANSOLV SO_2 洗涤系统使用了与胺洗涤系统相似的改进工艺来吸收 SO_2，而不是 H_2S。克劳斯尾气和硫脱除气中的尾气都被引入热氧化器中，将所有硫化物转化成 SO_2。从热氧化器出来的气体在进入氨基吸收剂装置前要骤冷和冷却。吸收剂选择性脱除 SO_2 后再通过水蒸气间接抽提再生。饱和 SO_2 的再生水则可以再循环到硫回收装置前端作为克劳斯反应的原料（图 3）。

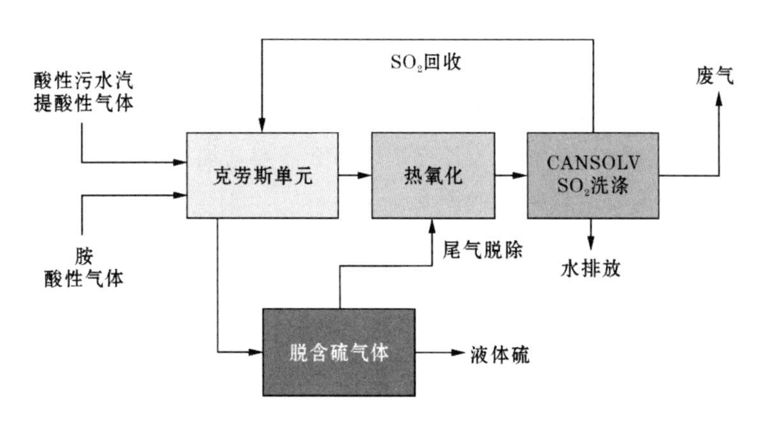

图 3　硫回收装置与 CANSOLV 尾气处理相结合示意图

这两个方案都可以使硫回收效率达到 99.9% 以上，但是工艺的差异和硫回收装置再循环产物的差异会造成硫回收装置设计和操作的不同。

当 SO_2 代替 H_2S 再循环时，原料气中需要通过燃烧以达到设定 H_2S 与 SO_2 比例的 H_2S

量就会减少。从式（1）可以看出，再循环1mol的SO_2就减少1.5mol燃烧所需氧气，也就是减少了7.5mol的空气，这大大减少了出口热系统的气体体积。

对于克劳斯单元而言，理论上讲，在同样的水流容量下，酸性气体处理能力更高；或者说在相同的气体处理量下，设备尺寸更小。但是，对于传统标准的尾气处理装置，SO_2回收量较小，因此这个处理效果仅限制在几个百分点之内。这会导致燃烧能量以及燃烧炉前端温度降低。而温度降低是不利的，尤其对氨（如果温度降至2300℉）或者其他污染物的分解，例如苯系物，其分解温度为1900℉。然而，在上述标准处理单元中，所回收的SO_2占总硫的比例很小，而且温度降低有限。

3.2 原料气分流处理配置

除了上述不同之外，CANSOLV单元在硫回收装置的位置，也即是焚烧炉的下游，将含硫原料气（尤其是酸性污水汽提气体）分流一部分进入焚烧炉（图4）。

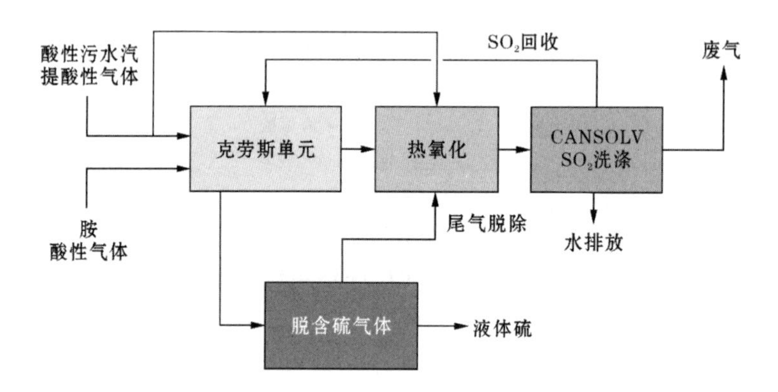

图4 含原料气分流的CANSOLV尾气处理方法示意图

这种分流措施增加了输送至CANSOLV单元和硫回收装置前端的SO_2气体，进而导致克劳斯单元体积吞吐量以及反应炉温度显著降低，因此回收的SO_2量会被反应炉的操作温度所限制并需要预热原料气、燃料气混燃或者富氧条件（或是这几项的综合）。

在此配置中，如果含硫气体被输入焚烧炉，那么需要增加第二阶段的焚烧炉，以减少氮氧化物的产生并满足相关的排放标准（图5）。

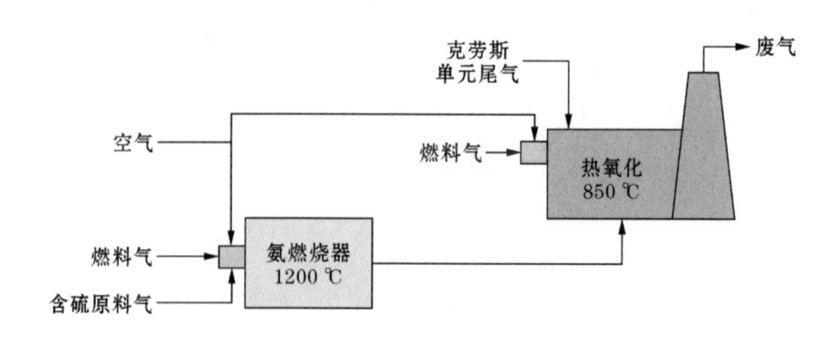

图5 酸性气体的两段燃烧处理方法

对已有的克劳斯单元来说，在酸性气体处理量和/或氨随时间而增加的情况下增加其处理能力或许能够产生更多的经济利益，原因在于：

(1) 处理单元扩能。

(2) 长期来看，炼厂需处理含有越来越高硫氮含量的低价原油。

(3) 对最终产品硫含量越来越高标准的要求。

由于对炉温的影响，装置的处理能力应根据实际情况进行考察。例如，对于已经因富氧而克服了瓶颈并需要进一步增加硫处理能力的硫处理装置来说，这种配置被认为是有利的。在这种情况下，酸性气体分流并结合富氧环境将增加其一部分处理能力，与此同时，在可接受范围内维持克劳斯反应炉的温度，以确保污染物的分解以及原料的热稳定性。

4 实例研究

基于炼厂中存在的酸性气体和酸性污水汽提气体的性质，我们评估了两个研究案例。对于这两个案例，壳牌公司让 Technip France 公司优化了所有的硫处理装置的设计，并对比了资本支出和运营成本。

然而，炼厂中酸性气体主要是 H_2S，一般而言，硫回收装置处理来自于酸水脱气出来的氨气，但这些氨气的量是不断变化的，这些变化给每套硫黄处理装置的处理能力带来挑战。关于酸性污水汽提气体负荷和总的氨硫比，基于两种情况下的设计，我们选择了两种不同情况，见表 1。

表 1 炼厂排放情况

		炼厂 A		炼厂 B	
气体		酸性气体	酸性污水汽提气体	酸性气体	酸性污水汽提气体
总硫含量,%		91.1	8.9	68.1	31.9
流速	m^3/h	7000	2500	4850	5600
	ft^3/min	4350	1550	3000	3500
组成	H_2S,%（摩尔分数）	86.63	23.92	94.24	38.2
	CO_2,%（摩尔分数）	7.0	0	0	0
	NH_3,%（摩尔分数）	0.02	47.87	0	38.2
	其他,%（摩尔分数）	6.35	28.21	5.76	23.6
氨含量,%（体积分数）		15.1		24.2	

表 2 是基于世界银行对项目投资要求提出的气体排放标准。

表 2 排放标准

项　目	排放值
SO_2, mg/m^3	≤150
氮氧化物, mg/m^3	≤200
颗粒物, mg/m^3	≤50
H_2S	$\leqslant 5\times10^{-6}$（体积分数）

4.1 工艺配置

对每座炼厂的数种工艺配置都进行了评估：

(1) SCOT单元作为尾气处理单元(通常甲基二乙醇胺加磷酸效果更好)。

(2) CANSOLV单元作为尾气处理单元。

①在标准配置里,没有分流装置;

②35%酸性污水汽提气体分流至焚烧炉;

③最大比例的酸性污水汽提气体被分流至焚烧炉。

每个实例中的设计都经过了优化,尤其是在克劳斯催化步骤的数量方面,以及为了维持反应炉中适宜温度而进行的设计(当酸性污水汽提气体被输入炉中时氨的分解温度为2300 ℉)(表3)。

表3 不同实例的工艺配置

实例	尾气处理单元	酸性污水汽提气体	克劳斯步骤数量	原料气预加热(450 ℉)	燃料气混燃	富氧(<28%)
A1	SCOT		2			
A2	CANSOLV	0	3	是		
A3		35%	3	是	是	
A4		100%	3	是	是[①]	
B1	SCOT		2			是,25%
B2	CANSOLV	0%	3			是,25%
B3		35%	2			是,28%
B4		47%	3	是		是,28%

①虽然酸性污水汽提气体完全分流,但实例A4中仍然考虑了混燃,用于解释加氢处理后酸性气体中可能存在的氨。在普通操作中混燃并没有必要。

4.2 资本支出对比

A +/-40%资本支出评估已经应用在各个实例中。

表4和表5对炼厂A和炼厂B的不同实例进行了对比。所有成本均被均一化,实例A1和实例B1分别当作100%参照物。

表4 炼厂A中的资本支出

配置	A1	A2	A3	A4
资本支出	参考值100	84	87	83

表5 炼厂B中的资本支出

配置	B1	B2	B3	B4
资本支出	参考值100	83	86	89

虽然处于评价的精确范围内，但与资本支出相比，CANSOLV 尾气处理装置的潜能要低 10% ~15%。

4.3 运营成本对比

公用工程对比以及所需的消耗品见表 6 和表 7。

表 6 炼厂 A 中公用工程及化学品消耗

项　目	A1	A2	A3	A4
燃料气，ft^3/min	433	533	467	406
电力，hp	2161	2466	2437	2405
冷却水，gal/min	3038	3641	3742	3932
低压蒸汽，long ton/h	6.4	-3.4	0.8	7.5
高压蒸汽，long ton/h	-26.3	-27.7	-26.6	-25.2
催化剂，$ft^3/5a$	3108	4238	4238	3920
化学品，long ton/a	0	83	89	109
氧气，long ton/h	0	0	0	0

注：负值意味着净产量。

表 7 炼厂 B 中公用工程及化学品消耗

项　目	B1	B2	B3	B4
燃料气，ft^3/min	315	371	0	0
电力，hp	1621	1739	1487	1762
冷却水，gal/min	969	3469	3465	3465
低压蒸汽，long ton/h	3.0	-0.6	11.2	15.8
高压蒸汽，long ton/h	-27.4	-28.1	-23.2	-23.0
催化剂，$ft^3/5a$	2825	2613	2755	2331
化学品，long ton/a	0	62	89	95
氧气，long ton/a	1.6	1.1	1.3	1.1

注：负值意味着净产量。

4.4 净现值

通过利用资本化支出及公共事业支出的评估，完成了对含有不同配制产品的现在净值成本的评估工作。在过去的 15 年间，使用 7% 的折扣率完成了相关评估工作。考虑到公共事业成本，评估了 3 种不同地区的状况。

（1）美国：低能耗和蒸汽成本。

（2）中东地区：低能耗、较高蒸汽和冷却成本。

（3）亚太地区：高能耗成本。

再次对炼厂 A 和炼厂 B 的所有价格进行了参照值为 100 的归一化处理，资本化支出分别为 A1 和 B1。结果如图 6 和图 7 所示。

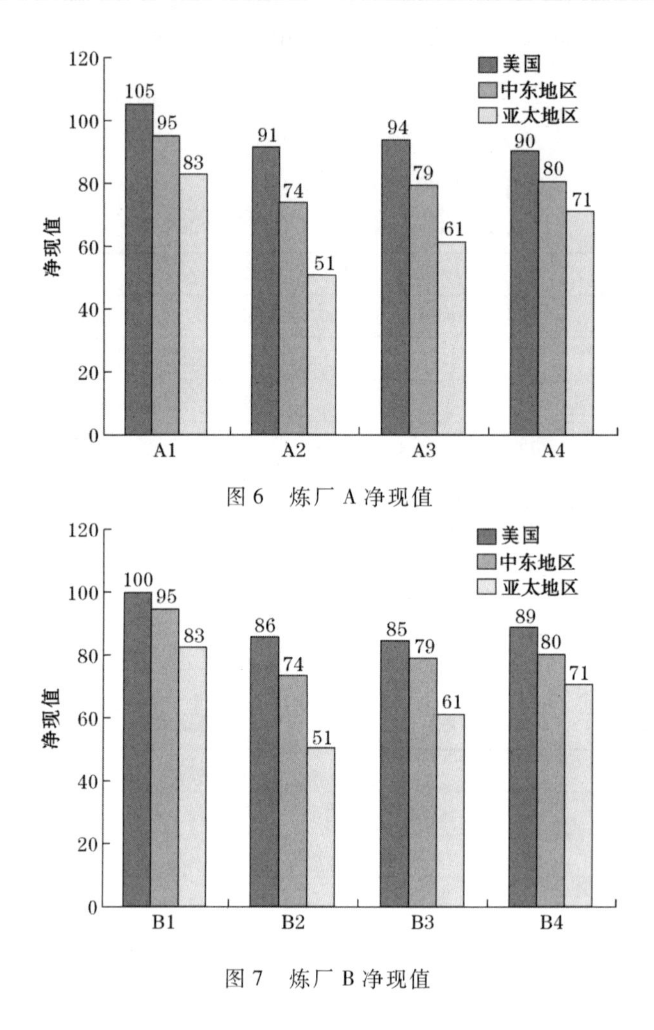

图6　炼厂A净现值

图7　炼厂B净现值

几个现在净成本低于资本化支出费用，这是因为在高蒸汽估值情况下高压蒸汽的净出口造成负运营成本（也就是说实价经营会获利而不会损失）。

5　结　论

对克劳斯尾气处理来说，H_2S 和 SO_2 对上游的克劳斯处理单元有着相反的作用。H_2S 和 SO_2 被捕获和回收，CANSOLV系统使得部分原料气经分流进入尾气焚烧炉。

虽然评估显示CANSOLV具有更低的成本，但结果会受很多因素影响（比如设施成本、工程优化等），因此这两种方案的优点都应该根据实际情况重新进行考虑。

对不同处理方法进行对比时，最重要的是全面地审视硫回收装置所面临的潜在挑战，尤其是处理能力、硫与氨的含量以及原料气的质量。

AM－16－49

炼厂运转周期的优化方案

Matthew Popovacki
（T. A. Cook Consultants Inc.，USA）
薛　鹏　任　静　丁文娟　译校

摘　要　炼厂运行的准备和实行是一个复杂的过程，需要10个运转要素的优良经验，包括范围管理、运转体制、合同/采购、计划调度、运转工艺、项目运行、风险控制、对标管理、后勤/基础设施建设、开工投产。因此，如果缺乏上述某一个或某几个要素，将给整个运转周期带来风险，影响或拖延工期。

本文重点关注了上述10个要素中的4个，分别为计划调度、风险控制、运转工艺和开工投产。分享好的经验，发现普遍的问题，运用这些经验来建立一个成功的运转周期。

本文从T. A. Cook咨询公司在全球200多个项目中选取了成功案例，简要概述了组织架构中如何提升风险控制，建立有效的运行组织，高效地整合承包商以及推动项目开展。

1　概　述

企业的运行情况能够直接影响石油公司的营业收入，按照既定的预算和工期完成后，能够显著提高炼厂的安全性和效率。然而，当运转周期没有达到预期的目标，将对炼厂的安全、效率和收益带来负面影响。

不幸的是，我们将面临两难的困境，大约有50%的运行计划延误20%以上，80%的项目超过了预算的10%。当油价高位运行时，工期和预算的偏差较容易接受。近期，由于油价下跌，石油公司加强了对管理成本的控制。为了在全球市场保持竞争优势和利润空间，石油公司必须有效地管理相关的成本与执行的运转时间和预算。此外，在化工等行业应尽量避免计划性和非计划性的停产。

2　运转优化概述

为保持竞争优势，许多炼厂选用了包含数个关键要素的运转优化方案，每个要素都是方案成功必不可少的（图1）。

为了保证有效性，图1中的每个要素都需要包含以下几个要点。

（1）范围管理：将稳定的、有组织的加工过程列入原有的范围。

（2）运转体制：在准备和执行阶段明确各个部门的交叉功能和协同合作。

（3）合同/采购：针对有竞争性的供应商制定战略，确定工作范围、违约条例、奖励措施（惩罚/奖金制度）、绩效考核、关键业绩指标（KPI）指数等。

图1 炼厂运行模型

（4）计划调度：应包括项目的停工和开工时间。

（5）运转工艺：一个项目的运行至少需要10年，需要考察整个项目的工艺过程、开工率、所有权、升级情况以及特殊情况的发生。

（6）项目运行：在项目的准备和执行计划中，需要将所需资源与之整合。

（7）风险控制：风险控制计划需要明确目标与战略，包括风险备案来减少发生以及通过沟通了解风险信息。

（8）对标管理：KPI指数和成本报告能够使管理层次趋于合理，例如针对不同的管理层提供具体细节和关键信息。

（9）后勤/基础设施建设：炼厂的布局合理可以充分利用附近的物流设施以减少资源和设备的移动。

（10）开工投产：高效能的管理能够最优化运行时间。

对于大多数项目来说，能够提高的要素主要是计划调度、风险控制、运转工艺和开工投产。

3 计划调度

已确认的计划调度和运转工作范围是最为重要的准备工作。通常来说，成功的运转经验都源于周全的计划，但周全的计划也不能完全保证项目的成功实施。在炼厂开工准备期，炼厂往往更关注时间进程，而忽略了潜在的问题。

3.1 常见问题

通常来说，运转计划的失败主要是由于预算和工期的计算失误，规划者很少走下工作岗位去实地考察，也很少对历史数据产生怀疑，而且更愿意采用类似工程的方法、资源和工期，结果就是规划者需要更多可支配的时间来解决意外事件。

下面的示例来自一家加拿大油砂炼厂，规划制定者采用了多层级的规划，通过使用现有的规划过程，规划者制订了一个包含4部分总计40h的工期计划。如果1/3的规划者深入工作中并更好地细分解决方案，同样的工作将减少14h的工期，开工投产时间也将减少10h。

3.2 实施计划好的方案

规划是开工前全面考虑整个工作及对其的预测，若要取得成功，规划必须考虑到所有必要的工作步骤并且安全地完成任务，解决隐患问题。

因此，对于炼厂来说，确定规划者掌握所需的知识和适当的规划以促进规划的形成，用来满足现有和未来工作计划。下面概述了4个主要领域和标准内所需的规划进程，确保规划不断优化。

工作整合机制：

（1）收集到已完成项目的所有资料，包括质量保证、质量控制要求和服务设备的安全反馈。

（2）深入了解工作范围需求。

（3）分析所有的工作需求来制订一个合适的工作计划。

（4）通过成立合适的工作小组来确认工作计划中的细节。

深入实践：

（1）收集信息并了解实际工作需求。

（2）确认可行性、复杂性以及工作顺序，最大优化时间、资源和成本。

工作计划的建立：

（1）将工作分为若干部分，建立一系列的工作补救机制；

（2）运用行业标准确定工时标准。

（3）在每周的设备维护期提供操作运行所需要的信息。

工作计划的改进：

（1）批判工作计划以确保质量。

（2）建立规划的档案库。

（3）确保工作计划不断改进。

（4）收集工作中积累的知识。

3.3 调度的常见问题

常见的问题是工期中错误的时间安排，通常，在工期运行中进度时间表也不够准确反映出每个阶段。准确性的偏差妨碍了管理人员对项目进度的控制，这种偏差多是由于在开工前建立无效的强劲的调度、标准和质量原则。

3.4 实现“良好做法标准”的条件

建立一个高效的运行计划和项目方案需要完全整合以下几个因素：

（1）标准的计划模板。

（2）包括优化的开工和关停的计划。

（3）能够组织和分类的工作分解结构。

（4）用承上启下的主要计划来支撑每天的工作计划。

（5）沟通股东的权益需求。

（6）易于更新和维护。

（7）能够实现标准化的考量。

4 风险控制

与许多项目类似，项目的准备和实行阶段带来的风险是项目运行过程不可分割的一部分，尽可能地减少潜在威胁项目运行的风险保证炼厂成功运行。

4.1 常见的风险管理因素

大多数炼厂的组织运行严重依靠从其他部门借调所需资源，协调这些资源是十分复杂的，而且在实行过程中炼厂需要克服将整个运行过程调动整体积极性，而非仅仅团队的积极性。风险管理的面临因素包括风险管理目标模糊、角色和职责的不明确以及执行力不够。

4.2 实现风险管理的流程

应在每个运转周期至少安排1次任务分析风险评估，评估重点的改变取决于运转阶段，但在每个风险评估过程中都应考虑全部给出的因素。不断地进行风险管理评估是一种很好的习惯，组织风险管理过程应有5个特定阶段来进行识别、评估、排列，以及降低潜在的不确定性。

5 运转系统

运转系统是一个炼厂的基础，用以确保整个运转过程（包括准备阶段和实行阶段）的产出时间和有效的信息传递。在炼厂要实施运转时，用来辅助运转的资源种类和数量会显著增长。然而，大多数炼厂不具备用自己的员工进行运转的条件，因此需要涉及大量的承包商。如图2所示，通常炼厂组建一个临时的运转团队时将列出可达到准备阶段和实行阶段的产出要求和时间要求所需的资源。

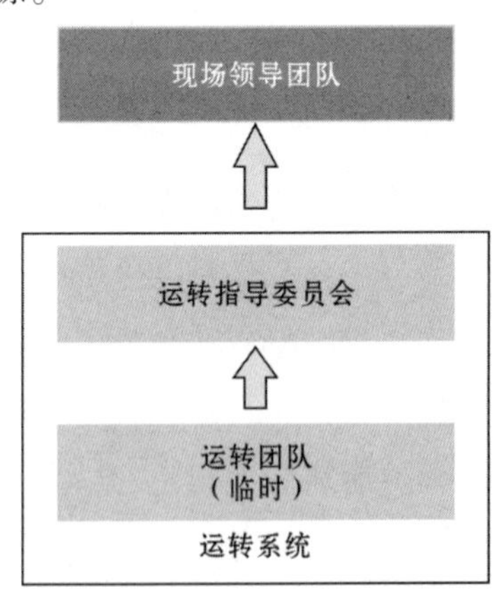

图2 运转团队（T. A. Cook咨询公司2015年培训模块）

运转指导委员会往往由现场维护经理、网站运营经理和一个临时的运转单点问责经理组成。运转指导委员会有两个作用。

（1）战略作用：

①根据公司战略确定并批准长期和短期的运转计划；

②定期检查使运转计划与公司战略和市场需求更换或改变时保持一致。

（2）运转的特殊作用：

①负责制定并批准运转目标，为运转的成功提供充足的资源、计划并实行；

②处理运转过程中的变动和下级无法解决的异常（升级点）；

③批准为运转的顺利实施增加必要的额外资源；

④为运转团队提供建议；

⑤连接本地运转团队和企业管理部门；

⑥进行干预以减小或消除风险；

⑦根据需要定期检查进度和监控预算；

⑧调解权衡重要利益相关方的关系；

⑨逐级向相关业务部门领导汇报。

运转团队的作用是准备并实施运转以满足规定的运转目标，其主要职责是：

（1）管理整个前期准备和运行过程。

（2）管理开发和细化运行工作的范围。

（3）管理详细的工作计划、设备、进度和时间安排的发展情况。

（4）实现识别、评估、审批、调度，以及管控额外的运转工作范围和应急情况的系统化和程序化。

（5）开发和实施组织所需的成功计划，并进行运转。

（6）在运转期间管理自由和承包商员工的生产率。

（7）规定、开发和优化运转所需的技能。

（8）逐级向运转指导委员会汇报。

一套装置可能有一个专用的运转部门为临时运转组提供资源，这取决于运转安排的数量、型号和复杂性。大多数其他职能部门也将为运转组提供资源（即运转部和操作部）。

5.1 运转系统中的常见问题

大多数运转系统面临的挑战是运转组负责按期完成运转，但需要依靠来自其他炼油部门的资源和承包商的能力来帮助配合。运转管理是为运转能够按期完成，协调组建临时运转组和管理个人之间的关系，但具体负责人不明确。正如前文所述，如果炼厂自身不具备运转场地，将会给运转团队增加不少难度。一般来说，运转管理团队将根据炼厂过去无法在规定时间内提供充足的资源来组建运转团队。因此，运转管理者为按期完成运转和按预算进行运转将经常给予其组员额外的报酬，在这种情况下，运转管理者组织团队做以下几件事：

（1）与同等级或基准相比太大。

（2）包括岗位角色和职责不明确的地方。

（3）处理复杂或无效的信息和需要多方面交流的汇报。

众所周知，另一个经常被忽视的主要问题是长期的北美劳动力老化问题。联合国“1050—2050 年世界人口老龄化”报告中显示，60 岁以上人口数历史上第 1 次与 15 岁以下人口数相同。2014年9月发布的一份报告指出，未来20年，65岁以上人口将迅速增长，2030年，在加拿大65岁以上（含65岁）人口占比将达到1/4左右。总而言之，15年内将有约25%的人口退休。尽管行业内知识保留问题越发受到关注，但令人惊讶的是很多炼厂并没有一个完整的减员计划。

5.2 构建良好的有效的运转系统

设计一个运转系统需要考虑很多因素才能成功。构建一个有效的临时运转系统管理基础必须包括3个不同的管理层级，图3概述了运转系统的基本层级。

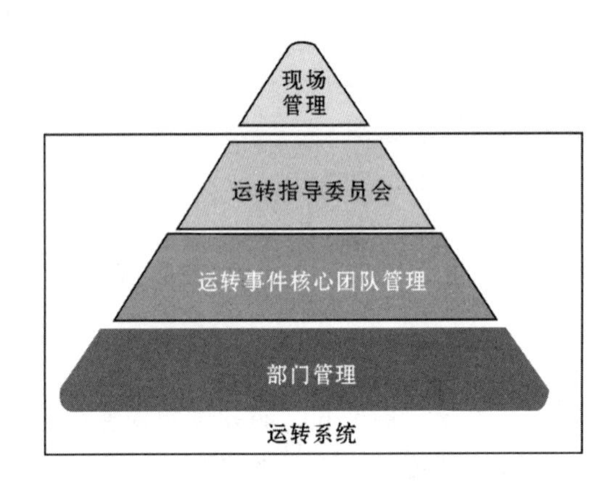

图3 运转系统的基本层级（T. A. Cook咨询公司2015年培训模块）

运转指导委员会和运转事件核心团队管理组层级将贯穿整个准备和执行阶段，然而，部门管理层级将扩展和改变整个准备和执行阶段。在设计运转系统时，应确保具备以下条件，才可保证有效的交流和汇报使运转按期进行：

（1）恰当地调配内部和承包商的关系。

（2）协调特别事项和行为准则的明确规定。

（3）协调整个系统间的沟通。

（4）明确沟通和升级问题。

（5）适当控制升级和主动管理的范围。

（6）明确责任区域。

（7）详细的减员计划（为未来的运转活动）。

6 执行效率

在运转实际执行中风险往往是很高的，可能会导致其不能按规定时间完成或超出预算，使炼厂最终的运转成本额外增加数百万美元。执行首要的目标是实现安全运行，优质、高效和按期完成运转。

6.1 实现执行效率中常见的问题

在项目实行期间，大部分工作由承包商来执行。大多数炼厂常见的做法是当承包商执行和管理其工艺时，炼厂负责监督这项工作。尽管监管可确保工作安全进展和项目按关键线路运行，但不能保证项目进程。如果炼厂不注重项目进程，可能出现以下常见问题：

（1）工艺效率低和工作超时（通常为35%~40%）。

（2）调度服从性差（额外的工作量与工作计划发生冲突）。

（3）进度报告不准确。

（4）误导性的性能指标，如凝结时间与燃烧时间对比。

（5）支持性工作协调性差。

（6）实地报告不充分和防范延迟。

（7）计划者的反馈报告服从性差。

6.2 实现执行效率的对策

实现执行效率的第1步是改变一般炼厂只关注发展性的习惯，协调好承包商和内部管理部门的关系和监督以确保承包商能够按预期效果完成运转管理是非常必要的，但不仅是沟通需要改变，炼厂必须开发有效的运转流程、交流计划、管理系统，以及作用和责任来帮助促进监督和项目进程。下面是一些运转系统可以采用的实现改造的例子。

（1）明确内部协调人员的作用和责任。

（2）为承包商增加安排和沟通计划，包括：

①安全计划和预期目标；

②后勤计划；

③运转管理期望；

④遵守进程安排和进度报告；

⑤KPI报告；

⑥许可证；

⑦延期报告。

（3）准确一致的进度更新。

近日，加拿大的一座油砂炼厂采纳了上述建议，在预算内按期成功地完成了运转，但没有使用突发事项。图4概述了此炼厂上一年工作安排的分析。

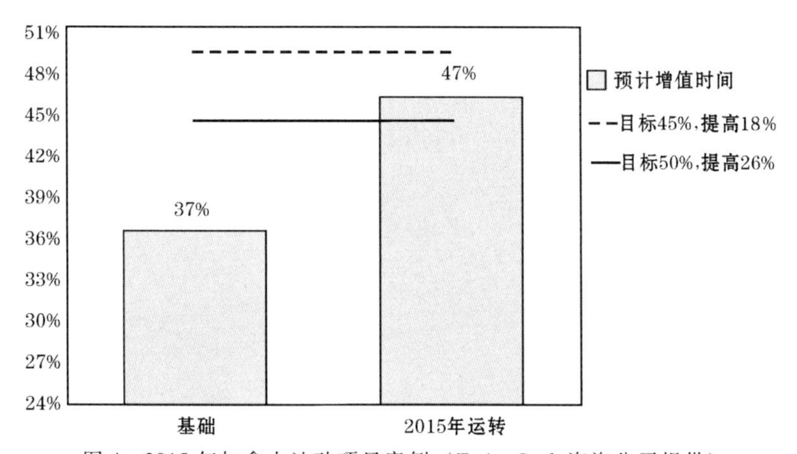

图4　2015年加拿大油砂项目案例（T. A. Cook咨询公司提供）

7 结 论

成功的运转案例并非仅发生在加拿大油砂炼厂，重要的是炼厂确保适合的企业文化、流程和有效的资源，才可实现运转目标。采用一个良好的运转项目，细化 10 个关键的运转因素是必要的，以帮助持续促进运转性能的改善。

【注释】 Matthew Popovacki 是北美 T. A. Cook 咨询公司的业务咨询经理。他有 10 年以上石油、天然气和化工方面的咨询经验，之前他是 Parisella Vincelli 合资公司的高管和资深运营分析师。Parisella Vincelli 合资公司是一家咨询公司，可提供 13 个不同领域的日常维护、可靠性判断以及规划和调度服务。

目前，Matthew 为炼油和化工行业的资产密集型企业提供咨询服务，他为客户提供检修优化、运转、运行中断、停产优化，以及设备综合效率改进等方面的支持。

AM－16－12

高可靠性组织——复杂操作环境中的风险管理

Chris Seifert（Wilson Perumal & Company，USA）
师晓玉　金羽豪　译校

摘　要　过去20年，公司运营环境日益复杂，改革步伐不断加快，运营风险升高，社会将更加关注公司的经营状况，不允许有个人利益受损、破坏环境以及产品生产中断的事情发生。因此，公司在保证安全运营上追求进步变得尤为重要，难度也更大。但也有少数特例，比如美国核海军部队。尽管目前运营环境复杂、运营风险高，但该部队在运营方面一直保持卓越水平，这归因于企业文化建设和组织训练。本文对可靠性组织如何利用管理系统及企业文化来应对复杂的运营环境，保证企业安全并确保企业运营保持卓越水平做了具体分析。

1　概　述

过去20年，全球发生重大变化，电子邮件、互联网及现代社会传媒的快速发展使世界联系更加紧密。全球化提升了各国的竞争力，促使企业通过增加产品类型、完善工艺设计来提升企业的制造水平，完善产业链供应。政府监管日趋严格，迫使公司不断增加新的组织流程，确保合规，这也使企业运营环境变得越来越复杂。

复杂的系统使企业易受突发事件的影响。首先，复杂系统会有很多不需要通过线性或可预测的方式表现的相互依赖的变量；其次，会对放大或抑制反应做出回馈。由于相互依赖的变量会受反馈的影响，因此复杂系统经常会展现几乎不可能预测出的新兴属性。

传统的风险管理方法不能有效阻止复杂环境中不确定事件发生。首先，传统方法建立在能预测出潜在失效模式的基础上，因此能够采取有效措施抑制风险，但传统的管理方法很难应对系统复杂化呈现出的新兴属性；其次，目前复杂系统的反馈循环经常导致情况变化太快，以至于企业没有足够的时间来定义风险；最后，这些事件发生较少并且不受企业重视，因此没有足够的机会从突发事件中学习到经验教训。

不幸的是，该趋势越来越明显，因此突发事件频繁发生。BP公司的深水地平线工厂、福岛第一核电站及西方肥料工厂存在普遍扩张现象，然而，仍然有很少一部分精英企业凭借具有高可靠性的组织结构在复杂运营环境下保持卓越的运营水平。

2　美国核海军部队

美国核海军部队是高可靠性组织的范例，过去60多年中，美国海军在偏远地区和动态环境中制造了150多艘核潜艇和航空母舰，员工平均年龄只有22岁，并且3年更换一批新人。尽管如此，但该部队从未释放出放射性物质。相比拥有经验更丰富的员工并且员工流动性较低的固定核反应堆，这是一项惊人的纪录。本文将从3个方面介绍美国核海军如何应对运营环境日益复杂带来的影响。

2.1 安全不是目标

对美国核海军而言，安全不是目标而是命令。突发事件发生的概率是不确定的，它往往会作为衡量企业运营水平的标准。同样，提升安全保障的军官和士兵并没有额外的补偿或奖金报酬，这是因为部队不允许有任何突发事件发生，部队成员的唯一奖励就是平安回家。安全无误地完成任务是继续为组织服务的先决条件。

当管理者声明他们保证工作场所无事故并被列为1号工程的时候，若将“无事故”定为目标，则目标可以被改变；若将其定为优先级，则意味着可以选择，因此管理者必须保证零事故是唯一的结果。

2.2 简化管理系统

管理系统是指公司经营时用来简化管理流程并实现特定目标的集合系统。例如，公司的安全管理系统确保公司操作能安全进行；合规管理系统确保公司操作符合国家规定。不幸的是，很多公司并不重视他们的管理系统，因此导致公司系统复杂、低效，甚至无效。

过去几十年中，使用有效管理系统的公司已经获得了丰厚的利润，国际标准制定组织（ISO）已在注册公司中颁布了12套管理系统，包括安全、环境、合规、风险、质量体系、资产管理等多套系统。很多其他机构已经开始使用管理系统，职业安全和健康署要求高危化学品的管理要启用化工工艺安全管理系统，环保署则推荐使用环保管理系统。除这些管理系统外，还有其他持续改进管理方法的系统，例如精益管理、6西格玛管理、全面质量管理及全面产品维修管理等管理系统，这些系统也涵盖了同样的管理流程。

但目前大部分管理系统只能实现一种特定目标（安全、合规、质量体系等），很多公司都误认为管理系统能实现多种功能。他们没意识到绝大部分系统流程是基本一致的。例如，绝大部分管理系统都要求设定目标程序、确认风险、确定实施准则、员工培训及最终审核。实现管理系统的多元化以应对无附加价值的复杂运营环境。

与此相反，美国核海军的管理系统并未将安全性、可持续性、可靠性及合规性分开，而是启用一套完整的系统涵盖了以上功能。例如，他们并未将由设备故障引起的安全风险、可靠性风险和环境风险的认定流程分开。为实现管理系统的统一，美国核海军部队减少了系统的复杂性，并要求船员在减少运营风险、提高企业运行水平方面付出更多的时间和精力。

2.3 多元的文化是必备条件

第二次世界大战后，Rickover船长是第一个意识到核动力潜艇和水面舰艇具有巨大潜力的人。商业化核工厂还未出现时，他就已经开始建设核海军，并意识到需要克服技术问题所带来的困难，这是当前面临的最复杂的技术任务。

但Rickover的真正才能并不在于对工程挑战的理解上，而是对于重要组织的构建上。例如，如何将核反应堆放置在船上或者海下？如何让年轻的船员安全操作？想实现创新就意味着要脱离传统的军事文化，即绝对服从命令，不准提问。

为实现美国海军核动力具有战斗力且操作安全的双重目标，那么在运营管理上必须建立一种不同的文化，并且要被海军内部视为信条，也就是具有诚信、高知识水平、敢于质疑的态度，并有正规、强大的团队支撑。

2.3.1 诚信

美国核海军建立在组织和个人的诚信上，这就意味着不管是否有人监督都能正规操作，无论是高管、经理、主管、同级还是下属，都必须做到彼此依赖、信赖。了解军队内部人员的所作所为将营造出一种更安全的工作环境，这种环境将会提升规划的精准性、减少浪费、增强活动的协调性并提高生产力，没有诚信，就意味着不可靠。

2.3.2 知识水平

美国核海军鼓励组织和个人不断学习更多的知识。个人必须有足够的知识储备来决定如何正确操作。在复杂的操作环境中，不仅需要队员掌握操作流程、清楚地获取信息位置，还需要他们具备超出目前工作领域的知识。这意味着队员们必须对超出当前系统环境范围的知识有所了解，才能识别异常情况和潜在危险，并对意外情况做出有效及时的反应，在危险中互相支持。

2.3.3 敢于质疑的态度

美国核海军的队员会经常自我反思：哪些地方有可能出错？哪些地方发生变化？确定的事情是否和别人一致？还有哪些是我不清楚的？还有哪些我没有想到？这种主动的自我质询有利于发现问题并为他人提供有力支持。有质疑的态度并不是因为对他人缺乏信任，或者不相信同事已为工作做足了准备，而是保持警惕的习惯和风险意识，通过主动的自我识别和自我认知找到更好的做事方法及管理、规避风险的最佳方式。

2.3.4 正规流程

要让队员们有超越自身价值的信念，尊重自身角色、遵循程序、操作专业、准确交流并上报信息、制定条款并尊重规则。要让队员认识到，自己是组织中的一部分，必须协同工作。他们不会创造“解决方法”，一旦发现某些地方可以改进，自己要采取正确的方式去改变。他们以统一的、被确定的方式相互沟通，以确保信息可靠并且可以理解，他们相互尊重并重视他人的价值，他们爱护公共设施。使用设备中的日常维护非常重要，这代表了对设施、设备和其他工作人员的尊重。当员工意识到自己要对他人负责时，便会认真完成任务。

2.3.5 强大的团队后盾

美国核海军期望所有员工不仅对自己承诺，也对其他员工承诺。团队支持的概念要根植于每个人心中，即团队利益高于自身利益，人无完人，员工们彼此之间必须有效协同作业。员工们要意识到工作的严肃性，彼此间相互依赖才能更好地发挥能动性，确保团队是一个整体，时刻用正确的方式做正确的事。他们仔细排查工作中可能出现的纰漏，并希望其他人也能做出同样的反馈，他们善于互相帮助，彼此关爱。

值得注意的是，美国核海军并未将以上 5 个部分描述为“安全文化”，而更像是一种管理系统，没有区分安全文化、质量文化或可靠性文化，而是将一个统一的文化植根于 5 个部分中。核海军部队认为实现卓越绩效并贯穿于整个操作过程中的价值观和行为并无区别，在很大程度上与完整统一的管理系统一样，简化了组织系统。

3 结 论

随着公司经营环境日益复杂，灾难性及更具毁灭性事件发生的频率加快，领导要从高可靠性组织中学习经验教训，其中，最关键的3个经验是：

（1）领导必须明确规定，零事故是操作中的唯一结果。

（2）公司必须简化并整合其管理系统，拒绝官僚统治。

（3）公司需要一种新文化，即员工必须具有更高的知识水平及超越常规的质疑态度，不断为彼此提供支持，在工作时保持专业精神，遵守正规的工作流程并持续“做正确的事”。

通过遵循以上原则，我们可以打破复杂的恶性循环，避免下一个灾难事件发生。

附　　录

附录1 英文目录

附录2 计量单位换算

体积换算

1US gal = 3.785L

1bbl = 0.159m^3 = 42US gal

1in^3 = 16.3871cm^3

1UK gal = 4.546L

$10 \times 10^8 ft^3 = 2831.7 \times 10^4 m^3$

$1 \times 10^{12} ft^3 = 283.17 \times 10^8 m^3$

$1 \times 10^6 ft^3 = 2.8317 \times 10^4 m^3$

1000ft^3 = 28.317m^3

1ft^3 = 0.0283m^3 = 28.317L

1m^3 = 1000L = 35.315ft^3 = 6.29bbl

长度换算

1km = 0.621mile

1m = 3.281ft

1in = 2.54cm

1ft = 12in

质量换算

1kg = 2.205lb

1lb = 0.454kg［常衡］

1sh. ton = 0.907t = 2000lb

1t = 1000kg = 2205lb = 1.102sh. ton = 0.984long ton

密度换算

1lb/ft^3 = 16.02kg/m^3

°API = 141.5/15.5℃时的相对密度 − 131.5

1lb/UK gal = 99.776kg/m^3

1lb/in^3 = 27679.9kg/m^3

1lb/US gal = 119.826kg/m^3

1lb/bbl = 2.853kg/m^3

1kg/m^3 = 0.001g/cm^3 = 0.0624lb/ft^3

温度换算

$K = ℃ + 273.15$

$1℉ = \frac{9}{5}℃ + 32$

压力换算

$1bar = 10^5 Pa$

$1kPa = 0.145psi = 0.0102kgf/cm^2 = 0.0098atm$

$1psi = 6.895kPa = 0.0703kg/cm^2 = 0.0689bar$
$= 0.068atm$

$1atm = 101.325kPa = 14.696psi = 1.0333bar$

传热系数换算

$1kcal/(m^2 \cdot h) = 1.16279W/m^2$

$1Btu/(ft^2 \cdot h \cdot ℉) = 5.67826W/(m^2 \cdot K)$

热功换算

$1cal = 4.1868J$

$1kcal = 4186.75J$

$1kgf \cdot m = 9.80665J$

$1Btu = 1055.06J$

$1kW \cdot h = 3.6 \times 10^6 J$

$1ft \cdot lbf = 1.35582J$

$1J = 0.10204kg \cdot m = 2.778 \times 10^{-7} kW \cdot h = 9.48 \times 10^{-4} Btu$

功率换算

$1Btu/h = 0.293071W$

$1kgf \cdot m/s = 9.80665W$

$1cal/s = 4.1868W$

黏度换算

$1cSt = 10^{-6} m^2/s = 1mm^2/s$

速度换算

$1ft/s = 0.3048m/s$

油气产量换算

1bbl = 0.14t（原油，全球平均）

$1\times10^{12}ft^3/d=283.2\times10^8m^3/d=10.336\times10^{12}m^3/a$

$10\times10^8ft^3/d=0.2832\times10^8m^3/d=103.36\times10^8m^3/a$

$1\times10^6ft^3/d=2.832\times10^4m^3/d=1033.55\times10^4m^3/a$

$1000ft^3/d=28.32m^3/d=1.0336\times10^4m^3/a$

1bbl/d = 50t/a（原油，全球平均）

1t = 7.3bbl（原油，全球平均）

气油比换算

$1ft^3/bbl=0.2067m^3/t$

热值换算

1bbl 原油 = 5.8×10^6Btu

1t 煤 = 2.406×10^7Btu

$1m^3$ 湿气 = 3.909×10^4Btu

1kW·h 水电 = 1.0235×10^4Btu

$1m^3$ 干气 = 3.577×10^4Btu

（以上为1990年美国平均热值，资料来源：美国国家标准局）

热当量换算

1bbl 原油 = $5800ft^3$ 天然气（按平均热值计算）

$1m^3$ 天然气 = 1.3300kg 标准煤

1kg 原油 = 1.4286kg 标准煤

炼厂和炼油装置能力换算

序号	装置名称	桶/日历日（bbl/cd）折合成吨/年（t/a）	桶/开工日（bbl/sd）折合成吨/年（t/a）
1	炼厂常压蒸馏、重柴油催化裂化、热裂化、重柴油加氢	50	47
2	减压蒸馏	53	49
3	润滑油加工	53	48
4	焦化、减黏、脱沥青、减压渣油加氢	55	50
5	催化重整、叠合、烷基化、醚化、芳烃生产、汽油加氢精制	43	41
6	常压重油催化裂化或加氢	54	49
7	氧化沥青	60	54
8	煤、柴油加氢	47	45
9	C_4 异构化	—	33
10	C_5 异构化	—	37
11	C_5—C_6 异构化	—	38

注：（1）对未说明原料的加氢精制或加氢处理，均按煤、柴油加氢系数换算。

（2）对未说明原料的热加工，则按55（日历日）和48（开工日）换算。

（3）叠合、烷基化、醚化装置以产品为基准折算，其余装置以进料为基准折算。